高职高专教育法律类专业教学改革试点与推广教材 | 总主编 金川

浙江省“十一五”重点教材

安全防范工程制图

主 编 张俊芳 高福友
副主编 陈敏志

清华大学出版社
北京

中国·武汉

内容简介

本书通过 8 个情境设计，25 个任务学习，深入浅出地介绍 AutoCAD 的安防工程制图技术。包括工程制图和 AutoCAD 基础知识，二维绘图中主视图、俯视图、左视图的绘制方法和技巧；安防系统图、电气原理图、安防平面布局图等的绘图方法；利用剖视图、向视图、断面图和局部放大图等特殊视图表达设备安装、施工图纸的内部特征；创建三维实体模型的方法，完整安防工程图纸的绘制方法等。

全书内容丰富，结构安排合理，适合作为安全防范技术等相关专业的教材，也可作为 AutoCAD 工程制图人员的重要参考资料。

图书在版编目（CIP）数据

安全防范工程制图/张俊芳，高福友主编. — 武汉：华中科技大学出版社，2010. 11(2024. 12 重印)

ISBN 978-7-5609-6724-0

Ⅰ. ①安… Ⅱ. ①张… ②高… Ⅲ. ①安全装置－电子设备－系统工程－工程制图－高等学校：技术学校－教材 Ⅳ. ①TM925. 91

中国版本图书馆 CIP 数据核字（2010）第 212366 号

安全防范工程制图 张俊芳 高福友 主编

策划编辑： 王京图

责任编辑： 王京图

封面设计： 傅瑞学

责任校对： 北京书林瀚海文化有限公司

责任监印： 朱 玢

出版发行： 华中科技大学出版社（中国 · 武汉） 电话：（027）81321913

武汉市东湖新技术开发区华工科技园 邮编：430223

录 排： 北京楠竹文化发展有限公司

印 刷： 武汉科源印刷设计有限公司

开 本： 710mm × 1000mm 1/16

印 张： 15.25

字 数： 316千字

版 次： 2024年12月第1版第8次印刷

定 价： 49.00元

华中出版

本书若有印装质量问题，请向出版社营销中心调换

全国免费服务热线：400-6679-118，竭诚为您服务

总　序

我国高等职业教育已进入了一个以内涵式发展为主要特征的新的发展时期。高等法律职业教育作为高等职业教育的重要组成部分，也正经历着一个不断探索、不断创新、不断发展的过程。

2004 年 10 月，教育部颁布《普通高等学校高职高专教育指导性专业目录（试行）》，将法律类专业作为一大独立的专业门类，正式确立了高等法律职业教育在我国高等职业教育中的重要地位。2005 年 12 月，受教育部委托，司法部牵头组建了全国高职高专教育法律类专业教学指导委员会，大力推进高等法律职业教育的发展。

为了进一步推动和深化高等法律职业教育的改革，促进我国高等法律职业教育的类型转型、质量提升和协调发展，全国高职高专教育法律类专业教学指导委员会于 2007 年 6 月，确定浙江警官职业学院为全国高等法律职业教育改革试点与推广单位，要求该校不断深化法律类专业教育教学改革，勇于创新并及时总结经验，在全国高职法律教育中发挥示范和辐射带动作用。为了更好地满足政法系统和社会其他行业部门对高等法律职业人才的需求，适应高职高专教育法律类专业教育教学改革的需要，该校经过反复调研、论证、修改，根据重新确定的法律类专业人才培养目标及其培养模式要求，以先进的课程开发理念为指导，联合有关高职院校，组织授课教师和相关行业专家，合作共同编写了"高职高专教育法律类专业教学改革试点与推广教材"。这批教材紧密联系与各专业相对应的一线职业岗位（群）之任职要求（标准）及工作过程，对教学内容进行了全新的整合，即从预设职业岗位（群）之就业者的学习主体需求视角，以所应完成的主要任务及所需具备的工作能力要求来取舍所需学习的基本理论知识和实践操作技能，并尽量按照工作过程或执法工作环节及其工作流程，以典型案件、执法项目、技术应用项目、工程项目、管理现场等为载体，重新构建各课程学习内容、设计相关学习情境、安排相应教学进程，突出培养学生一线职业岗位所必需的应用能力，体现了课程学习的理论必需性、职业针对性和实践操作性要求。

这批教材无论是形式还是内容，都以崭新的面目呈现在大家面前，它在不同层面上代表了我国高等法律职业教育教材改革的最新成果，也从一个角度集中反映了当前我国高职高专教育法律类专业人才培养模式、教学模式及其教材建设改革的新趋势。我们深知，我国高等法律职业教育举办的时间不长，可资借鉴的经验和成果还不多，教育教学改革任务艰巨；我们深信，任何一项改革都是一种探索、一种担当、一种奉献，改革的成果值得我们大家去珍惜和分享；我们期待，会有越来越多的院校能选用这批教材，在使用中及时提出建议和意见，同时也能借鉴并继续深化各院校的教育教学改革，在教材建设等方面不断取得新的突破、获得新的成果、作出新的贡献。

全国高职高专教育法律类专业教学指导委员会

2008 年 9 月

前　言

安全防范工程是随着人们安全意识的提高而迅速发展起来的新兴行业。“安全防范工程制图”是高职安全防范类专业的一门重要专业课，是从事安全防范相关工作的工程技术人员必备的专业知识。本书以安防工程设计、施工文件中的典型图样为导向开发学习情境，以真实工作任务为载体构建教材学习单元，按照工作过程中知识组织方式来组织教材内容，将理论知识分散在各个项目（单元）中，知识的学习紧扣项目要求并在项目实施过程中进行，将知识与工作任务联系起来，让学生在做中学，在学中做。在实施项目中，学生体验企业工作过程与氛围，培养学生的职业意识、质量意识、合作意识与创新意识。

学习情境分为两个阶段：第1～7个学习情境是安防工程设计与施工各个环节典型图样的识读与绘制；第8个学习情境是综合训练阶段，本阶段通过绘制一套完整的典型安防工程图纸，包括报警系统分布图、监控系统分布图、系统布线走向图、监控室布置图、系统原理图以及编制图纸目录，训练学生对实际安防工程图样表达的综合能力、方法能力。通过本阶段的训练，使学生在就业后能较快地承担安防工程一线岗位相应的工作任务。

本书共有8个情境，具体内容有：

情境1：绘制安防通用图例。运用AutoCAD的基本绘图和编辑工具绘制安全防范系统通用图形符号。

情境2：绘制安防系统原理图。运用AutoCAD的绘图和编辑工具规范绘制安全防范系统原理图。

情境3：绘制消防泵电气原理图。电气工程图，运用AutoCAD规范绘制消防电气原理图。

情境4：绘制探测器外型图。用绘图工具依据国家制图标准手工绘制常用安防设备的三视图。

情境5：绘制摄像机安装图。机械零件图和装配图，运用AutoCAD绘制安防安装施工用图。

情境6：绘制某楼层布防平面图。建筑平面图、立面图、剖面图和详图，运用AutoCAD绘制建筑平面图和布防平面图并进行尺寸标注。

情境7：绘制安防主控室三维示意图。三维CAD，直接生成安防产品三视图的三维图形，绘制安防设计效果图。

情境8：某银行安防工程实例。综合运用AutoCAD软件和安防、建筑、电气、机械等制图规范绘制一套典型安防工程图纸。

参加本书编写工作的有张俊芳（编写情境 2、情境 3、情境 5）；高福友（编写情境 1）；陈敏志（编写情境 6、情境 7）；凌繁荣（编写情境 8）；吴锦锦（编写情境 4）。参与本书编写的人员还有林秀杰、刘宏涛等。全书由张俊芳、高福友主编统稿，陈敏志为副主编。

由于作者的学识和经验有限，教材中难免有缺点和不足之处，恳请各界读者给予批评指正。

编者

2010 年 10 月

目　录

情境 1　绘制安防通用图例

学习重点：

1. AutoCAD 基本知识。
2. 绘制直线、圆、圆弧、矩形、多边形。
3. 编辑文字、擦除命令。
4. 绘制常用安防图形符号。

任务 1　AutoCAD 基本知识

AutoCAD 是由 Autodesk 公司开发的通用计算机辅助设计软件，它具有良好的用户界面，通过交互菜单或命令行方式便可以进行各种操作。它的多文档设计环境，让非计算机专业人员也能很快地学会使用。与传统的手工绘图相比，AutoCAD 可以绘制任意的二维和三维图形，并且具有速度快、精度高等优点。

AutoCAD 2009 的操作界面是 AutoCAD 显示、编辑图形的区域，一个完整的 AutoCAD 的操作界面如图 1－1 和图 1－2 所示，其中包括标题栏、绘图区、十字光标、菜单栏、工具栏、坐标系、状态栏和滚动条等。

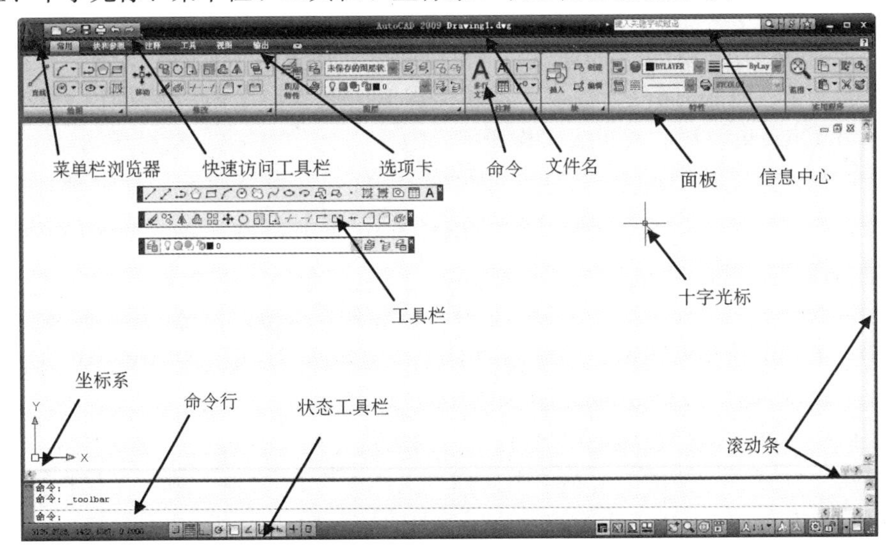

图 1－1　“二维草图与注释”工作空间

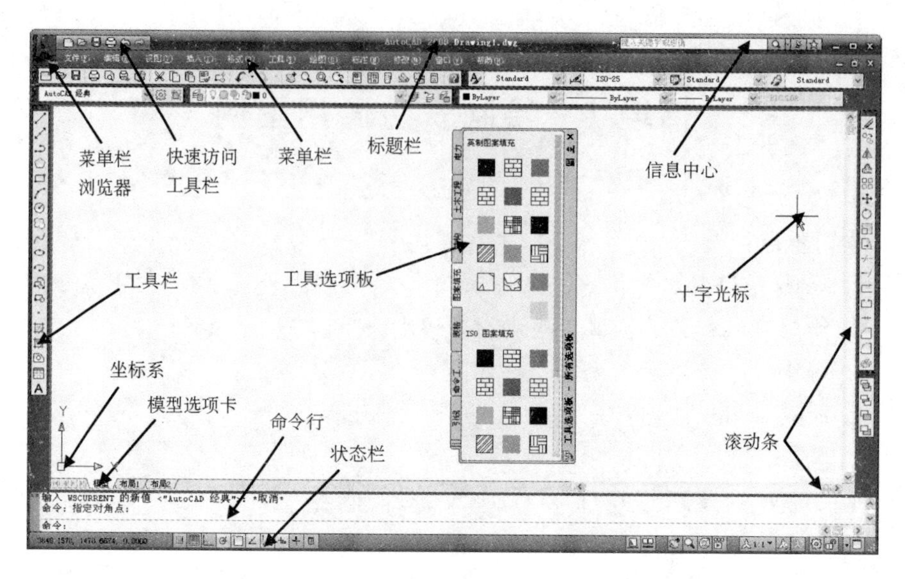

图 1－2 “AutoCAD 经典” 工作空间

1.1.1 相关知识点

1. 创建并管理文件

在任何一款计算机软件中，对于软件的基础操作都是不可缺少的，AutoCAD 也不例外。该软件提供了一些编辑文件所必需的操作，包括创建文件、打开文件和保存文件等。

（1）创建文件。

当启动了 AutoCAD 2009 以后，系统将默认地创建一个图形文件，并且自动命名为 Drawing1. dwg。这样，在很大程度上就方便了用户的操作，只要打开 AutoCAD 就可以直接进入工作模式。

要创建新文件，单击〔新建〕按钮，打开〔选择样板〕对话框。该对话框提供了多种图形的样板文件，在日常设计中最常用的是 acad 样板和 acadiso样板，如图 1－3 所示。

当选择了一个样板后，单击〔打开〕按钮，系统将打开一个基于样板的新文件。第一个新建的图形文件命名为 Drawing1. dwg。如果再创建一个图形文件，其默认名称为 Drawing2. dwg，依次类推。

此外，在创建样板时，用户可以不选择任何样板，从空白开始创建，此时需要从〔打开〕按钮的下拉菜单中选择〔无样板打开-英制〕或〔无样板打开-公制〕打开。

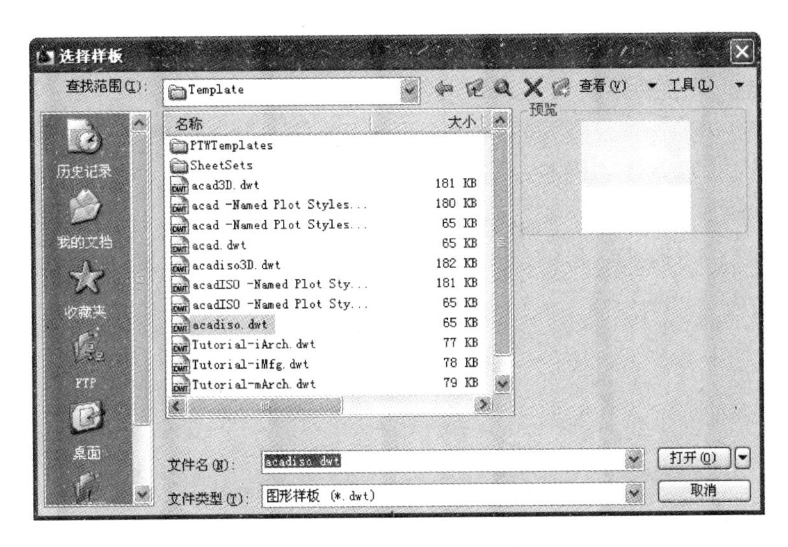

图 1-3　〔选择样板〕对话框

（2）管理文件。

管理文件主要包括文件的打开、保存以及查找等操作，其中打开文件是指打开已有的图形文件；保存文件可以保存新创建的文件，也可以在原文件基础上另存为一个新的图形文件；查找文件是通过指定文件名称在指定路径中查找已有文件。

■ 打开文件。

单击〔打开〕按钮，或选择〔文件〕｜〔打开〕命令，在打开的〔选择文件〕对话框中选择文件，并单击〔打开〕按钮将其打开，如图 1-4 所示。

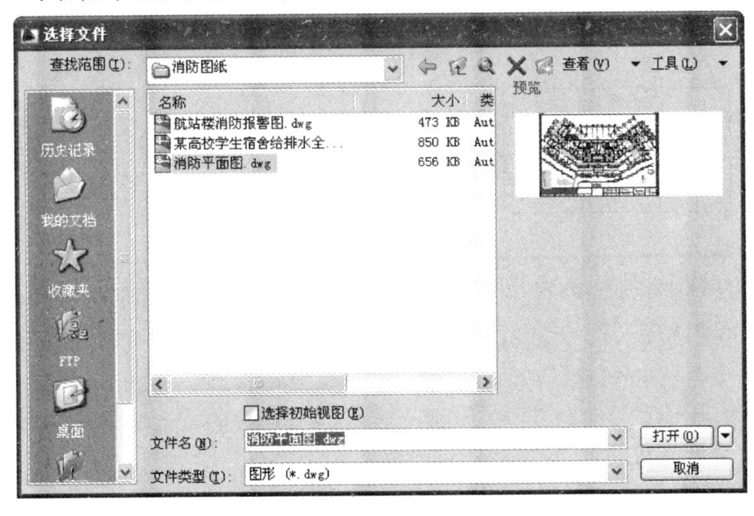

图 1-4　打开图形文件

注意：

〔打开〕按钮的下拉菜单中有4种打开方式，其中〔以只读方式打开〕方式打开的图形文件不能任意修改；如果使用〔局部打开〕方式则，必须在打开的文件中选定图层，否则将出现警告对话框提示用户。

■ 查找文件。

查找文件可以按照名称、类型、位置及创建时间等方式查找。在〔选择文件〕对话框中选择〔工具〕|〔查找〕命令，打开〔查找:〕对话框。

在默认打开的〔名称和位置〕选项卡中，可以通过名称、类型及位置过滤器搜索图形文件。如果单击〔浏览〕按钮，即可在〔浏览文件夹〕对话框中指定路径查找所需文件，如图1-5所示。

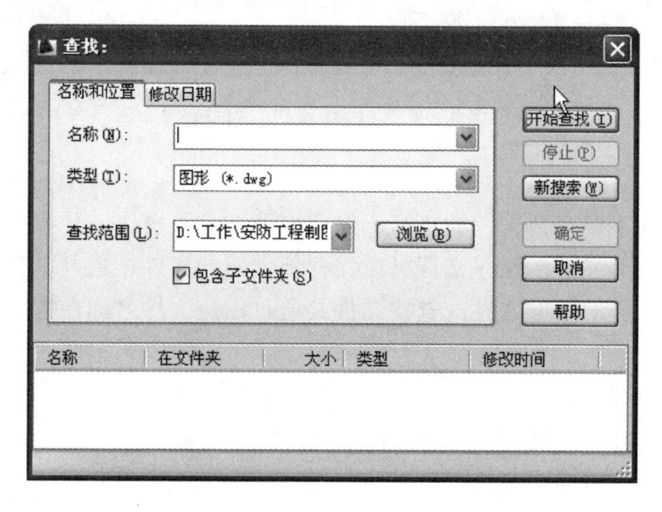

图1-5　查找文件

■ 保存文件。

要保存正在编辑或已经编辑好的图形文件，可以单击〔保存〕按钮，或选择〔文件〕|〔保存〕命令，打开〔图形另存为〕对话框。在〔文件名〕下拉列表框中输入图形文件的名称，并单击〔保存〕按钮即可，如图1-6所示。

AutoCAD还为用户提供了另外一种保存方法，即间隔时间保存。选择〔工具〕|〔选项〕命令，打开〔选项〕对话框。选择〔打开和保存〕选项卡，在“文件安全措施”选项区域中选中〔自动保存〕复选框，在〔保存间隔分钟数〕文本框中输入数值，即可对文件自动按时间间隔保存，如图1-7所示。

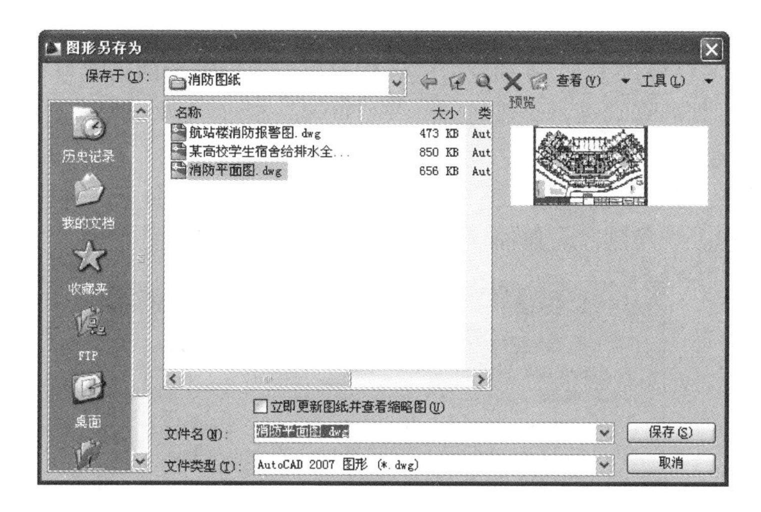

图 1-6 “图形另存为”对话框

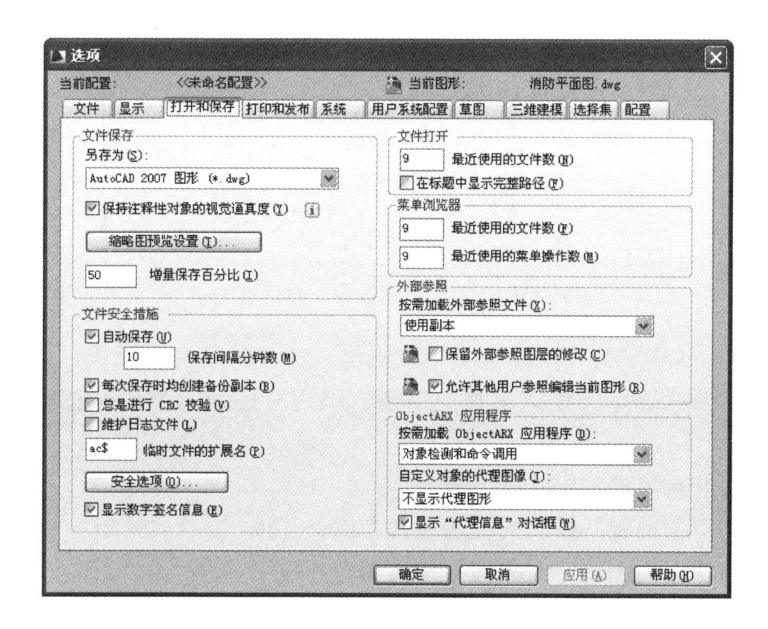

图 1-7 设置间隔保存

2. 对象捕捉

对象捕捉是将指定点限制在一定的几何特征点上，而无须了解这些点的精确坐标。使用对象捕捉可指定对象上的精确位置。例如，使用对象捕捉可以绘制到圆心或多段线中点的直线。不论何时提示输入点，都可以指定对象捕捉。默认情况下，当光标移到对象的对象捕捉位置时，将显示标记和工具栏提示。此功能称为“自动捕捉”，提供了视觉提示，指示那些对象捕捉正在使用。

AutoCAD 提供了 17 种捕捉方式，用户可以根据绘图的需要自行选择。一般使用较频繁的有端点、交点、圆心及切点等。

（1）设置对象捕捉模式。

步骤 1：选择菜单栏中的“工具”｜“草图设置”命令，弹出“草图设置”对话框，切换到“对象捕捉”选项卡，如图 1-8 所示。

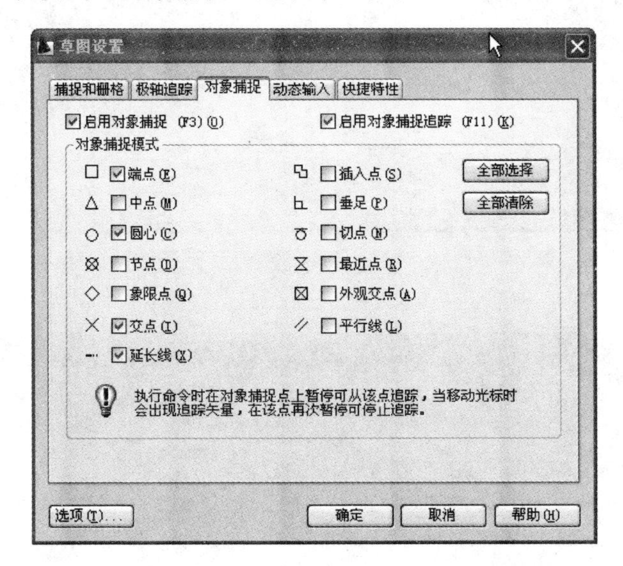

图 1-8 “草图设置”对话框

步骤 2：选中“启用对象捕捉”复选框，在“对象捕捉模式”选项区域中选择绘图需要捕捉点的模式类型。单击“确定”按钮，退出“草图设置”对话框。

（2）打开对象捕捉模式的方法。

打开“对象捕捉”模式的方法通常有以下三种：

①单击状态栏上的“对象捕捉”按钮。

②按 F3 键。

③在命令行中输入“OSNAP”命令，然后按 Enter 键。

（3）捕捉对象上几何点的步骤。

捕捉对象上几何点的具体步骤如下：

步骤 1：在提示输入点时，按住 Shift 键并在绘图区域内单击鼠标右键，从弹出的快捷菜单中选择要使用的对象捕捉。

步骤 2：将光标移到所需的对象捕捉位置。如果“自动捕捉”打开，光标会自动锁定选定的捕捉位置，标记和工具栏将提示指示对象捕捉点。

步骤 3：选择对象。光标捕捉最靠近选择的符合条件的位置。

注意：对象捕捉不可以单独使用，必须配合别的绘图命令一起使用。仅当AutoCAD提示输入点时，对象捕捉才生效。如果试图在命令提示下使用对象捕捉，系统将显示错误信息。

对象捕捉只影响屏幕上可见的对象，包括锁定图层、布局视口边界和多段线上的对象。不能捕捉不可见的对象，如未显示的对象、关闭或冻结图层上的对象或虚线的空白部分。

3. 创建并管理图层

在传统的图纸中有很多种不同类型的图线，这些图线代表了不同的含义，每一类图线都有线型和线宽等不同的特性。通常，在 AutoCAD 中，用户创建的图形对象也可以具有不同的特性。

图层是用户管理图样的强有力工具，用于管理和组织工程设计及产品设计工程图中不同特性的图形对象，对设计图形进行分类管理。灵活地使用图层可以节省很多时间，提高设置和绘图的工作效率。

AutoCAD 的图层如同在手工绘图中使用重叠透明图纸，可以使用图层来组织不同类型的信息。在 AutoCAD 中，图形的每个对象都位于一个图层上，所以图形对象都具有图层、颜色、线型和线宽这 4 个基本属性。在绘制的时候，图形对象将创建在当前的图层上，每个 CAD 文档中图层的数量是不受限制的，每个图层都有自己的名称。

绘图时应考虑将图样划分为哪些图层以及按照什么样的标准进行划分。如果图层划分得合理，图形信息会更清晰、更有序，对以后的修改、观察和打印能带来很大的便利。

（1）创建图层。

新建的 CAD 文档中只能自动创建一个名为“0”的特殊图层。默认情况下，“图层 0”将被指定使用 7 号颜色、CONTINUOUS 线型、“默认”线宽以及 NORMAL 打印样式。不能删除或者重命名“图层 0”。

创建图层主要包括以下内容：创建新图层、设置图层颜色、设置图层线型及线宽等。

■ 创建新图层。

步骤 1：选择菜单栏中的“格式”|“图层”命令，或者单击工具栏中的“图层特性管理器”按钮，或者在命令行中输入“LAYER”命令，弹出“图层特性管理器”对话框，如图 1-9 所示。

步骤 2：单击“图层特性管理器”对话框中的“新建”按钮，创建新图层，默认的图层名为“图层 1”。可以根据绘图需要，更改图层名。关闭窗

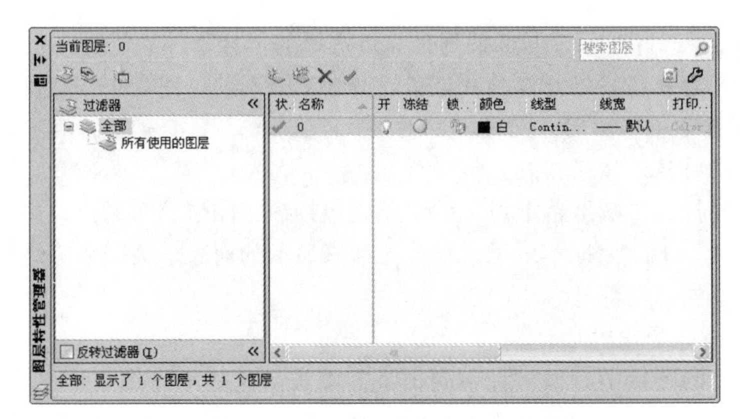

图 1-9 “图层特性管理器”对话框

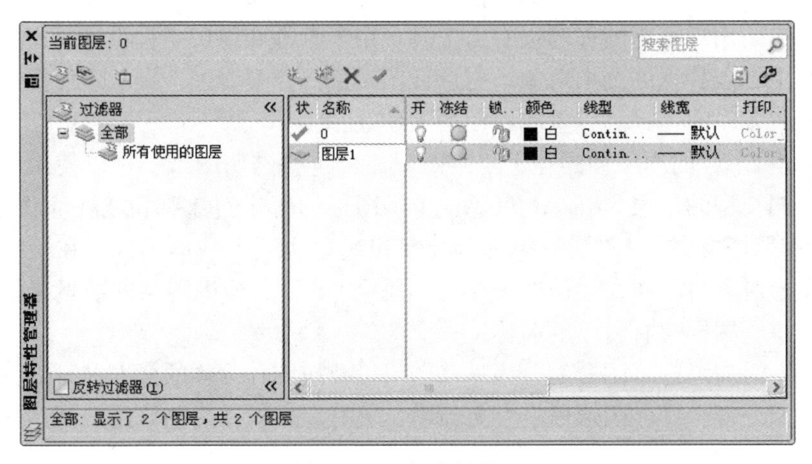

图 1-10 创建新图层

口即可退出对话框。如图 1-10 所示。

在一个图形中可以创建的图层数以及在每个图层中可以创建的对象数实际上是无限的。图层最长可使用 255 个字符命名。图层特性管理器按名称的字母顺序排列图层。

■ 设置图层颜色。

在工程制图中，整个图形包含多种不同功能的图形对象，为了便于直观地区分它们，有必要针对不同图形对象使用不同颜色，例如标准层使用蓝色，虚线层使用黄色等。

步骤 1：在“图层特性管理器”对话框中单击图层所对应的颜色图标，或者选择菜单栏中的“格式”｜“颜色”命令，或者在命令行中输入“COLOR”命令，弹出“选择颜色”对话框，如图 1-11 所示。

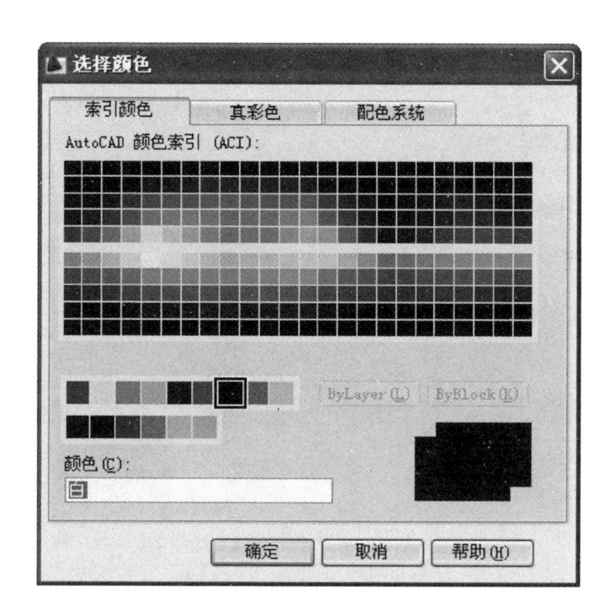

图 1－11　“选择颜色”对话框

步骤 2：“索引颜色”选项卡是一个标准的颜色设置选项卡，单击需要选择的颜色块，再单击“确定”按钮，就可以设置图层颜色。

另外，也可以使用“选择颜色”对话框中的“真彩色”和“配色系统”选项卡选择颜色，如图 1－12 和图 1－13 所示。

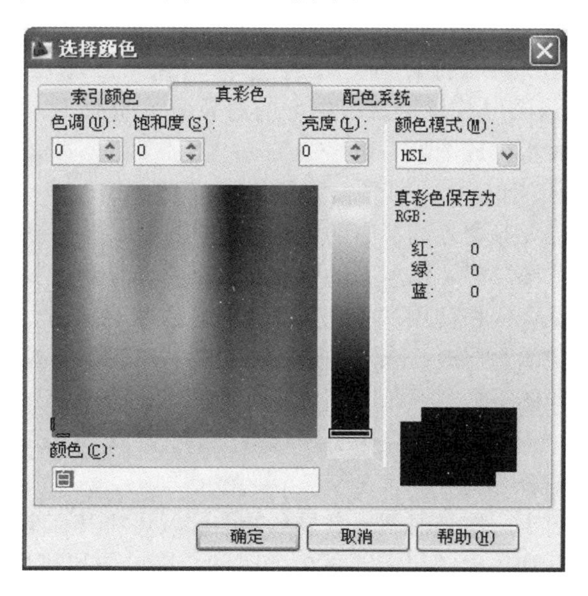

图 1－12　“真彩色”选项卡

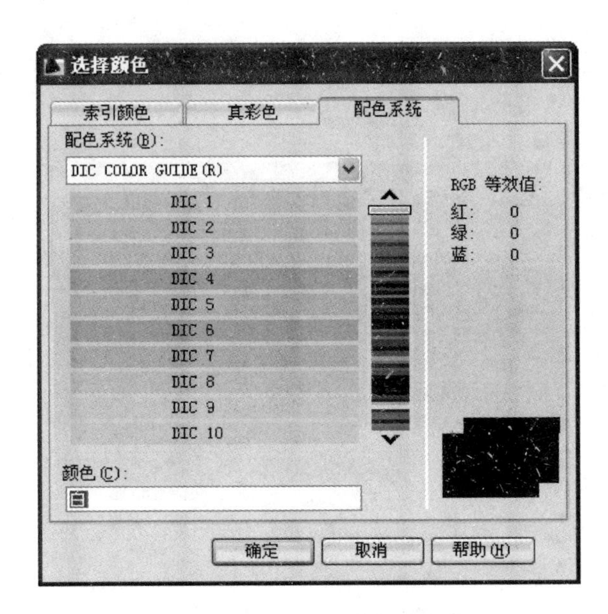

图 1－13 “配色系统”选项卡

(2) 控制图层。

在绘图过程中，当需要在一个无遮挡的视图中处理一些特定图层或图层组的细节时，关闭或冻结图层就显得很有用。对图层进行关闭或冻结，可以隐藏该图层上的对象。关闭图层后，该图层上的图形将不能被显示或打印。冻结图层后，AutoCAD 不能在被冻结的图层上显示、打印或重生成对象。打开已关闭的图层时，AutoCAD 将重画该图层上的对象。解冻已冻结的图层时，AutoCAD将重生成图形并显示该图层上的对象。关闭而不冻结图层，可以避免每次解冻图层时重生成图形。

■ 打开或关闭图层。

当某些图层需要频繁地切换它的可见性时，选择关闭该图层而不冻结。当再次打开已关闭的图层时，图层上的对象会自动重新显示。关闭图层可以使图层上的对象不可见，但在使用“消隐”命令时，这些对象仍会遮挡其他对象。

当要打开或关闭图层时，在“图层”工具栏或“图层特性管理器”的图层控件中单击要操作图层的“开 \ 关图层”灯泡图标。当图标显示为黄色时，图层处于打开状态；否则，图层处于关闭状态。

■ 冻结和解冻图层。

在绘图中，对于一些长时间不必显示的图层，可将其冻结而非关闭。冻结和解冻图层比打开和关闭图层需要更多的时间。冻结图层可以加快缩放视图、平移视图和其他操作命令的运行速度，增强图形对象的选择性能，并减少复杂图形的重生成时间。

当要冻结或解冻图层时，在“图层”工具栏或“图层特性管理器”的图层控件中单击要操作图层的“在所有视口中冻结解冻”图标。如果该图标显示为黄色的太阳状，所选图层处于解冻状态；否则，所选图层处于冻结状态。

■ 锁定图层。

在编辑对象的过程中，当要编辑与特殊图层相关联的对象，同时对其他图层上的对象只想查看但不编辑，此时就可以将不编辑的图层进行锁定。锁定图层时，它上面的对象均不可修改，直到为该图层解锁。锁定图层可以降低意外修改该图层对象的可能性。对于锁定图层上的对象仍然可以使用捕捉功能，而且也可以执行不修改对象的其他操作。

4. 控制视图显示

对于一个比较复杂的图形来说，在观察整幅图形时往往无法对其局部细节进行查看和操作，而当在屏幕上显示一个细部时，又看不到其他部分。为解决此类问题，AutoCAD 提供了平移、缩放和鸟瞰视图等一系列图形显示控制命令，可以用来任意地放大、缩小或者移动屏幕上的图形显示，或者同时从不同的角度、不同的部位来显示图形。

控制图形视图的概念是可以将视图移动到图形的其他部分，或者可以放大图形中的细节以便仔细查看。如果是按名称保存的视图，可以在以后恢复它们。

（1）平移视图。

使用 PAN 命令或窗口滚动条可以移动视图的位置。使用 PAN 的“实时”选项，可以通过移动定点设备进行动态平移。与使用相机平移一样，PAN 不改变图形中对象的位置或放大比例，只改变视图。单击鼠标右键，可以显示包含其他视图选项的快捷菜单。

平移视图的方法有两种：一是通过拖动进行平移，二是通过指定点进行平移。

■ 通过拖动进行平移。

步骤 1：选择菜单栏中的“视图”｜“平移”｜“实时”命令，或者在命令行中输入“PAN”命令，或者单击工具栏中的“实时平移”按钮，出现手形光标。

步骤 2：移动定点设备的同时按住鼠标按钮可以拖动视图。如果使用滚轮鼠标，可以在按住滚轮的同时移动鼠标。

■ 通过指定点进行平移。

步骤 1：选择菜单栏中的“视图”｜“平移”｜“点”命令，或者在命令行中输入“－PAN”命令，出现十字形光标。

步骤 2：指定基点或位移，这是要平移的点。指定第二点（要平移到的目标点），这是第一个选定点的新位置。

（2）缩放视图。

观察图形中的细节时，可以对其进行放大以便于查看。缩放视图可以通过放大和缩小操作改变视图的比例，类似于使用相机广角和聚焦，但不改变图形中对象的绝对大小，只改变视图的比例。当放大图形一部分的显示尺寸时，可以更清楚地查看这个区域的细节；相反，如果缩小图形的显示尺寸，则可以查看更大的区域，如整体浏览。

■ 实时缩放。

步骤 1：选择菜单栏中的“视图”｜“缩放”｜“实时”命令，或者在命令行中输入“ZOOM”命令并按 Enter 键，或者单击工具栏中的“实时缩放”按钮，光标变成。

步骤 2：按住定点设备上的按钮，然后垂直拖动即可放大或缩小。

步骤 3：按 Enter 键、Esc 键，或单击鼠标右键退出。

■ 全部缩放。

选择菜单栏中的“视图”｜“缩放”｜“全部”命令，或者在命令行中输入“ZOOM”命令，在提示文字之后输入“A”后按空格键或 Enter 键可查看当前视口中的整个图形。

■ 中心点缩放。

步骤 1：选择菜单栏中的“视图”｜“缩放”｜“中心点”命令，或者在命令行中输入“ZOOM”命令，在提示文字之后输入“C”后按空格键或Enter键。

步骤 2：指定一个中心点，然后输入缩放的比例或高度。

■ 动态缩放。

步骤 1：选择菜单栏中的“视图”｜“缩放”｜“动态”命令，或者在命令行中输入“ZOOM”命令，在提示文字之后输入“D”后按空格键，在绘图窗口中出现一个小的视图框。

步骤 2：按住鼠标左键左右移动可以改变该视图框的大小，定形后放开左键。

步骤 3：按下鼠标左键移动视图框，确定图形中的放大位置，系统将清除当前视口并显示一个特定的视图选择屏幕。

■ 范围缩放。

选择菜单栏中的“视图”｜“缩放”｜“范围”命令，或者在命令行中输入“ZOOM”命令，在提示文字之后输入“E”后按空格键或 Enter 键，图形缩放至整个显示范围。

■ 恢复上一个视图。

选择菜单栏中的“视图”｜“缩放”｜“上一个”命令，或者在命令行中输入“ZOOM”命令，在提示文字之后输入“P”后按空格键或Enter键，窗口恢复到上一个视图。

■ 比例缩放。

步骤1：选择菜单栏中的“视图”｜“缩放”｜“比例”命令，或者在命令行中输入“ZOOM”命令，在提示文字之后输入“S”后按空格键或Enter键。

步骤2：输入一定数值比例因子，然后按空格键或Enter键，系统将按照此比例因子放大或缩小图形尺寸。

■ 窗口缩放。

步骤1：选择菜单栏中的“视图”｜“缩放”｜“窗口”命令，或者在命令行中输入“ZOOM”命令，在提示文字之后输入“W”后按空格键或Enter键。

步骤2：指定所需缩放区域的一个角点，再指定此角点的对角点，窗口将缩放显示指定窗口的区域。

（3）鸟瞰视图。

在大型图形中，可以在显示全部图形的窗口中快速平移和缩放。使用“鸟瞰视图”窗口可以快速修改当前窗口中的视图。在绘图时，如果“鸟瞰视图”窗口保持打开状态，则无须中断当前命令便可直接进行缩放和平移操作。此外，还可以指定新视图，而无须选择菜单选项或输入命令。

视图框在“鸟瞰视图”窗口内，是一个用于显示当前窗口中视图边界的粗线矩形。可以通过在“鸟瞰视图”窗口中改变视图框来改变图形中的视图。要放大图形，需将视图框缩小；要缩小图形，需将视图框放大。单击左键可以执行所有平移和缩放操作，单击鼠标右键可以结束平移和缩放操作。

■ 使用“鸟瞰视图”窗口缩放新区域。

步骤1：选择“视图”｜“鸟瞰视图”命令，或者在命令行中输入“DSVIEWER”命令后按Enter键，弹出“鸟瞰视图”窗口。

步骤2：在“鸟瞰视图”窗口中，在视图框内单击直到显示箭头为止。

步骤3：向右拖动可以缩小视图，向左拖动可以放大视图。单击鼠标右键结束缩放操作，新视图为细线框变化后的视图大小。

■ 使用“鸟瞰视图”窗口平移视图。

步骤1：选择“视图”｜“鸟瞰视图”命令，或者在命令行中输入“DSVIEWER”命令后按Enter键，弹出“鸟瞰视图”窗口。

步骤2：同使用“鸟瞰视图”窗口缩放新区域一样，在“鸟瞰视图”窗口中操作，在视图框内单击直到显示“X”为止。

步骤3：拖动视图以改变视图，向右拖动可以缩小视图，向左拖动可以放大视图。单击鼠标右键结束平移操作，视口将显示新视图区域。

■ 在“鸟瞰视图”窗口中显示整张图形。

步骤1：选择“视图”｜“鸟瞰视图”命令，或者在命令行中输入“DSVIEWER”命令后按Enter键，弹出“鸟瞰视图”窗口。

步骤2：在“鸟瞰视图”窗口中选择“命令”｜“全局”命令，或者单击“鸟瞰视图”工具栏上的“全局”按钮。

■ 放大或缩小“鸟瞰视图”图像放大比例。

步骤1：选择“视图”｜“鸟瞰视图”命令，或者在命令行中输入“DSVIEWER”命令后按Enter键，弹出“鸟瞰视图”窗口。

步骤2：在“鸟瞰视图”工具栏上单击“缩小”按钮或“放大”按钮。

5. 图形的基本选择

使用计算机辅助绘图时，进行任何一项编辑操作都需要先指定具体的对象，即选取该对象。只有这样，所进行的编辑操作才会有效。在AutoCAD中，选取对象最常用的方法有5种。

（1）直接选取对象。

直接选取是AutoCAD绘图中最常见的一种选取方法。在选取对象时，只需单击该对象即可完成选取操作。被选取的对象将以虚线显示。要选取多个图形对象，可以逐个选取这些对象，即可完成选取操作。

（2）使用选择窗口与交叉选择窗口。

选择窗口是一种通过确定选取图形对象的范围进行选取的方法。在选取图形的左上方处单击鼠标，然后向右下角拖动鼠标，直到将所选取的图形框在一个矩形框内后，单击鼠标以确定选取范围。此时所有出现在矩形框内的对象将被选取，这个出现的矩形框称为选择窗口。

交叉选择窗口与选择窗口的操作方法大致类似，只是在确定选取对象时框选的方向有所不同。交叉选择窗口是先确定右上角处，然后向左拖动鼠标来定义选取范围。当确定选取范围后，所有完全或部分包含在交叉选择窗口中的对象均被选中。

（3）不规则窗口。

如果在不规则形状区域内选择对象，就应该将被选择的对象包含在一个不规则多边形窗口内。不规则多边形窗口只选择它完全包含的对象，而交叉多边形窗口可以选择衔接或包含在内的对象。可以通过指定点来划定区域，从而创建多边形选择窗口。

在命令行中显示“选择对象”时，输入“WP”后按Enter键，然后依次在所要选取的对象周围单击，从而确定要选取的范围，最后按Enter键闭合多边形，即可完成多边形图形的选取。

注意：交叉多边形的选择方法：在命令行中显示“选择对象”时，输入“CP”后按Enter键，然后依次在所要选取的对象周围单击，从而确定要选取的范围，最后按Enter键闭合多边形，即可完成多边形图形的选取。

（4）使用选择栏。

使用选择栏可以容易地从复杂图形中选择相邻的对象。选择栏是一段或多段直线，它穿过的所有对象均被选中。

在命令行中显示“选择对象”时，输入“F”后按Enter键，然后将光标移动到所要选中的对象上，单击并拖动一条直线，使其穿过所选对象，然后按Enter键，则穿过的所有对象均被选取。

（5）快速选取。

在AutoCAD中，当需要选中具有某些共同特性的对象时，可在“快速选择”对话框中根据对象的特性和类型进行快速选择，从而创建选择集。

选择“工具”|“快速选择”命令，打开“快速选择”对话框。在该对话框中按照图1－14所示设置参数，即可选取当前整个图形中所有等于该线型的圆。

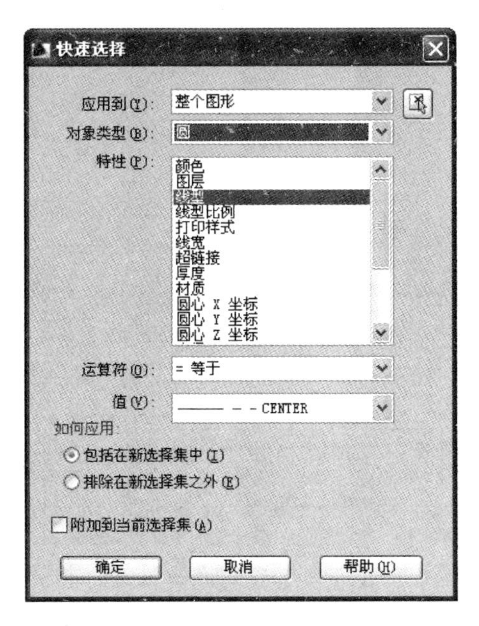

图1－14　“快速选择”对话框

1.1.2 绘制图形

1. 新建文件

单击“新建”按钮，打开“选择样板”对话框。选择 acadiso 样板，单击“打开”按钮，即可新建一个名为 drawing1. dwg 的文件。

2. 规划图层

图层是 AutoCAD 提供的一个管理图形对象的工具，应用图层可以使一张图纸像是由多张透明图纸重叠在一起而组成的，用户可以根据图层对几何对象、文字和标注等进行归类处理。充分有效地使用图层功能，可以降低图形的编辑难度，同时也能提高绘图的准确性。

步骤 1：打开图层特性管理器。单击“图层特性管理器”按钮，打开“图层特性管理器”对话框，初始只有一个系统默认的图层——0 图层，如图 1－15所示。

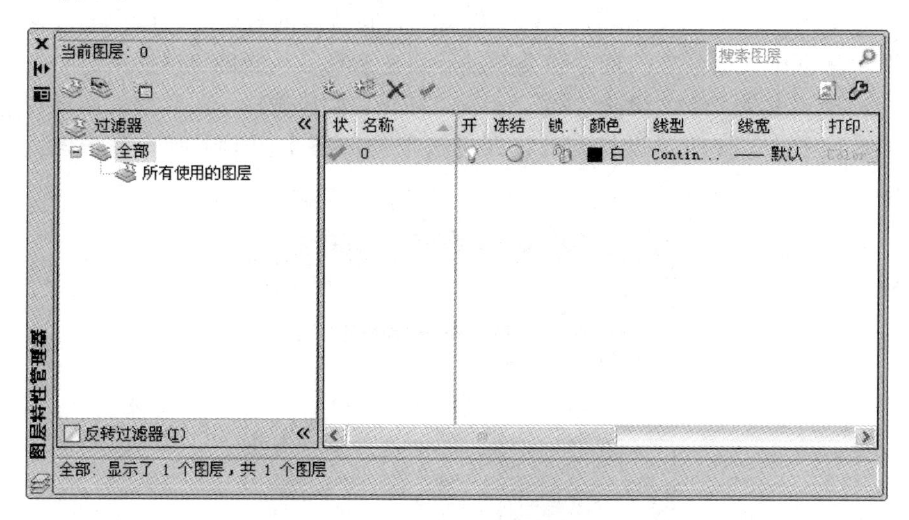

图 1－15 “图层特性管理器”对话框

步骤 2：新建图层。单击“新建图层”按钮，或在图层列表区域单击右键，从弹出的快捷菜单中选择“新建图层”命令，创建一个新的图层，在名称栏里将“图层 1”改为所需要的图层名，如图 1－16 所示。

步骤 3：完成图层规划。根据实际工程图纸的需要，按照相同方法依次创建其他图层，完成图层的规划。图层规划设置虽然有些麻烦，但是对于绘制一幅高质量的工程图纸而言是非常重要的，是工程制图中不可轻视的一个重要环节。合理的图层规划有利于绘图工作的顺利进行。

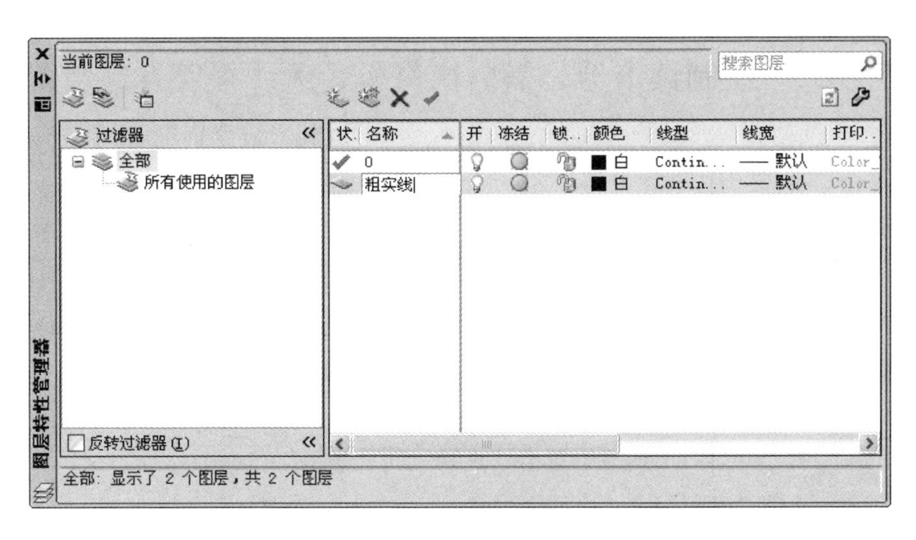

图 1－16　创建新图层

3. 保存文件

单击“保存”按钮，打开“图形另存为”对话框，在“文件名”下拉列表框中输入图形文件的名称，并单击“保存”按钮即可，如图 1－17 所示。

图 1－17　“图形另存为”对话框

任务 2　绘制读卡器、黑白摄像机、无线报警发送装置

1.2.1　相关知识点

1. 绘制直线

AutoCAD 中的大多数对象可能都含有直线，50%以上的图形是由直线组成的。一条直线由两个点组成：起点和端点。可以连接一系列的直线，但是每一条直线段都是一个独立的直线对象。

要绘制直线，可使用以下任何一种方法：

(1) 在“绘图”工具栏中单击“直线”按钮。

(2) 选择“绘图”｜“直线”命令。

(3) 在命令行提示下输入“LINE（或 L）”，并按 Enter 键。AutDCAD 命令行的提示如下：

```
_line 指定第一点:
指定下一点或 [放弃(U)]:
指定下一点或 [闭合(C)\放弃(U)]:
```

2. 绘制矩形

要绘制一个矩形，主要有以下几种方法：

(1) 在“绘图”工具栏中单击“矩形”按钮。

(2) 选择“绘图”｜“矩形”命令。

(3) 在命令行直接输入“RECTANGLE（或 REC)”，并 Enter 键。命令行显示如下信息：

```
指定第一个角点或 [倒角(C)\标高(E)\圆角(F)\厚度(T)\宽度(W)]:
```

该提示信息中各选项的意义如下：

■ 指定第一个角点。

该方式以给定的两个角点来绘制矩形，这是系统的缺省选项。用户可以选择该选项以指定矩形的一个角点。一旦指定了第一个角点，橡皮筋矩形将从该点延伸到光标位置处，当移动光标时，矩形的大小也随之改变，并给出以下提示：

```
指定另一个角点或 [面积(A)\尺寸(D)\旋转(R)]:
```

在此提示下，可直接给出另一个角点来绘制矩形。

■ 倒角。

确定矩形的倒角尺寸，使所绘矩形按此尺寸设置倒角。执行该选项后，AutoCAD提示：

指定矩形的第一个倒角距离〈0.0000〉:
指定矩形的第二个倒角距离〈0.0000〉:

确定倒角距离后，AutoCAD返回到“指定第一个角点或［倒角（C）\标高（E）\圆角（F）\厚度（T）\宽度（W）］:”提示，用户可以通过指定角点或尺寸来绘制矩形。

■ 标高。

此选项主要用来以指定的标高绘制矩形，该选项一般用于三维绘图。如果选择了该项，AutoCAD会出现如下提示：

指定矩形的标高〈0.0000〉:

输入高度值后，AutoCAD返回到“指定第一个角点或［倒角（C）\标高（E）\圆角（F）\厚度（T）\宽度（W）］:”提示。

■ 圆角。

确定矩形的圆角尺寸，使所绘矩形按此尺寸设置圆角。执行该选项后，AutoCAD提示：

指定矩形的圆角半径〈0.0000〉:

输入半径值后，AutoCAD返回到“指定第一个角点或［倒角（C）\标高（E）\圆角（F）\厚度（T）\宽度（W）］:”提示。

■ 厚度。

确定矩形的绘图厚度，该选项一般用于三维绘图。执行该选项后，AutoCAD提示：

指定矩形的厚度〈0.0000〉:

输入厚度值后，AutoCAD返回到“指定第一个角点或［倒角（C）\标高（E）\圆角（F）\厚度（T）\宽度（W）］:”提示。

■ 宽度。

确定矩形的线宽。执行该选项后，AutoCAD提示：

指定矩形的线宽〈0.0000〉:

输入宽度值后，AutoCAD返回到“指定第一个角点或［倒角（C）\标高（E）\圆角（F）\厚度（T）\宽度（W）］:”提示。

3. 绘制多边形

同绘制矩形一样，绘制正多边形主要有以下三种方法：

（1）在“绘图”工具栏中单击“正多边形”按钮⬠。

（2）选择“绘图”｜“正多边形”命令。

（3）在命令行直接输入“POLYGON”，并按 Enter 键。

命令行依次显示如下信息：

```
输入边的数目〈4〉:
指定正多边形的中心点或 [边(E)]:
```

其中，第二行提示信息中各选项的意义如下：

■ 指定正多边形的中心点。

利用多边形的假想外接圆或内切圆来绘制多边形。选择该选项后，直接给出多边形的中心点，AutoCAD 提示如下：

```
输入选项 [内接于圆(I)\外切于圆(C)]〈I〉:
```

上面的选项中，“内接于圆（I）”选项表示所绘多边形将内接于假想的圆。执行该选项，AutoCAD 提示：

```
指定圆的半径:
```

输入圆的半径后，AutoCAD 会假设有一个半径为输入值、圆心为正多边形中心的圆，所绘制的正多边形将与该圆内接。

如果在“输入选项［内接于圆（I）\外切于圆（C）］〈I〉:”提示下执行“外切于圆（C）”选项，所绘多边形将外切于假想的圆。执行该选项，AutoCAD 提示：

```
指定圆的半径:
```

输入圆的半径后，AutoCAD 会假设有一个半径为输入值、圆心为正多边形中心的圆，所绘制的正多边形将与该圆外切。

■ 边（E）。

该选项是以给定的两个点作为多边形一条边的两个端点来绘制多边形。执行该选项，AutoCAD 提示：

```
指定边的第一个端点:
指定边的第二个端点:
```

用户依次给出两个端点的坐标后，AutoCAD 将以这两个端点构成的线段的长度作为正多边形的边长绘制正多边形。

1.2.2　绘制图形

1. 打开文件

单击“打开”按钮，打开“选择文件”对话框，选择所要打开的文件，并单击“打开”按钮即可，如图1－18所示。

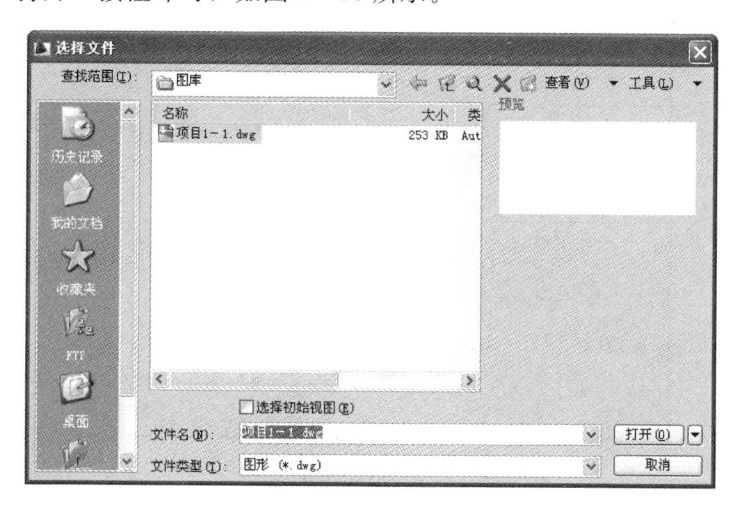

图1－18　“选择文件”对话框

2. 绘制读卡器

步骤1：选择图层。在“图层特性管理器”下拉列表中选择“粗实线”图层作为当前图层，如图1－19所示。

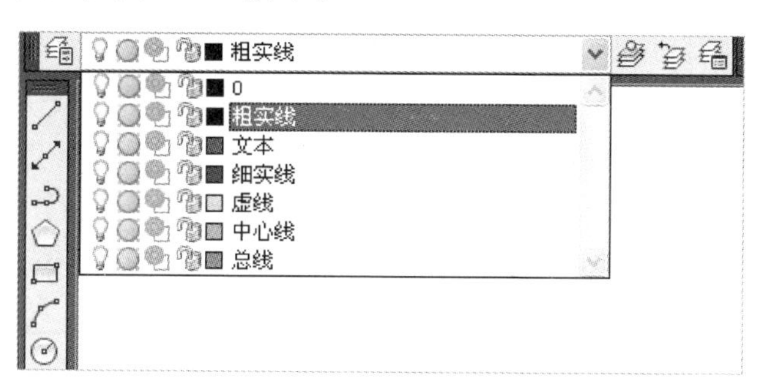

图1－19　选择图层

步骤2：绘制读卡器轮廓。单击“绘图”工具栏中的“矩形”按钮，绘制一个矩形。

步骤3：设置自动捕捉。在“状态”工具栏中的“捕捉模式”按钮上单击鼠标右键，在弹出的快捷菜单中选择“设置”命令，打开“草图设置”对话框，在“对象捕捉”选项卡中选中“最近点”复选框，然后单击“确定”按钮结束设置，如图 1－20 所示。

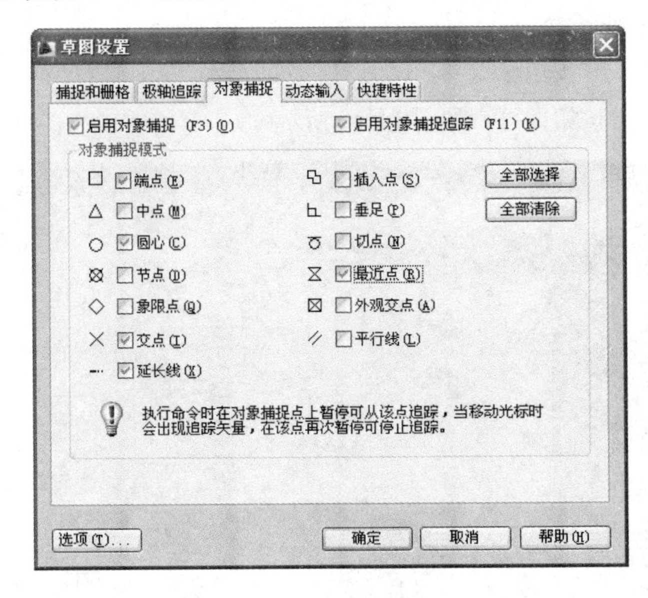

图 1－20　设置自动捕捉

步骤 4：绘制内部线条。单击“绘图”工具栏中的“直线”按钮，从矩形框的左侧开始绘制一段水平线后，单击鼠标左键，然后拖动鼠标至矩形框右边的中点附近，当出现（捕捉中点的标志）时单击鼠标左键，最后按空格键或 Enter 键结束命令。

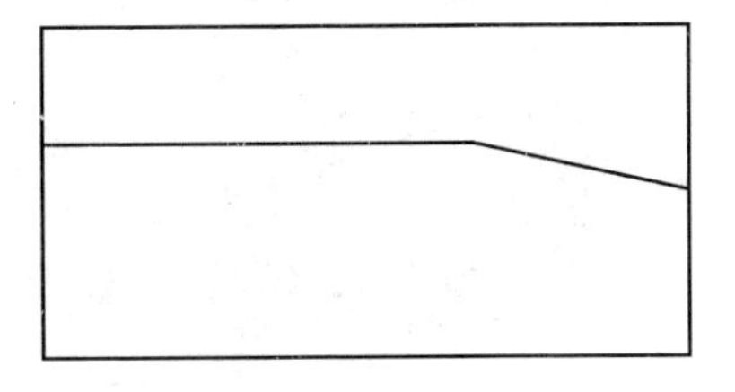

图 1－21　读卡器

至此“读卡器”绘制完成，如图 1－21 所示。

3. 绘制黑白摄像机

步骤 1：绘制摄像机机身。单击“绘图”工具栏中的“矩形”按钮，绘制一个矩形。

步骤 2：绘制镜头。单击“绘图”工具栏中的“矩形”按钮，从摄像机机身的左侧开始向右下角绘制一个矩形，即为镜头。

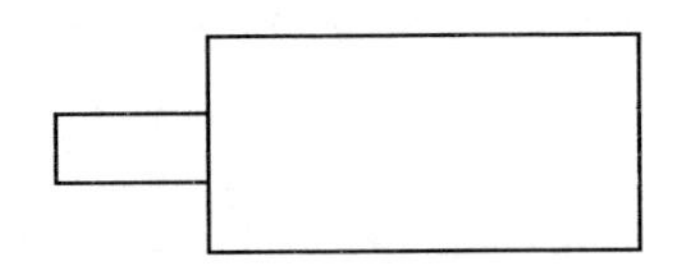

图 1－22　黑白摄像机

至此“黑白摄像机”绘制完成，如图 1－22 所示。

4. 绘制无线报警发送装置

步骤 1：绘制外框。单击“绘图”工具栏中的“矩形”按钮，绘制一个矩形。

步骤 2：绘制内框。单击“绘图”工具栏中的“矩形”按钮，在外框内绘制一个小矩形。

步骤 3：绘制天线。单击“绘图”工具栏中的“直线”按钮，从外框上侧开始绘制一线段，重复“直线”命令绘制另外两条线段。

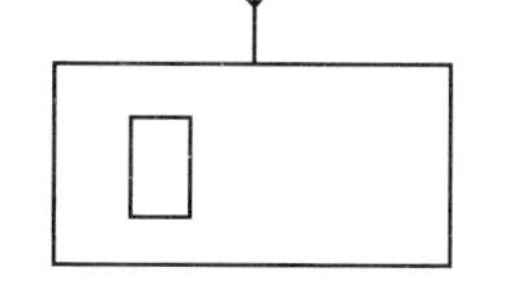

图 1-23　无线报警发送装置

至此“无线报警发送装置”绘制完成，如图 1-23 所示。

任务 3　绘制探测器、紧急开关、带云台摄像机

1.3.1　相关知识点

1. 编辑文字

AutoCAD 虽是专业的绘图软件，但其文字编辑功能也很强大。它提供了多种创建文字的方法：对于不需要多种字体或多行的短输入项（如标签），可创建为单行文字；对于较长，而且比较复杂的内容，可创建多行或段落文字。而且，还可对文字使用不同样式，对其字体、字型、大小和颜色等特性进行设置。

（1）创建文字样式。

在向 AutoCAD 图形添加文字之前，需要先定义使用文字的样式，即定义文字的字体、字高和文字倾角等参数。如果在创建文字之前未对文字样式进行定义，输入的所有文字都将使用当前文字样式，即默认字体和格式设置。

当要创建文字样式时，在“文字”工具栏上单击“文字样式”按钮，或者执行“格式”｜“文字样式”命令，都可打开“文字样式”对话框，如图 1-24 所示。

在“文字样式”对话框中的“样式”文本框中包括默认的样式名称和已定义的样式名称。默认样式显示为当前样式。当要改变当前样式时，从下拉列表中选择一种新的样式名称，或单击“新建”按钮创建新的样式名称。另外，对样式名称还可进行重命名和删除操作。

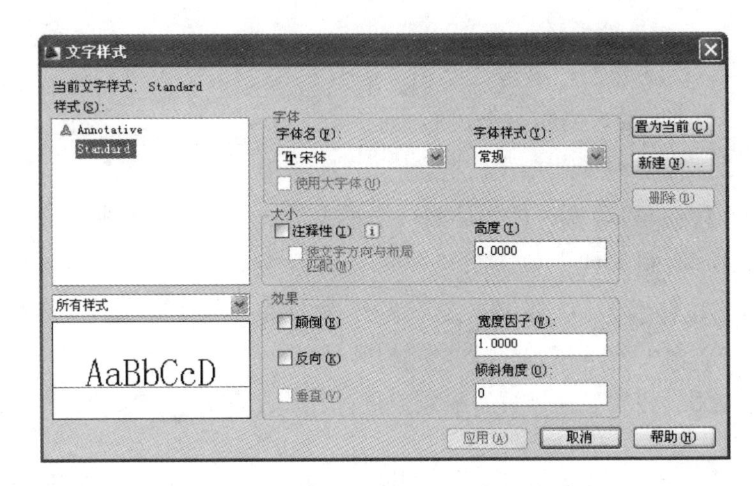

图 1-24 “文字样式”对话框

■ 新建。

在“文字样式”对话框中单击“新建”按钮，弹出“新建文字样式”对话框，如图 1-25 所示。

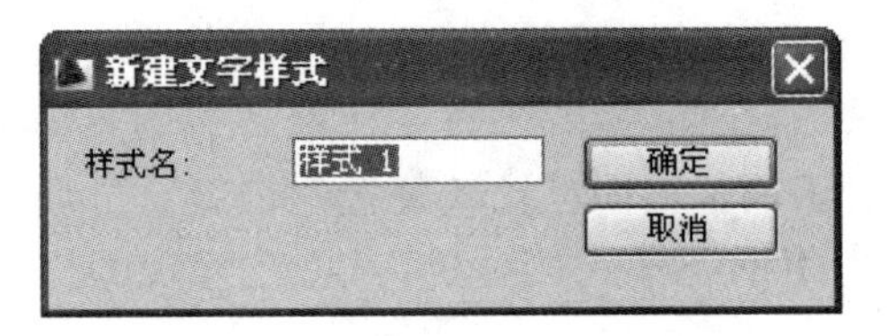

图 1-25 “新建文字样式”对话框

在“样式名”文本框中输入新建文字样式的名称，然后单击“确定”按钮，AutoCAD 将以新建样式名称使用当前样式设置。

■ 删除。

“文字样式”对话框的“样式名称”下拉列表中选择要删除的样式名称，然后单击“删除”按钮，即可将所选样式名称删除。

■ 设置字体。

在“文字样式”对话框中的“字体”选项区域和“大小”区域中提供了“字体名”、“字体样式”和“高度”选项。下面将介绍这些选项的功能及设置。

● 字体名：在该下拉列表中选择一种字体，并通过“文字样式”对话框中的“预览”窗口对所选字体进行预览。

● 字体样式：该下拉列表框为所选字体提供了不同的字体样式。用户可根据需要选择“常规”、“粗体”或“斜体”等字体样式。

● 使用大字体：该复选框只有在“字体名”下拉列表中选择 shx 字体文件

时才可用。选择该复选框以指定亚洲语言的大字体文件。

● 高度：在该文本框中输入数值以设置文字的高度。如果对文字高度不进行设置，其默认值为 0，并且每次使用该样式，在输入文字时，AutoCAD 都会在命令行提示输入文字高度。如果将文字高度设置为大于 0 的数值，每次使用该样式，在输入文字时，AutoCAD 将不再出现输入文字高度的提示。

注意：在“字体名”下拉列表显示的名称中，字体名称前带有@符号的表示文字竖向排列，字体名称前不带@符号的表示文字横向排列。

■ 设置字体效果。

在“文字样式”对话框中的“效果”选项区域中包括“宽度因子”、“倾斜角度”、“颠倒”、“反向”和“垂直”等选项。通过这些选项可对文字的外观特征进行设置。

● 颠倒：选中该复选框，将倒置显示字符。

● 反向：选择该复选框，将反向显示字符。

● 垂直：选择该复选框，将垂直对齐显示字符。取消对该复选框的选择，将水平对齐显示字符。

● 宽度因子：在该文本框中输入文字宽度的系数值，以控制文字的宽度。当比例系数为 1 时，AutoCAD 将按字体文件中定义的高度比标注文字。当宽度比例系数大于 1 时，字体会变宽；宽度比例系数小于 1 时，字体宽度会被压缩变窄。

● 倾斜角度：在该文本框中输入角度值，以指定文字的倾斜角度。该参数的设置范围在－85～85 之间。当角度值为正时，文字按顺时针方向倾斜；当角度值为负时，文字按逆时针方向倾斜；当角度值为 0 时，文字不倾斜。

（2）创建与编辑文字。

■ 创建单行文字。

对于不需要使用多种字体的简短内容，如标签，可使用 AutoCAD 提供的 TEXT 命令来创建。该命令可创建单行或多行文字，在结束每行文字时按 Enter键。创建的每行文字都是一个独立的对象，可以对其重新定位、调整格式或进行其他修改等操作。

需要使用单行文字进行标注时，可在“文字”工具栏上单击“单行文字”按钮 AI，或执行“绘图”｜“文字”｜“单行文字”命令，或在命令行输入“TEXT”或“DTEXT”，然后按 Enter 键，AutoCAD 都会显示以下提示：

```
当前文字样式:Standard 当前文字高度: 2.5000
指定文字的起点或 [对正(J)\样式(S)]:
```

确定文字行基线的起始位置后，依据提示，用户可使用熟悉的输入法来输入需要的文字。当要结束单行文字的创建时，可连续按两下 Enter 键。

■ 创建多行文字。

当需要使用较长，而且比较复杂的文字内容时，可通过创建多行或段落文字来实现。虽然使用前面介绍的“单行文字”命令也可以创建多行文字，但每行文字都是一个独立的对象，编辑修改起来比较麻烦。此时，可使用AutoCAD提供的“多行文字”命令创建。使用该命令创建的文字可以使用不同的字体和字号。

步骤1：在“绘图”工具栏中单击“多行文字”按钮，或者执行“绘图”｜“文字”｜“多行文字”命令，或在命令行输入“MTEXT”，然后按 Enter 键，AutoCAD 都显示提示：“指定第一角点：”。

步骤2：在该提示下，在绘图区域拾取一点以确定文字行顶线的起始点位置。执行该选项后，AutoCAD 继续提示：“指定对角点或［高度（H）\对正（J）\行距（L）\旋转（R）\样式（S）\宽度（W）］：”。

步骤3：在该提示下，可在绘图窗口指定对角点的位置以确定文字区域，也可以执行其他选项以设置文字的高度、对正方式、行间距、旋转、样式或宽度。

步骤4：在确定对角点的同时，AutoCAD 会弹出“文字格式”编辑器，输入文字，如图 1-26 所示。

图 1-26 “文字格式”编辑器

■ 编辑文字。

在 AutoCAD 中标注文字后，有时需要对文字本身或属性进行修改。AutoCAD 为此提供了两种编辑方法：使用“编辑文字”命令和使用“特性”管理器。使用“编辑文字”命令编辑单行文字时，只可修改文字的内容而不能改变文字对象的格式和特性。但对于多行文字，既可以编辑其内容，也可以修改多行文字的其他特性。使用“特性”管理器可以修改所选文字的内容、样式、位置、方向、大小、对正以及其他特性。

（1）使用“编辑文字”命令。使用“编辑文字”命令编辑文字时，可在“文字”工具栏上单击“编辑文字”按钮，或执行“修改”｜“对象”｜“文字”｜“编辑”命令，或在命令行中输入“DDEDIT”，然后按 Enter 键，AutoCAD都显示以下提示：

选择注释对象或 [放弃(U)]:

在该提示下，选择的编辑对象不同，其编辑方式也就不同。当选择单行文字时，被选择文字变成蓝色背景，直接编辑修改即可。当选择多行文字时，弹出图 1 - 26 所示的“文字格式”编辑器。此时，用户可对其中的选项进行更改设置。

对单行文字或多行文字编辑修改后，AutoCAD 继续提示：“选择注释对象或［放弃（U)]:”，直到按 Enter 键结束“编辑文字”命令操作。

(2) 使用“特性”管理器。使用“特性”管理器编辑修改文字时，在未启动任何命令之前选择要修改的文字，然后在“标准”工具栏上单击“特性”按钮，或执行“修改”｜“特性”命令，也可以在命令行输入“DDMODIFY”或“PROPERTIES”，都可以打开“特性”管理器，依据提示即可修改，如图 1 - 27 所示。

多行文字

常规	
颜色	ByLayer
图层	0
线型	—— ByL...
线型比例	1
打印样式	BYCOLOR
线宽	—— ByL...
超链接	
三维效果	
材质	ByLayer
文字	
内容	安全防范
样式	Annota...
注释性	是
注释比例	1:1
对正	左上
方向	随样式
图纸文...	235.4699
模型文...	235.4699

图 1 - 27　“特性”管理器中的文字特性

2. 绘制圆

选择“绘图”｜“圆”命令，在命令行输入“CIRCLE”命令或在“绘图”工具栏中单击“圆”按钮，可以绘制“圆”。执行 CIRCLE 命令后，命令行显示如下信息：

指定圆的圆心或 [三点(3P)\两点(2P)\相切、相切、半径(T)]:

该提示信息中各选项的意义如下：

■ 指定圆的圆心。

画圆的缺省方法是输入圆心和半径。当开始画圆时，可以输入圆心坐标或通过鼠标选取圆心点。注意，皮筋线从选定的圆心点拉伸到由十字光标指定的半径点，其圆的大小可以随意改变。在键盘上直接输入一个数值并按 Enter 键，一个圆将以此为半径画出。

确定圆的圆心位置后，AutoCAD 提示：

指定圆的半径或 [直径(D)]:

若在此提示下直接输入值，AutoCAD 绘出以给定点为圆心，以输入值为半径的圆。此外，也可以通过“[直径（D)]”选项绘制定圆心和直径的圆。

■ 三点（3P)。

绘制通过指定三点的圆。执行该选项，AutoCAD 依次提示：

指定圆上的第一个点：
指定圆上的第二个点：
指定圆上的第三个点：

指定圆上的三个点后，系统即可绘出该圆。

■ 两点（2P)。

如果指定了两点，系统将以这两点连成的线段的中点作为圆的中心，以线段的长度作为直径确定圆。执行该选项，AutoCAD 依次提示：

指定圆直径的第一个端点：
指定圆直径的第二个端点：

指定了直径的两个端点，系统即可绘出该圆。

■ 相切、相切、半径（T)。

以给定的半径绘制和两个对象相切的圆。执行该选项，AutoCAD 依次提示：

指定对象与圆的第一个切点：
指定对象与圆的第二个切点：
指定圆的半径：

依次执行操作，即确定要相切的两对象和圆的半径后，AutoCAD 绘出相应的圆。

3. 绘制圆弧

选择“绘图”｜“圆弧”命令中的子命令，在命令行中输入“ARC”命令或在“绘图”工具栏中单击“圆弧”按钮，都可以绘制“圆弧”。AutoCAD 提供了多种方法创建圆弧。除第一种方法外，其他方法都是从起点到端点逆时针绘制圆弧。

■ 通过指定三点绘制圆弧。

依次选择“绘图”｜“圆弧”｜“三点”命令。调用该命令后，AutoCAD 将依次出现如下提示：

指定圆弧的起点或[圆心(C)]：
指定圆弧的第二个点或[圆心(C)\端点(E)]：
指定圆弧的端点：

根据提示执行操作后，AutoCAD 绘出由给定三点确定的圆弧。

■ 通过指定起点、圆心、端点绘制圆弧。

依次选择“绘图” | “圆弧” | “起点、圆心、端点”命令。调用该命令后，AutoCAD 将依次出现如下提示：

指定圆弧的起点或 [圆心(C)]:
指定圆弧的第二个点或 [圆心(C)\端点(E)]:
指定圆弧的圆心:
指定圆弧的端点或 [角度(A)\弦长(L)]:

根据提示执行操作后，AutoCAD 绘出指定条件的圆弧。

■ 通过指定起点、圆心、角度绘制圆弧。

依次选择“绘图” | “圆弧” | “起点、圆心、角度”命令。调用该命令后，AutoCAD 将依次出现如下提示：

指定圆弧的起点或 [圆心(C)]:
指定圆弧的第二个点或 [圆心(C)\端点(E)]:
指定圆弧的圆心:
指定圆弧的端点或 [角度(A)\弦长(L)]:
指定包含角:

根据提示执行操作后，AutoCAD 绘出指定条件的圆弧。

■ 通过指定起点、圆心、长度绘制圆弧。

依次选择“绘图” | “圆弧” | “起点、圆心、长度”命令。调用该命令后，AutoCAD 将依次出现如下提示：

指定圆弧的起点或 [圆心(C)]:
指定圆弧的第二个点或 [圆心(C)\端点(E)]:
指定圆弧的圆心
指定圆弧的端点或 [角度(A)\弦长(L)]:
指定弦长:

根据提示执行操作后，AutoCAD 绘出指定条件的圆弧。

■ 通过指定起点、端点、方向\半径绘制圆弧。

依次选择“绘图” | “圆弧” | “起点、端点、方向 | 半径”命令。调用该命令后，AutoCAD 将依次出现如下提示：

指定圆弧的起点或 [圆心(C)]:
指定圆弧的第二个点或 [圆心(C)\端点(E)]:
指定圆弧的端点:
指定圆弧的圆心或 [角度(A)\方向(D)\半径(R)]:
指定圆弧的半径:

根据提示执行操作后，AutoCAD 绘出指定条件的圆弧。

1.3.2 绘制图形

1. 绘制探测器（微波入侵探测器、被动红外探测器、被动红外/微波双技术探测器）

步骤 1：打开文件。单击“打开”按钮，打开“选择文件”对话框，选择“任务二”中所绘制图形的文件，并单击“打开”按钮。

步骤 2：绘制微波探测器外框。单击“绘图”工具栏中的“正多边形”按钮，在命令行提示“_polygon 输入边的数目〈4〉:”时输入边的数目“3”，然后按空格键或 Enter 键；命令行继续提示“指定正多边形的中心点或[边（E）]:”时，在绘图区域的适当位置单击左键；命令行继续提示“输入选项[内接于圆（I）/外切于圆（C）]〈I〉:”时，按空格键或 Enter 键，选择默认的“内接于圆”，然后拖动鼠标至合适的位置单击左键完成绘制。如图 1-28 所示。

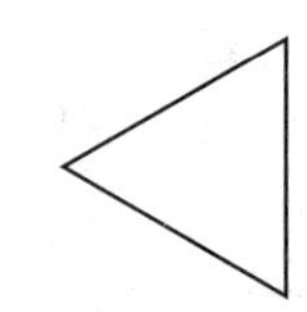

图 1-28　微波探测器外框

步骤 3：编辑文字。单击“绘图”工具栏中的“多行文字”按钮，在微波探测器外框内分别选定“第一角点”和“对角点”后，打开“文字格式”编辑器，如图 1-29 所示。在闪烁的光标处输入文字“M”，单击“确定”按钮完成文字编辑。至此“微波探测器”绘制完成，如图 1-30 所示。

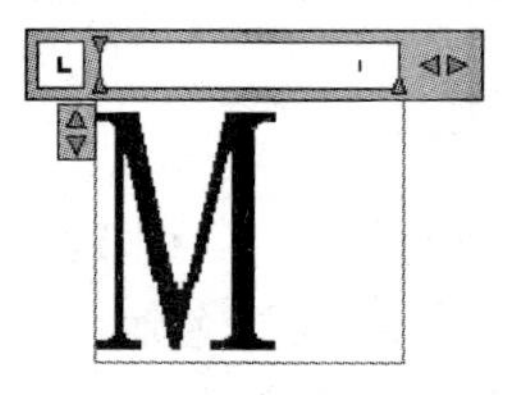

图 1-29　编辑文字

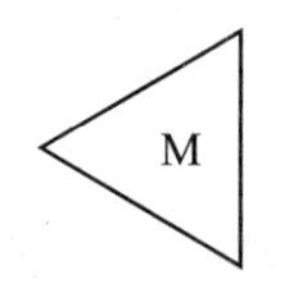

图 1-30　微波探测器

被动红外探测器和被动红外/微波双技术探测器绘制步骤同上，只要分别输入文字“IR”和“IR/M”，即是被动红外探测器和被动红外/微波双技术探测器，如图 1－31 所示。

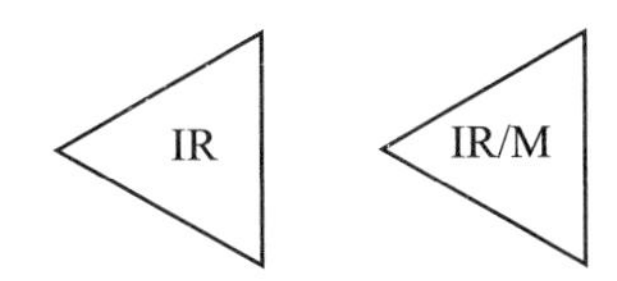

图 1－31　被动红外探测器和被动红外/微波双技术探测器

2. 绘制紧急开关（紧急按钮开关、门磁开关、紧急脚跳开关）

(1) 绘制紧急按钮开关。

步骤 1：绘制外圆。单击“绘图”工具栏中的“圆”按钮，在绘图区域中的合适位置单击鼠标左键确定圆心，然后拖动鼠标至适当位置，再次单击左键，外圆绘制完成。

步骤 2：绘制内圆。单击“绘图”工具栏中的“圆”按钮，将鼠标移至外圆的圆心或轮廓线上，此时会出现一个自动捕捉到圆心的标志，单击鼠标左键确定圆心，然后拖动鼠标至适当位置，再次单击左键。

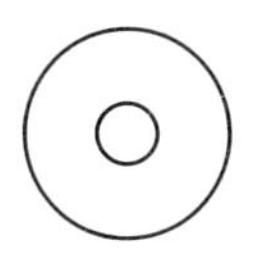

图 1－32　紧急按钮开关

至此“紧急按钮开关”绘制完成，如图 1－32 所示。

(2) 绘制门磁开关。

步骤 1：绘制外圆。单击“绘图”工具栏中的“圆”按钮，在绘图区域中的合适位置单击鼠标左键确定圆心，然后拖动鼠标至适当位置，再次单击左键，外圆绘制完成。

步骤 2：绘制内部线条。单击“绘图”工具栏中的“直线”按钮，将鼠标移至外圆内的合适位置上单击鼠标左键，然后拖动鼠标至适当位置，再次单击左键，依次再画出另外两条线。

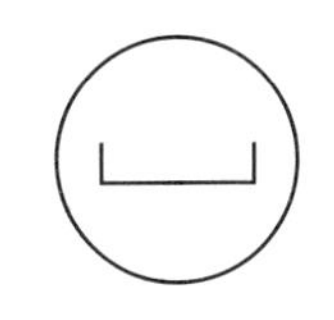

图 1－33　门磁开关

至此“门磁开关”绘制完成，如图 1－33 所示。

(3) 绘制紧急脚跳开关。

步骤 1：绘制外圆。单击“绘图”工具栏中的“圆”按钮，在绘图区域中的合适位置单击鼠标左键确定圆心，然后拖动鼠标至适当位置，再次单击左键，外圆绘制完成。

步骤 2：绘制内部线条。单击“绘图”工具栏中的“直线”按钮，将鼠标移至外圆内的合适位置上单击鼠标左键，然后拖动鼠标至适当位置，再次单击左键，依次再画出另外一条线。

图 1-34 紧急脚跳开关

至此“紧急脚跳开关”绘制完成，如图 1-34 所示。

3. 绘制带云台摄像机

步骤 1：绘制支架。在“黑白摄像机”基础上绘制三角形支架。单击“绘图”工具栏中的“正多边形”按钮，在命令行提示“_ polygon 输入边的数目〈4〉：”时输入边的数目“3”，然后按空格键或 Enter 键；命令行继续提示“指定正多边形的中心点或［边（E）］：”时，在绘图区域的适当位置单击左键；命令行继续提示“输入选项［内接于圆（I）/外切于圆（C）］〈I〉：”时，按空格键或 Enter 键，选择默认的“内接于圆”，然后拖动鼠标至摄像机机身位置，当出现自动捕捉“交点”时，单击左键完成绘制。

步骤 2：绘制上部线条。单击“绘图”工具栏中的“直线”按钮，将鼠标移至摄像机右边框中点附近，当出现自动捕捉“中点”时，单击鼠标左键，然后拖动鼠标至适当位置，再次单击左键完成第一条线条的绘制；继续向左水平拖动鼠标至适当位置，单击左键完成第二条线条的绘制；然后向下拖动鼠标至摄像机头部附近，当出现自动捕捉“交点”时，单击左键完成上部线条绘制。

步骤 3：绘制小圆。单击“绘图”工具栏中的“圆”按钮，在摄像机机身中的合适位置单击鼠标左键确定圆心，然后拖动鼠标至适当位置，再次单击左键，小圆绘制完成，依次绘制其他两个小圆。

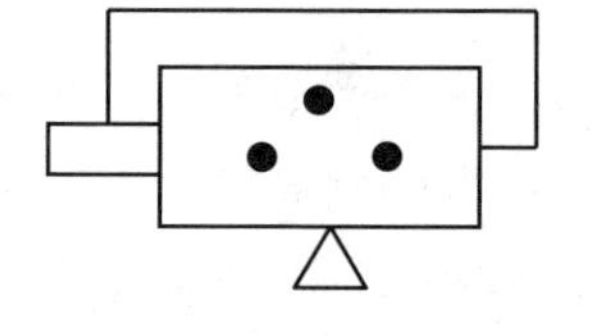

图 1-35 带云台摄像机

至此“带云台摄像机”绘制完成，如图 1-35 所示。

扩展练习：

绘制智能球形摄像机、半球摄像机、视频分配器、彩色监视器、指纹识别器、掌纹识别器、出入口数据处理设备、楼宇对讲系统主机、对讲电话分机、保安巡逻打卡器、光缆。

情境 2　绘制安防系统原理图

学习重点：

1. 工程制图标准规范。
2. AutoCAD 基本绘制、编辑命令。
3. 出入口控制系统原理图。
4. 报警系统原理图。
5. 视频监控系统原理图。

任务 1　设置绘图初始环境

AutoCAD 提供了一个开发的平台，生动形象的绘图环境和简易的操作方法，可进行设计、分析优化等操作。

2.1.1　相关知识点

1. 图线及其画法

图线是构成图形的基本元素，在建筑工程图中，为了表达工程图样的不同内容，并使图中主次分明，绘图时必须采用不同的线型和线宽来表示设计内容。

工程图常用的图线有实线、虚线、单点长画线、双点长画线、折断线和波浪线等，其中有些图线还有粗、中、细之分。各类图线的线型、线宽及一般用途如表 2－1 所示。

表 2－1　　**图线**

名称		线型	线宽	一般用途
实线	粗	————————	b	主要可见轮廓线
	中	————————	0.5b	可见轮廓线
	细	————————	0.25b	可见轮廓线、图例线
虚线	粗	- - - - - - - - - -	b	见各有关专业制图标准
	中	- - - - - - - - - -	0.5b	不可见轮廓线
	细	- - - - - - - - - -	0.25b	不可见轮廓线、图例线

（续表）

名称		线型	线宽	一般用途
单点长画线	粗	—·—·—·—	b	见各有关专业制图标准
	中	—·—·—·—	0.5b	见各有关专业制图标准
	细	—·—·—·—	0.25b	见各有关专业制图标准
双点长画线	粗	—··—··—	b	见各有关专业制图标准
	中	—··—··—	0.5b	见各有关专业制图标准
	细	—··—··—	0.25b	假想轮廓线、成型前原始轮廓线
折断线		—\/—	0.25b	断开界线
波浪线		～～～	0.25b	断开界线

《房屋建筑制图统一标准》（GB/T50001—2001）中规定，图线的宽 b 宜从下列线宽系列中选取：2.0mm、1.4mm、1.0mm、0.7mm、0.5mm、0.35mm。画图时，每个图样应根据复杂程度与比例大小，先选定基本线宽 b 为粗线，中线 0.5b 和细线 0.25b 的线宽也就随之而定。粗、中、细线形成一组，叫做线宽组，如表 2-2 所示。

表 2-2　　线宽组

线宽比	线宽组					
b	2.0	1.4	1.0	0.7	0.5	0.35
0.5 b	1.0	0.7	0.5	0.35	0.25	0.18
0.25 b	0.5	0.35	0.25	0.18	—	—

2. 图纸幅面及图框尺寸

(1) 图纸幅面。

图纸幅面是指图纸的大小。绘制图样时，图纸幅面及图框尺寸应符合表 2-3的规定及图 2-1、图 2-2、图 2-3 的格式。

表 2-3　　幅面及图框尺寸　　单位：mm

尺寸代号 \ 幅面代号	A0	A1	A2	A3	A4
b×l	841×1189	594×841	420×594	297×420	210×297
c	10			5	
a	25				

图纸的长边可加长，但应符合国家制图标准规定，短边一般不应加长。

图纸以短边作为垂直边称为横式，以短边作为水平边称为立式。A0—A3 图纸宜横式使用，必要时也可立式使用。

图纸的裁切方法如图 2-4 所示。

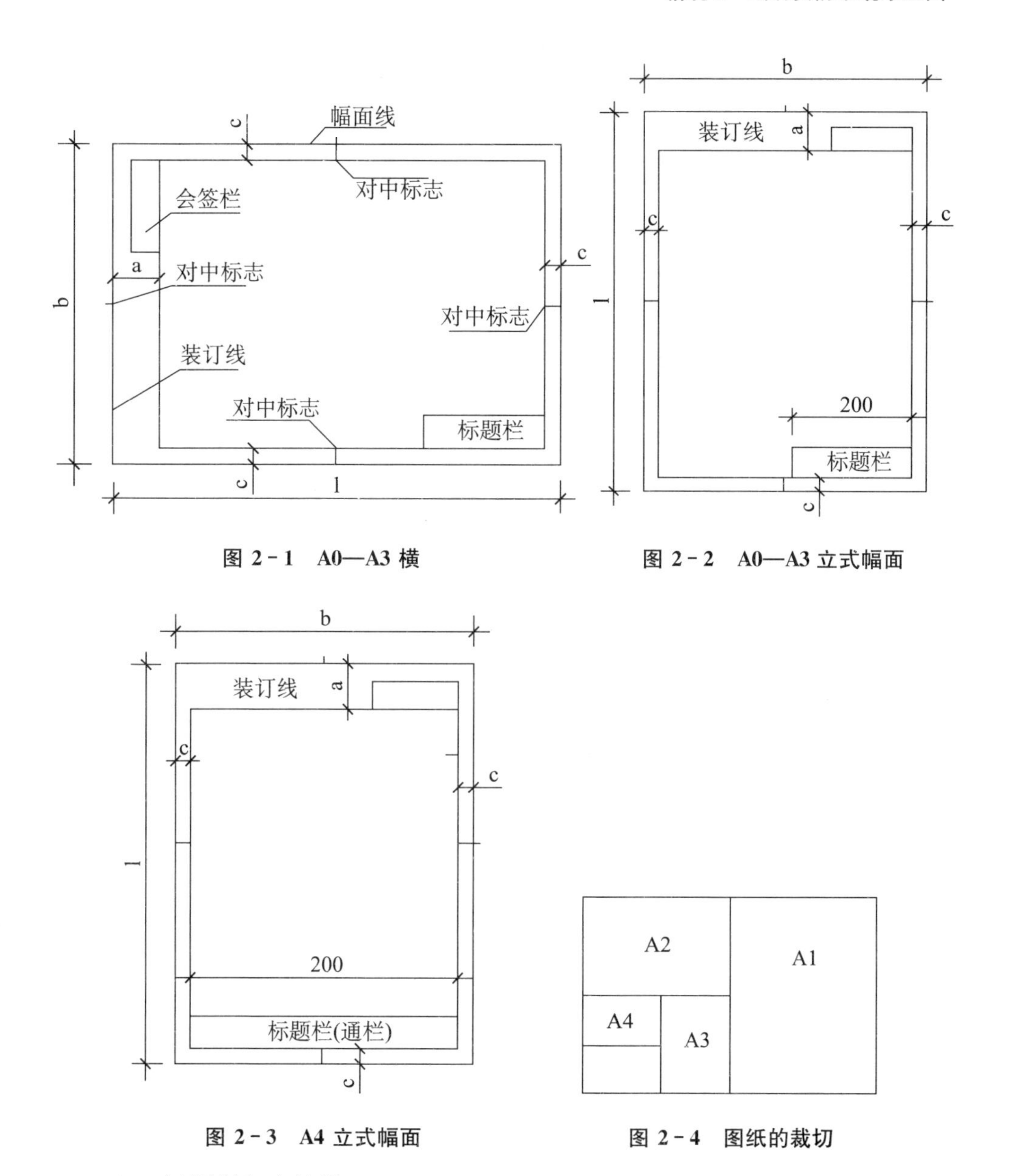

图 2-1　A0—A3 横

图 2-2　A0—A3 立式幅面

图 2-3　A4 立式幅面

图 2-4　图纸的裁切

（2）标题栏与会签栏。

每张图纸都应在图框的右下角设置标题栏（简称图标），用以填写设计单位名称、工程名称、图名、图号、设计编号，以及设计人、制图人、校对人、审核人的签名和日期等。标题栏应根据工程需要确定其尺寸、格式及分区，一般按图 2-5 所示的格式绘制。

学生制图作业所用标题栏可采用图 2-6 所示的格式。

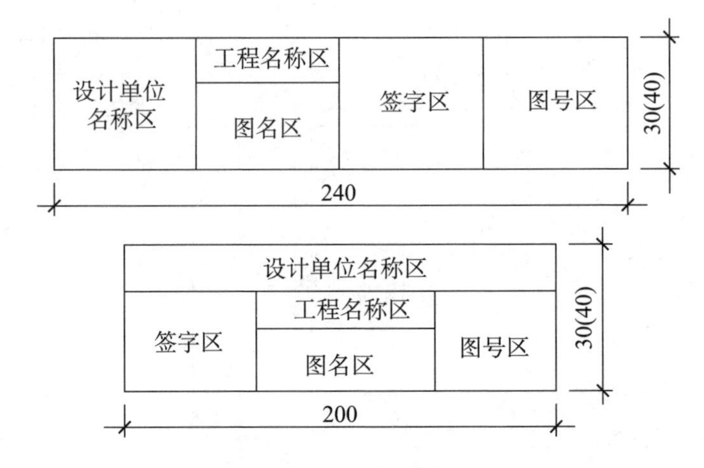

图 2－5　标题栏

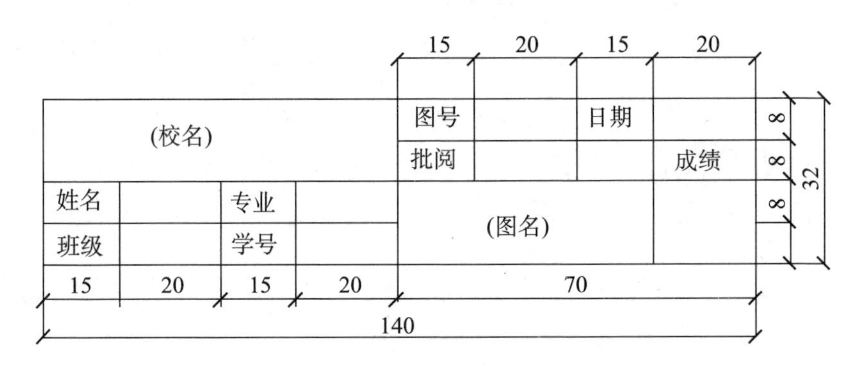

图 2－6　制图作业用标题栏

需要会签的图纸，还应在图框外的左上角画出会签栏。会签栏按图 2－7 的格式绘制，栏内填写会签人员所代表的专业、姓名和日期（年、月、日）。

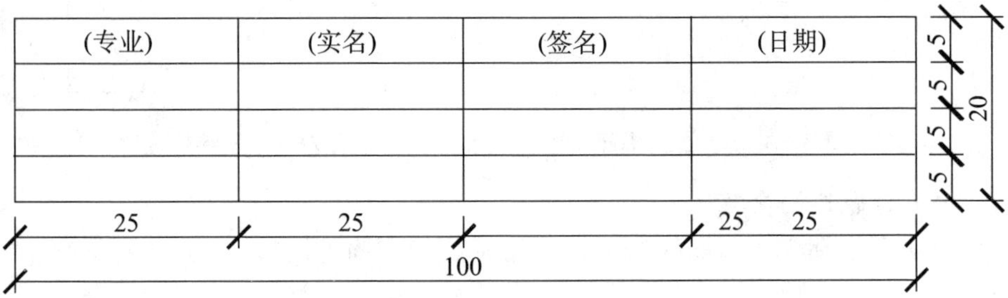

(专业)	(实名)	(签名)	(日期)

5　5　5　5　20

25　25　25　25

100

图 2－7　会签栏

图纸的图框和标题栏线可采用表 2－4 所示的线宽。

表 2-4　　图框线、标题栏线的宽度

幅面代号	图框线	标题栏外框线	标题栏分格线、会签栏线
A0、A1	1.4	0.7	0.35
A2、A3、A4	1.0	0.7	0.35

3. 字体

工程图上所需书写的文字、数字或符号等均应笔画清晰、字体端正、排列整齐，标点符号应清楚正确。

图纸中字体的大小按照图样的大小、比例等具体情况来定，但应从规定的字高系列中选用。字高系列有 3.5mm、5mm、7mm、10mm、14mm 和 20mm。字的大小用字号表示，字号即为字的高度，如 5 号字的字高为 5mm。如需书写更大的字，其高度按$\sqrt{2}$的比值递增。

图样及说明中的汉字宜采用长仿宋体，宽度与高度的关系应符合表 2-5 的规定。

表 2-5　　长仿宋体字高宽关系　　单位：mm

字高	20	14	10	7	5	3.5
字宽	14	10	7	5	3.5	2.5

数字和字母在图样上的书写分直体和斜体两种，但同一张图纸上必须统一。如需写成斜体字，其斜度应从字的底线逆时针向上倾斜 75°。斜体字的高度与宽度和相应的直体字相等。

在汉字中的阿拉伯数字、罗马数字或拉丁字母，其字高宜比汉字字高小一号，但应不小于 2.5mm。

4. “复制”工具

在绘图中，当需要绘制一个或多个与原对象完全相同的对象时，不必一个一个地去绘制，只要使用 AutoCAD 提供的“复制”命令，即可按指定位置创建一个或多个原始对象的副本对象。

在“修改”工具栏上单击“复制对象”按钮，或者执行“修改”|“复制”命令，或者在命令行中输入“COPY”或“CO”，然后按 Enter 键，选择要复制的对象并指定基点，然后选取要复制到的位置即可。

复制操作的另外一种方法是使用位移量。如果在出现指定基点或位移提示后，输入位移量并按 Enter 键，系统将会按给出的位移量来复制对象。

2.1.2　绘制图形

1. 设置绘图初始环境（设置图层、颜色、线型和字体等）

在绘图之前首先要进行绘图环境的设置，最重要的是规划图层。

图层是 AutoCAD 提供的一个管理图形对象的工具，应用图层可以使一张图纸像是由多张透明图纸重叠在一起而组成的，用户可以根据图层对几何对象、文字和标注等进行归类处理。充分有效地使用图层功能，可以降低图形的编辑难度，同时也能提高绘图的准确性。

步骤 1：打开图层特性管理器。单击“图层特性管理器”按钮，打开“图层特性管理器”对话框，初始只有一个系统默认的图层——0 图层，如图 2－8所示。

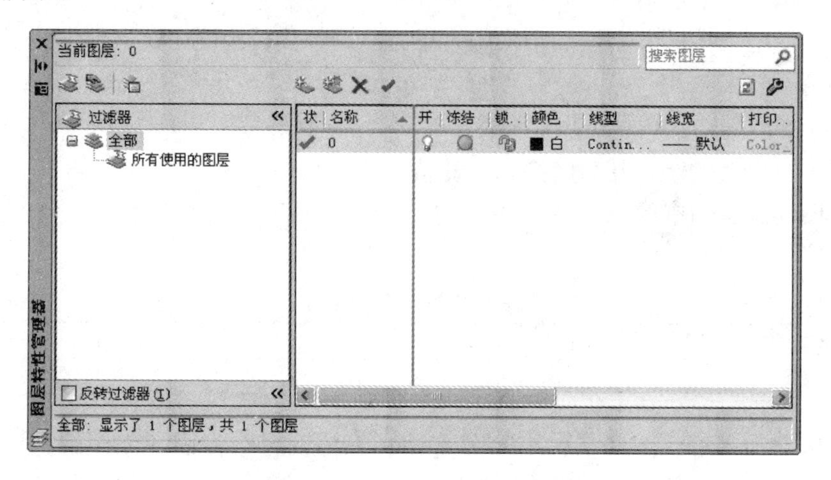

图 2－8　“图层特性管理器”对话框

步骤 2：新建图层。单击“新建图层”按钮，或在图层列表区域单击右键，从弹出的快捷菜单中选择“新建图层”命令，创建一个新的图层，在名称栏里将“图层 1”改为所需要的图层名，如图 2－9 所示。

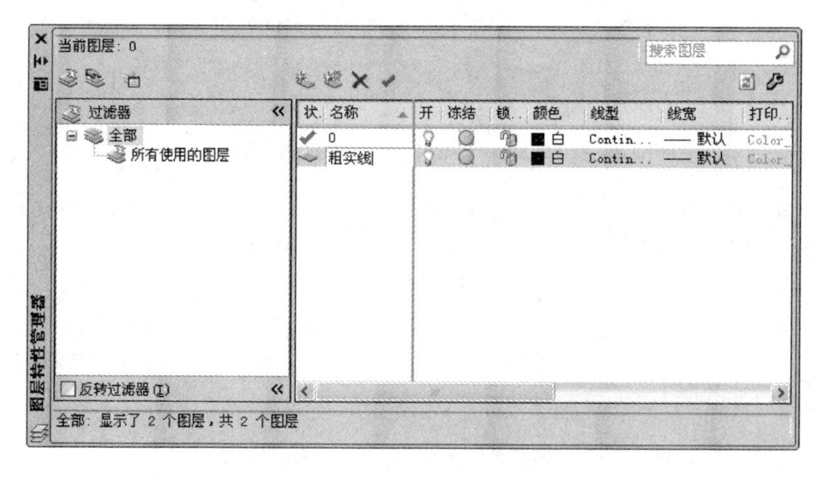

图 2－9　创建新图层

步骤 3：设置线型。还可以设置图层的颜色、线型和线宽等。如果所需线型不在列表中，可以单击该图层线型，弹出“选择线型”对话框，如图 2-10 所示。

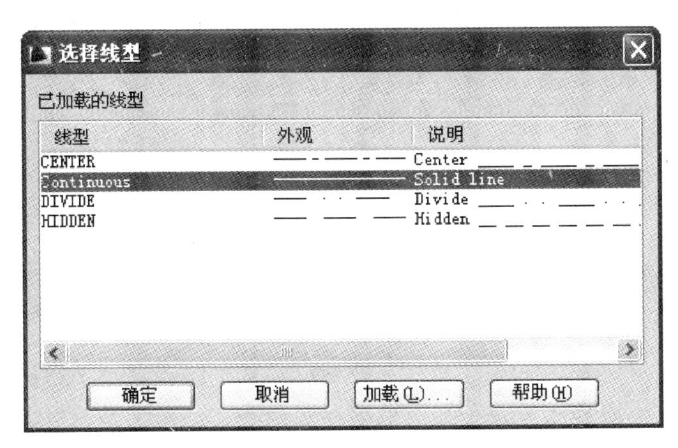

图 2-10　“选择线型”对话框

步骤 4：加载线型。单击“加载”按钮，在弹出的“加载或重载线型”对话框中根据图层要求选择所需线型，如图 2-11 所示。然后单击“确定”按钮返回到“图层特性管理器”对话框。

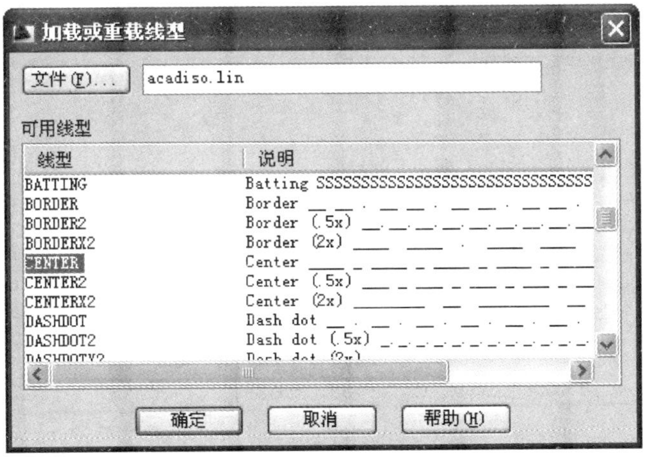

图 2-11　“加载或重载线型”对话框

步骤 5：完成图层规划。根据实际工程图纸的需要，按照相同方法依次创建其他图层，完成图层的规划。如图 2-12 所示。图层规划设置虽然有些麻烦，但是对于绘制一幅高质量的工程图纸而言是非常重要的，是工程制图中不可轻视的一个重要环节。合理的图层规划有利于绘图工作的顺利进行。

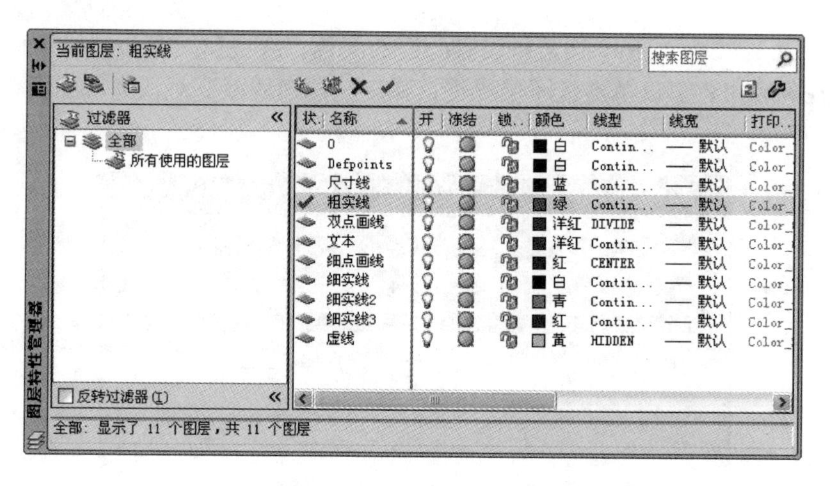

图 2-12　图层规划完成

注意：在绘图过程中，如果出现因设置不合理而影响绘图时，也可以对图层的颜色、线型、线宽进行修改或重新设置，提高绘图效率。

2. 绘制 A4 ～ A0 图幅

以绘制 A3 图幅为例，基本绘制思路为：先绘制外边框，再绘制内边框。

步骤 1：选择图层。在“图层特性管理器”下拉列表中选择“细实线”图层作为当前图层，如图 2-13 所示。

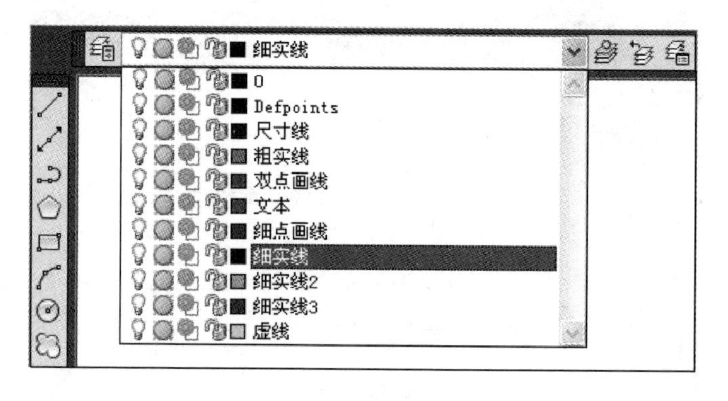

图 2-13　选择图层

步骤 2：绘制外边框。单击“绘图”工具栏中的“矩形”按钮，输入“0，0”，按空格键或 Enter 键，然后输入“420，297”，再按空格键或 Enter 键结束命令，如图 2-14 所示。

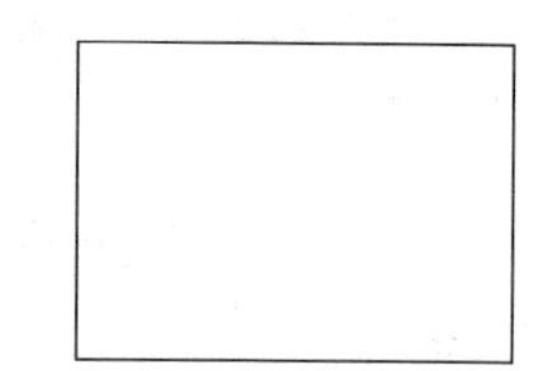

图 2-14　A3 图幅的外边框

步骤 3：选择图层。在“图层特性管理器”下拉列表中选择“粗实线”图层作为当前图层。

步骤 4：绘制内边框。单击“绘图”工具栏中的“矩形”按钮，输入“25，5”，按空格键或 Enter 键，然后输入“@390，287”，再按空格键或 Enter 键结束命令。

至此 A3 图幅绘制完成，如图 2－15 所示。

图 2－15　A3 图幅

按照上述步骤分别绘制 A0、A1、A2 和 A4 图幅。

3. 绘制标题栏

步骤 1：绘制标题栏外框。单击“绘图”工具栏中的“矩形”按钮，将光标移至图幅内边框的右下角处，当出现自动捕捉“端点”时单击鼠标左键，然后向左上角拖动鼠标，并输入“－140，32”，再按空格键或 Enter 键结束命令，如图 2－16 所示。

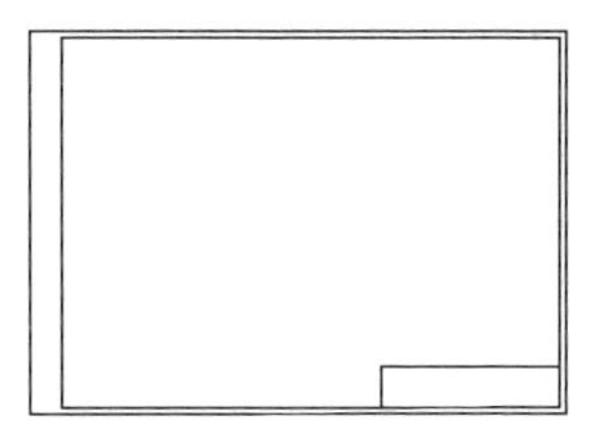

图 2－16　标题栏外框

步骤 2：选择图层。在“图层特性管理器”下拉列表中选择“细实线”图层作为当前图层。

步骤 3：绘制标题栏内部线条。单击“绘图”工具栏中的“直线”按钮，将光标移至标题栏左边线中点附近，当出现自动捕捉“中点”时单击鼠标左键，然后向右水平拖动鼠标，至标题栏右边线中点附近，当出现自动捕捉“中点”时单击鼠标左键，再按空格键或 Enter 键结束命令。再按照标题栏相应尺寸依次画出其他线条，如图 2－17 所示。

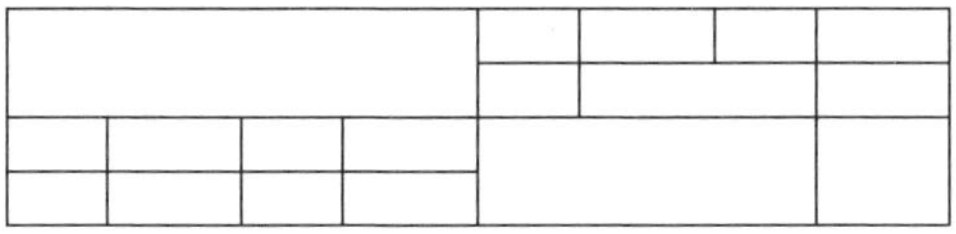

图 2－17　标题栏内部线条

步骤 4：选择图层。在“图层特性管理器”下拉列表中选择“文本”图层作为当前图层。

步骤 5：编辑文字。单击“绘图”工具栏中的“多行文字”按钮 **A**，指定合适区域，输入相应的文字。对这些文字逐个进行编辑，这样就完成了标题栏的绘制。如图 2－18 所示。

（校名）				比例		日期	
				批阅			成绩
姓名		专业		（图名）			
班级		学号					

图 2－18　标题栏

4. 保存样板文件

AutoCAD 在进行绘制前要进行初始设置，例如安全设置、图层设置等。如果在每次绘制时都要重新设置，就会为绘图者带来很多不必要的麻烦。这里可以通过保存图形样板的方法来解决这个问题，下次需要时，直接调出保存的样板文件就可以直接调用上次设置的绘图环境，而不需要重新设置。

步骤 1：缩放全部视图。在命令行中输入“Z”后，按空格键或 Enter 键，再输入“A”，并按空格键或 Enter 键，即可将全部对象显示在绘图区域内，如图 2－19 所示。

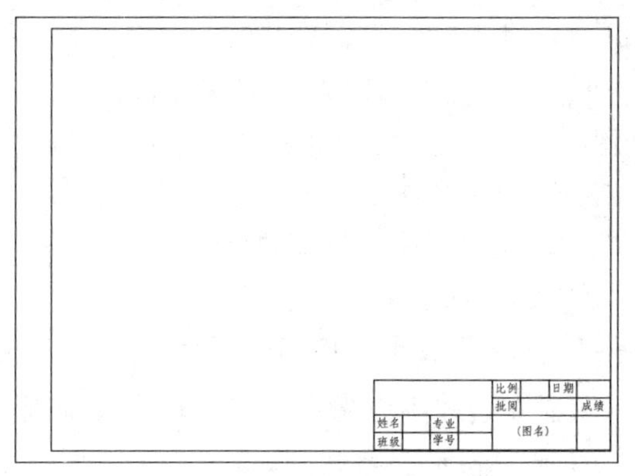

图 2－19　缩放全部视图

步骤 2：保存图形样板。选择“文件”｜“另存为”命令，弹出“图形另存为”对话框，在“文件类型”下拉列表中选择“AutoCAD 图形样板（*.dwt)”选项，然后在“文件名”下拉列表框中输入“A3”，如图 2－20 所示。单击“保存”按钮，弹出“样板选项”对话框，选择“公制”测量单位，单击“确定”按钮结束操作，这样 A3 图幅的样板文件就制作完成了，如图 2－21 所示。

图 2－20　保存样板

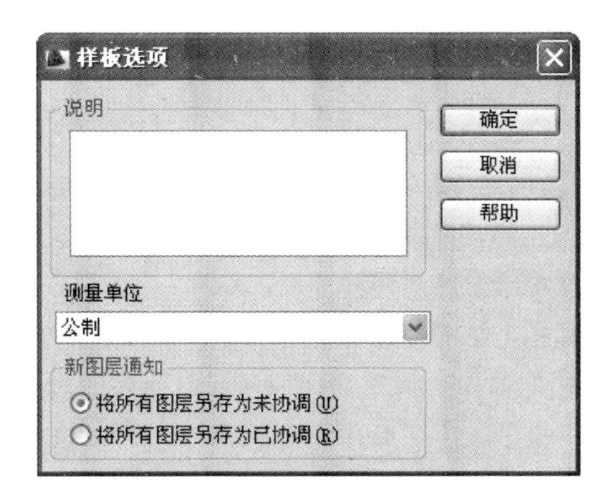

图 2-21　“样板选项”对话框

按照上述步骤分别保存 A0、A1、A2 和 A4 样板文件。

任务 2　绘制出入口控制系统原理图

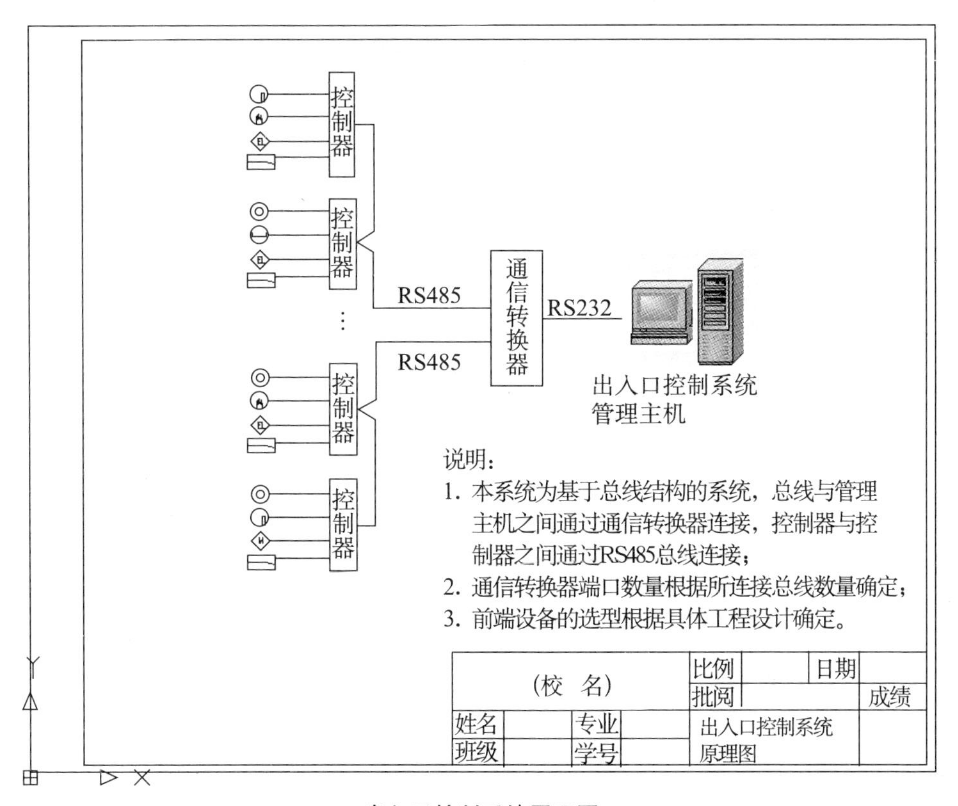

出入口控制系统原理图

2.2.1 相关知识点

1. 〔移动〕工具

“移动”命令是编辑操作中使用频率较高的操作。通过移动对象可以调整绘图中各个对象间的相对或绝对位置。使用 AutoCAD 提供的“移动”命令，可以按指定的位置或距离精确地移动对象。

在“修改”工具栏上单击“移动”按钮，或者执行“修改”｜“移动”命令，或在命令行输入“M”，然后按 Enter 键，选择要移动的对象并单击鼠标右键，依据命令行提示确定基点和位移即可。

2. 〔镜像〕工具

使用“镜像”命令可以创建对象的轴对称映像。在绘图过程中，对于有些对象，绘制它的一半之后，通过镜像就可快速使其成为一个完整的对象。该命令主要用于创建对称性的对象。

在“修改”工具栏上单击“镜像”按钮，或者执行“修改”｜“镜像”命令，或在命令行直接输入“MI”，然后按 Enter 键，依据命令行提示选择要镜像的对象，单击鼠标右键确定。此时选取对称中心线上两点，并按Enter键确定即可。

如果选取对称中心线上的两点后，在命令行内输入“Y”，即可在创建镜像对象的同时删除源对象，但系统默认为镜像并保留源图形对象。

注意：如果镜像对象是文字，可以通过系统变量 MIRRTEXT 来控制镜像的方向。当 MIRRTEXT 的值为 1 时，镜像后文字将翻转 180°，文字的方向也镜像；当 MIRRTEXT 的值为 0 时，镜像出来的文字不颠倒，即文字的方向不镜像。

3. 〔修剪〕工具

在编辑图形时，使用“修剪”命令可以精确地将某一对象终止于由其他对象定义的边界处。在 AutoCAD 中，可以修剪的对象包括直线、圆弧、圆、多段线、椭圆、椭圆弧、构造线、样条曲线、块和图纸空间的布局视图。

在“修改”工具栏上单击“修剪”按钮，或者执行“修改”｜“修剪”命令，或在命令行直接输入“TR”，然后按 Enter 键，命令行提示：“选择对象或〈全部选择〉:”，在该提示下选择作为剪切边界的对象。如果要选择图形中的所有对象作为可能的边界边，直接按 Enter 键即可。选取相应对象后单击鼠标右键，命令行再次提示：“选择要修剪的对象，或按住 Shift 键选择要延伸的对象，或 [栏选（F）/窗交（C）/投影（P）/边（E）/删除（R）/放弃（U）]:”，在该提示下拾取需要剪切的对象即可。

4. 〔延伸〕工具

使用“延伸”命令可以将对象精确地延伸到由其他对象定义的边界边，也可以延伸到隐含边界（即延伸到它们将要相交的某个边界上）。使用该命令的操作与使用“修剪”命令的操作基本相同。如果在修剪对象的过程中想要延伸对象，可以不退出“修剪”命令，按住 Shift 键直接选择要延伸的对象即可。

在“修改”工具栏上单击“延伸”按钮，或者执行“修改”｜“延伸”命令，或在命令行直接输入“EX”，然后按 Enter 键，命令行提示：“选择对象或〈全部选择〉:”，在该提示下选择作为延伸边界的对象。选取相应对象后单击鼠标右键，命令行再次提示：“选择要延伸的对象，或按住 Shift 键选择要修剪的对象，或［栏选（F）/窗交（C）/投影（P）/边（E）/放弃(U)］:”，在该提示下拾取需要延伸的对象即可。

2.2.2　绘制图形

绘制图形的思路是先绘制出相应出入口控制系统的图形符号，再绘制控制器和总线，最后编辑文字说明和填写标题栏。

1. 新建文件（选择“任务一”中所保存的样板文件）

单击工具栏中的“新建”按钮，弹出“选择样板”对话框，选择“任务一”中所保存的样板文件之一“A3. dwt”，单击“打开”按钮即可，如图 2－22所示。

图 2－22　“选择样板”对话框

2. 绘制图形符号

以绘制“电控锁”符号 为例。

步骤 1：设置图层。在“图层特性管理器”右边的列表中选择“图形符号”图层为当前图层。

步骤 2：绘制外框。单击“正多边形”按钮 ，在提示“_polygon 输入边的数目〈4〉”时输入 4，然后按空格键或 Enter 键，在提示“指定正多边形的中心点或[边（E）]:”时，在绘图区域选取适当一点；在提示“输入选项[内接于圆（I）/外切于圆（C）]〈I〉:”时，选择默认的〈I〉，然后拖动鼠标至适当位置单击即可，如图 2－23 所示。

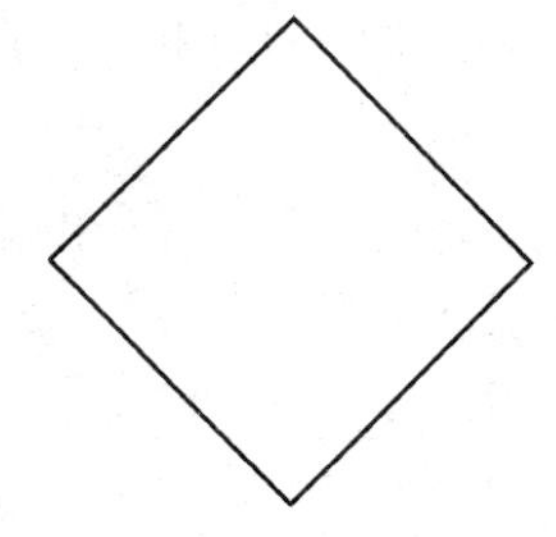

图 2－23 “电控锁”外框

步骤 3：添加文字。在“图层特性管理器”右边的列表中选择“文本”图层为当前图层。单击“多行文字”按钮 ，在上一步绘制的外框中选取合适区域后弹出文字输入框，输入“EL”，单击“确定”按钮即可，如图 2－23 所示。

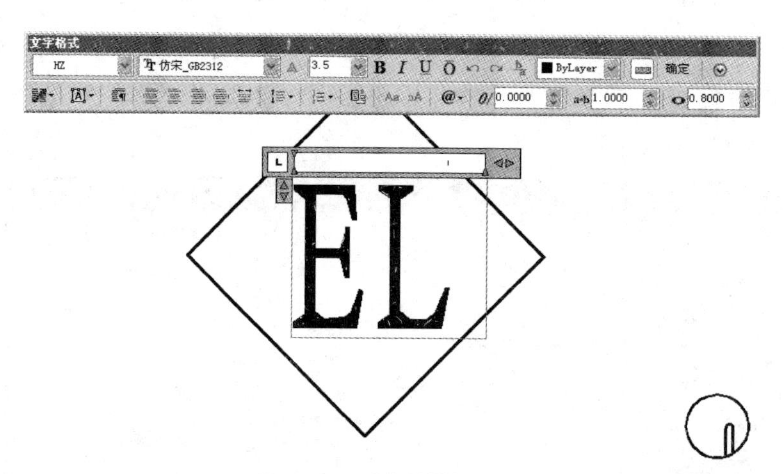

图 2－24 “电控锁”外框

参照上述步骤绘制出入口控制系统图中的其他图形符号，如图 2－25 所示。

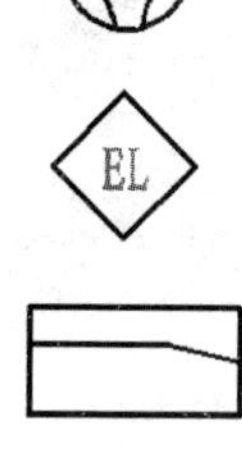

图 2－25 其他图形符号

3. 绘制总线

步骤 1：设置图层。在“图层特性管理器”右边的列表中选择“粗实线”图层为当前图层。

步骤 2：绘制“控制器”框。单击“矩形”按钮，绘制一个矩形。在“图层特性管理器”右边的列表中选择“文本”图层为当前图层。单击“多行文字”按钮，在此矩形内输入文字“控制器”，如图 2－26 所示。依据此步骤再绘制“通信转换器”框。

控制器

图 2－26　“控制器”框

步骤 3：复制“控制器”框。单击“复制”按钮，复制 4 个“控制器”框。

步骤 4：绘制总线。在“图层特性管理器”右边的列表中选择“总线”图层为当前图层。单击“直线”按钮绘制总线，如图 2－27 所示。

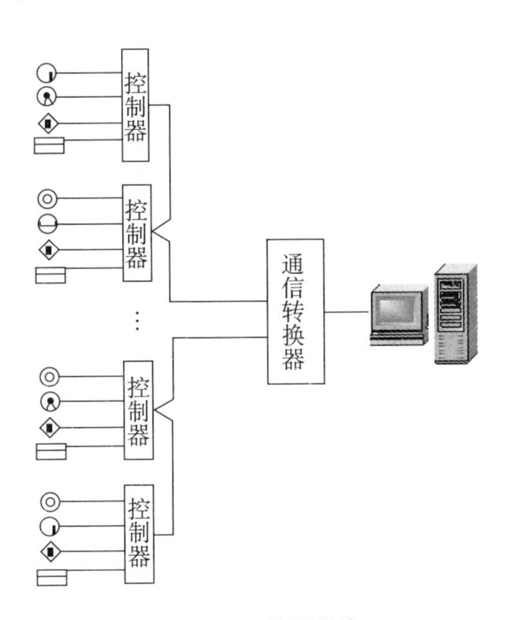

图 2－27　绘制总线

4. 编辑文字

步骤 1：设置图层。在“图层特性管理器”右边的列表中选择“文本”图层为当前图层。

步骤 2：编辑文字说明。单击“多行文字”按钮，在绘图区域内选取合适区域输入相应文字说明。重复“多行文字”命令，输入图纸的其他文字说明，包括标题栏中的内容，如图 2－28 所示。

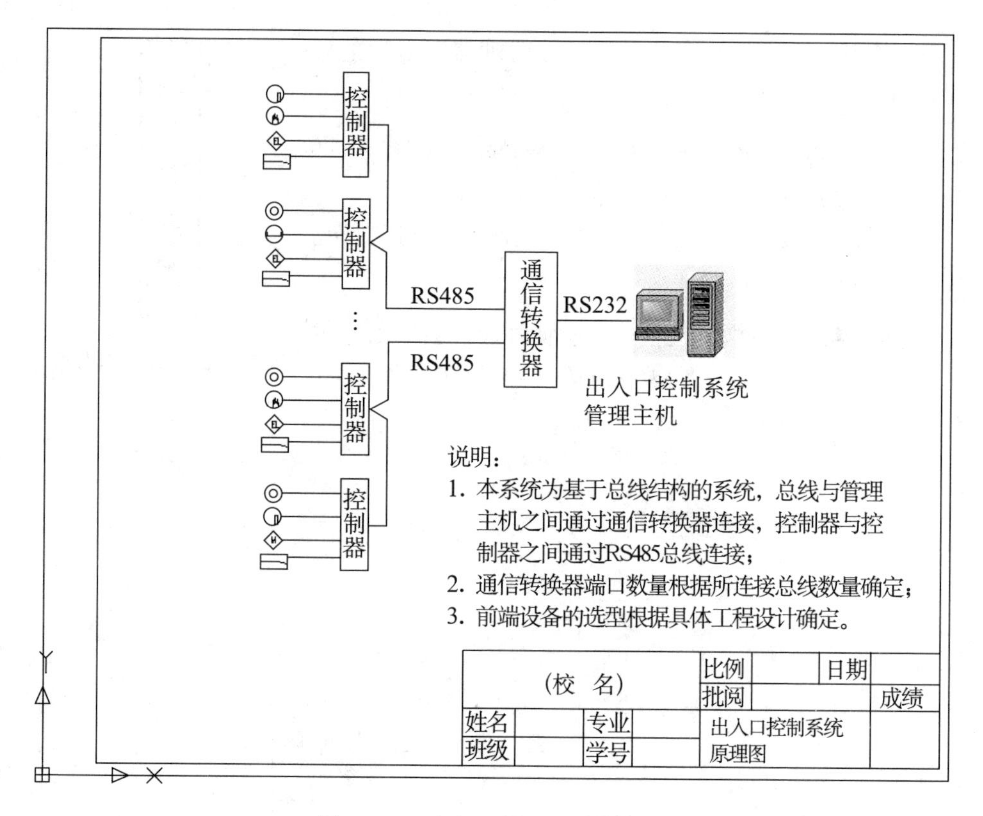
控制器
控制器
控制器
控制器
RS485
RS485
通信转换器
RS232
出入口控制系统
管理主机
说明：
1. 本系统为基于总线结构的系统，总线与管理主机之间通过通信转换器连接，控制器与控制器之间通过RS485总线连接；
2. 通信转换器端口数量根据所连接总线数量确定；
3. 前端设备的选型根据具体工程设计确定。
（校 名）
比例
日期
批阅
成绩
姓名
专业
班级
学号
出入口控制系统原理图

图 2－28　出入口控制系统原理图

任务 3　绘制报警系统原理图

2.3.1　相关知识点

1.〔创建块〕和〔插入块〕工具

在实际的绘图工作中，可能还需要大量比较复杂的图形，此时可在绘图过程中使用块。当对象定义为块并进行保存之后，可以在当前文档中重复使用，也可以插入到其他的文档中。

块是一个或多个连接的对象，可以将块看作对象的集合，类似于其他图形软件中的群组。组成块的对象可位于不同的图层上，并且可具有不同的特性，如线型、颜色等。

当所选对象创建为块之后，可以将其作为单个对象来编辑。例如当选取块中的一个对象之后，该块中的其他对象也会被选中，这样用户可以对整个块进行编辑，如移动、复制等操作。

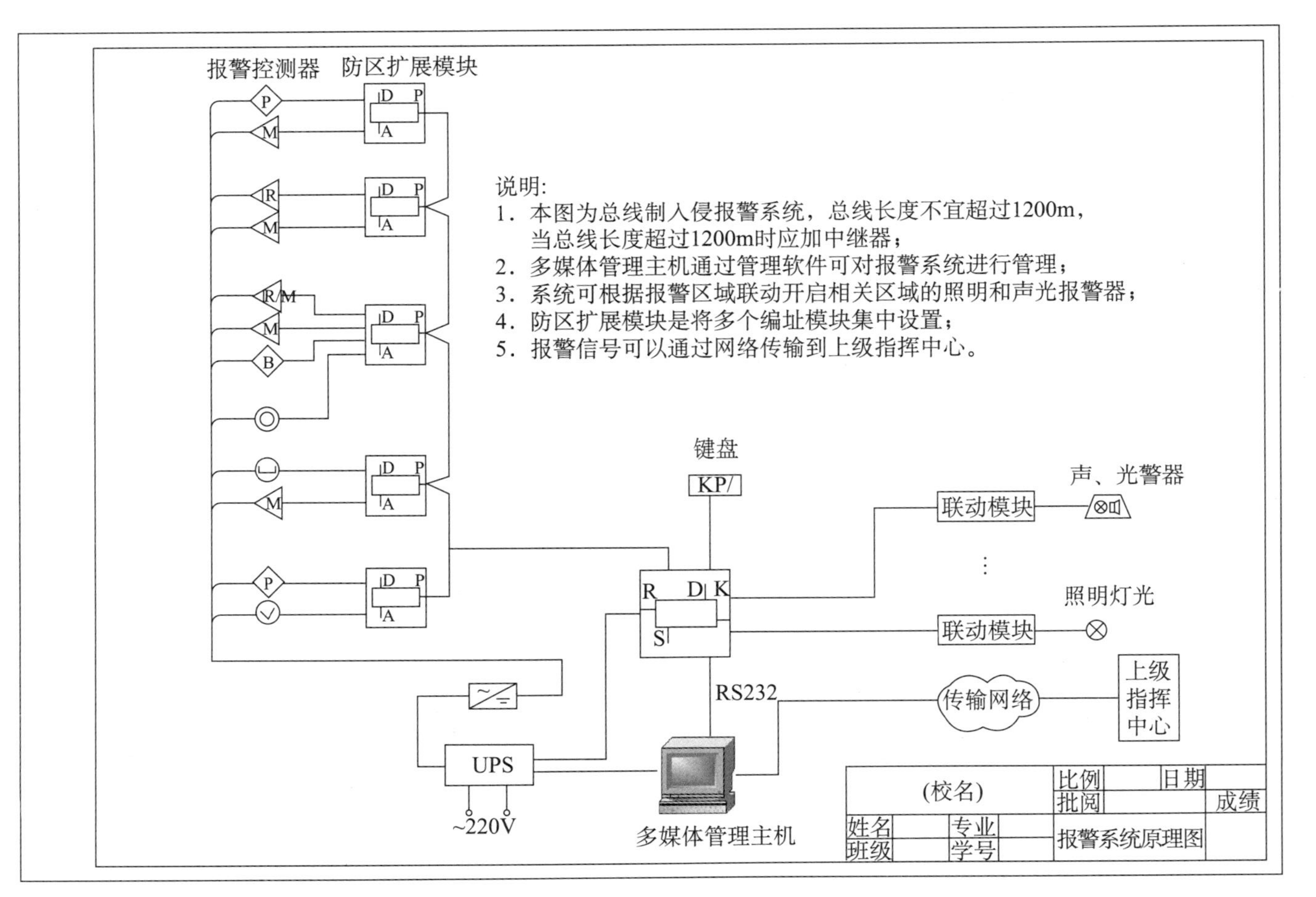

报警控测器
防区扩展模块
说明:
1．本图为总线制入侵报警系统，总线长度不宜超过1200m，
当总线长度超过1200m时应加中继器；
2．多媒体管理主机通过管理软件可对报警系统进行管理；
3．系统可根据报警区域联动开启相关区域的照明和声光报警器；
4．防区扩展模块是将多个编址模块集中设置；
5．报警信号可以通过网络传输到上级指挥中心。
键盘
KP/
联动模块
声、光警器
照明灯光
联动模块
RS232
传输网络
上级
指挥
中心
UPS
~220V
多媒体管理主机
(校名)
比例
日期
批阅
成绩
姓名
专业
班级
学号
报警系统原理图

报警系统原理图

另外，用户还可以将几个现有的块再创建为块，这样使一个块中包含多个块，从而形成嵌套块。

使用块对于绘图有诸多益处，如节省磁盘空间、提高绘图速度、利于修改编辑等。另外还可以对块进行文字说明。

（1）创建块。

当需要用到块时，可采用多种方式进行创建：如在当前图形中合并对象；或先创建一个图形文件，然后将其作为块插入到其他图形之中；还可以使用若干种相关块定义创建一个图形文件以用作块库。在当前绘图中完成块的定义之后，可根据需要在其他图形文件中多次插入块。

当创建块时，可单击“绘图”工具栏中的“创建块”按钮，或执行“绘图”｜“块”｜“创建”命令，或在命令行中输入“BLOCK”，然后按 Enter 键，将打开“块定义”对话框，如图 2-29 所示。

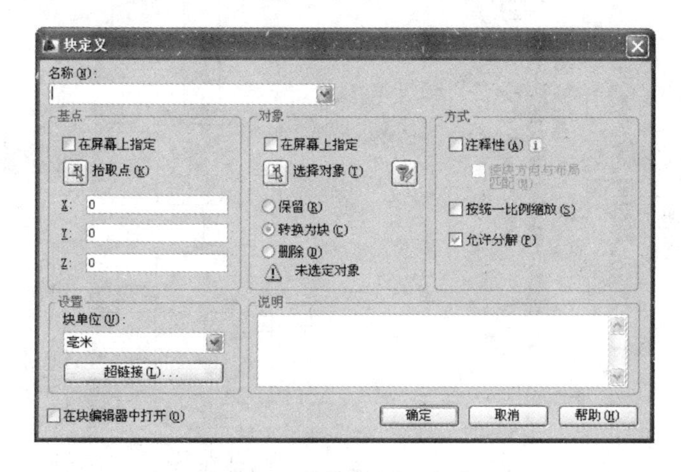

图 2-29 “块定义”对话框

设置块名称，并设置块组成对象的保留方式，然后在“方式”选项区域中定义块的显示方式。

在对话框中单击“拾取点”按钮，并选取基点；然后单击“选择对象”按钮，选取组成块的对象；最后单击“确定”按钮即可。

（2）插入块。

在完成块的创建之后，可将其插入到绘图中。在插入块时，可指定块的位置、比例因子和旋转角度等，使用不同的 X、Y 和 Z 值可指定块参照的比例。由于插入块操作将参照存储在当前图形中的块定义，这将会创建一个称作块参照的对象。

当插入块时，可执行“插入”｜“块”命令，或在命令行中输入

“INSERT”,然后按 Enter 键，还可在“绘图”工具栏中单击“插入块”按钮，都将打开“插入”对话框，如图 2-30 所示。

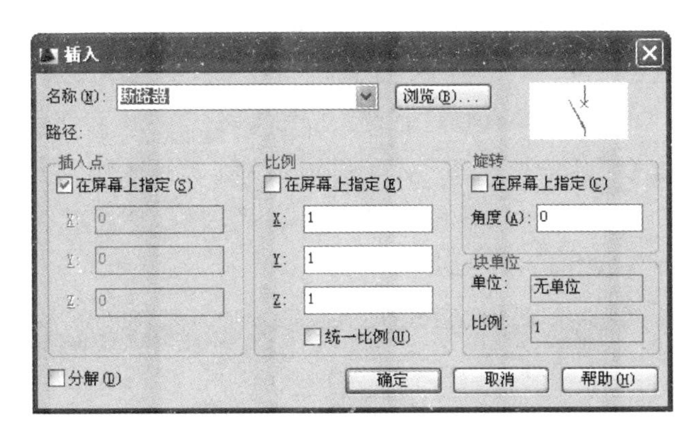

图 2-30　“插入”对话框

在“名称”下拉列表中选择创建的块，并选中“在屏幕上指定”复选框，单击“确定”按钮，在绘图区域选择合适的插入点，按 Enter 键即可完成插入块操作。

2.〔圆角〕工具

使用“圆角”命令可以通过一个指定半径的圆弧光滑地将两个对象连接起来。可以使用该命令的对象包括直线、多段线、构造线、圆弧、圆、椭圆、椭圆弧和样条曲线。

在“修改”工具栏上单击“圆角”按钮，或执行“修改”|“圆角”命令，或在命令行输入“FILLET”，然后按 Enter 键。命令行提供了所有倒圆角的方法，如果选择 R，将根据圆角半径确定圆角大小。此时，输入圆角半径，并选取倒圆角的边缘即可。

3.〔多段线〕工具

多段线是作为单个对象创建的相互连接的线段序列。可以创建直线段、弧线段或两者的组合线段。

在“绘图”工具栏上单击“多段线”按钮，或执行“绘图”|“多段线”命令，或在命令行输入“PLINE”，然后按 Enter 键，依据命令行提示依次指定多段线的所有定义点，连续单击“确定”按钮即可。

2.3.2　绘制图形

在绘制图形之前的任务中已经创建了完整的安防图形符号库，在绘制图形时直接调用即可，后面的任务也是如此。

绘制图形的思路是先插入相应报警系统的图形符号，再绘制联动模块和总线，最后编辑文字说明和填写标题栏。

1. 插入报警系统图形符号

步骤1：新建文件。单击工具栏中的“新建”按钮，弹出“选择样板”对话框，选择“A3. dwt”，单击“打开”按钮即可。

步骤2：插入“压敏探测器”图形符号。单击“插入块”按钮，弹出“插入”对话框，在“名称”下拉列表中选择“压敏探测器”，如图2-31所示，单击“确定”按钮插入“压敏探测器”图形符号。

图2-31 “插入”对话框

步骤3：插入其他图形符号。按照步骤2的操作依次插入图纸中的其他图形符号。

2. 绘制总线

步骤1：设置图层。在“图层特性管理器”右边的列表中选择“总线”图层为当前图层。

步骤2：绘制总线。单击“直线”按钮绘制总线。

步骤3：倒圆角。单击“圆角”按钮，输入圆角半径R为“3”，分别单击倒圆角的两条总线，如图2-32所示。

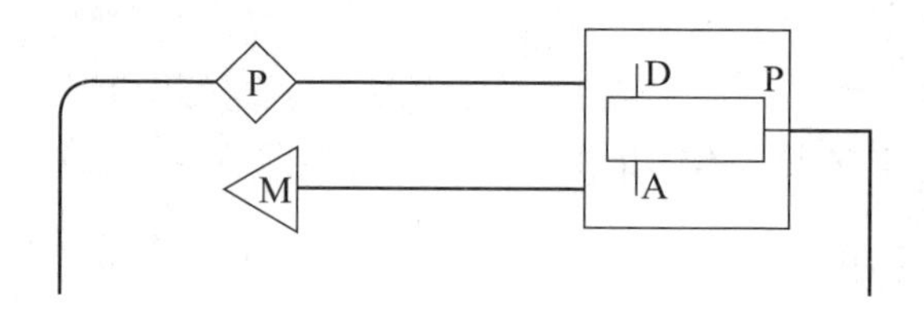

图2-32 倒圆角后的总线

步骤 3：复制总线。单击“复制”按钮，复制总线和圆角，如图2-32所示。

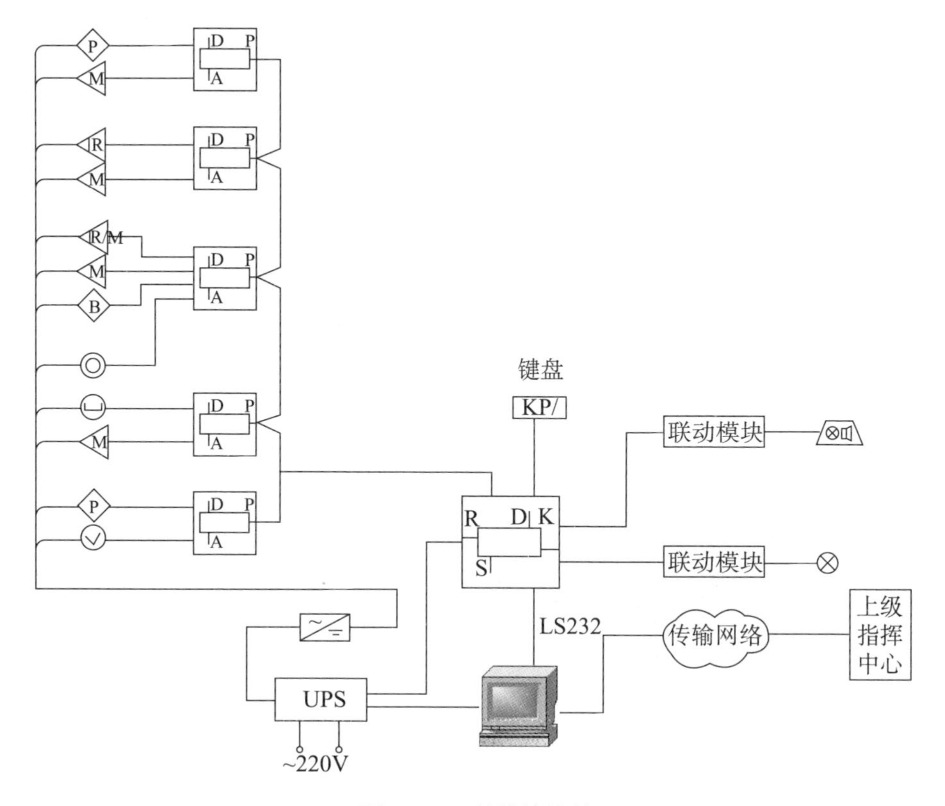

图 2-33　总线的绘制

3. 编辑文字

步骤 1：设置图层。在“图层特性管理器”右边的列表中选择“文本”图层为当前图层。

步骤 2：编辑文字说明。单击“多行文字”按钮 A，在绘图区域内选取合适区域输入相应文字说明。重复“多行文字”命令，输入图纸的其他文字说明，包括标题栏中的内容，如图 2-34 所示。

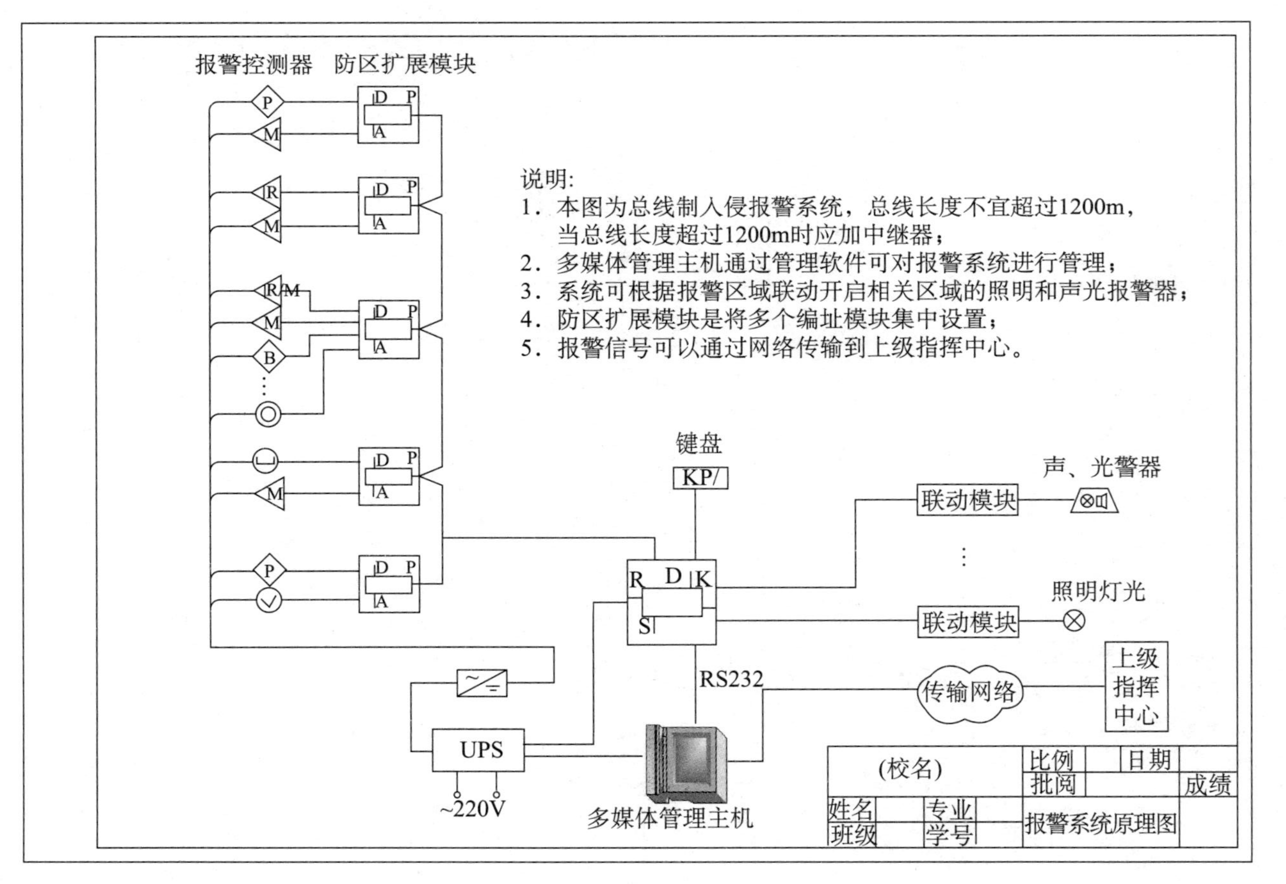

图2-34　报警系统原理图

任务 4　绘制视频监控系统原理图

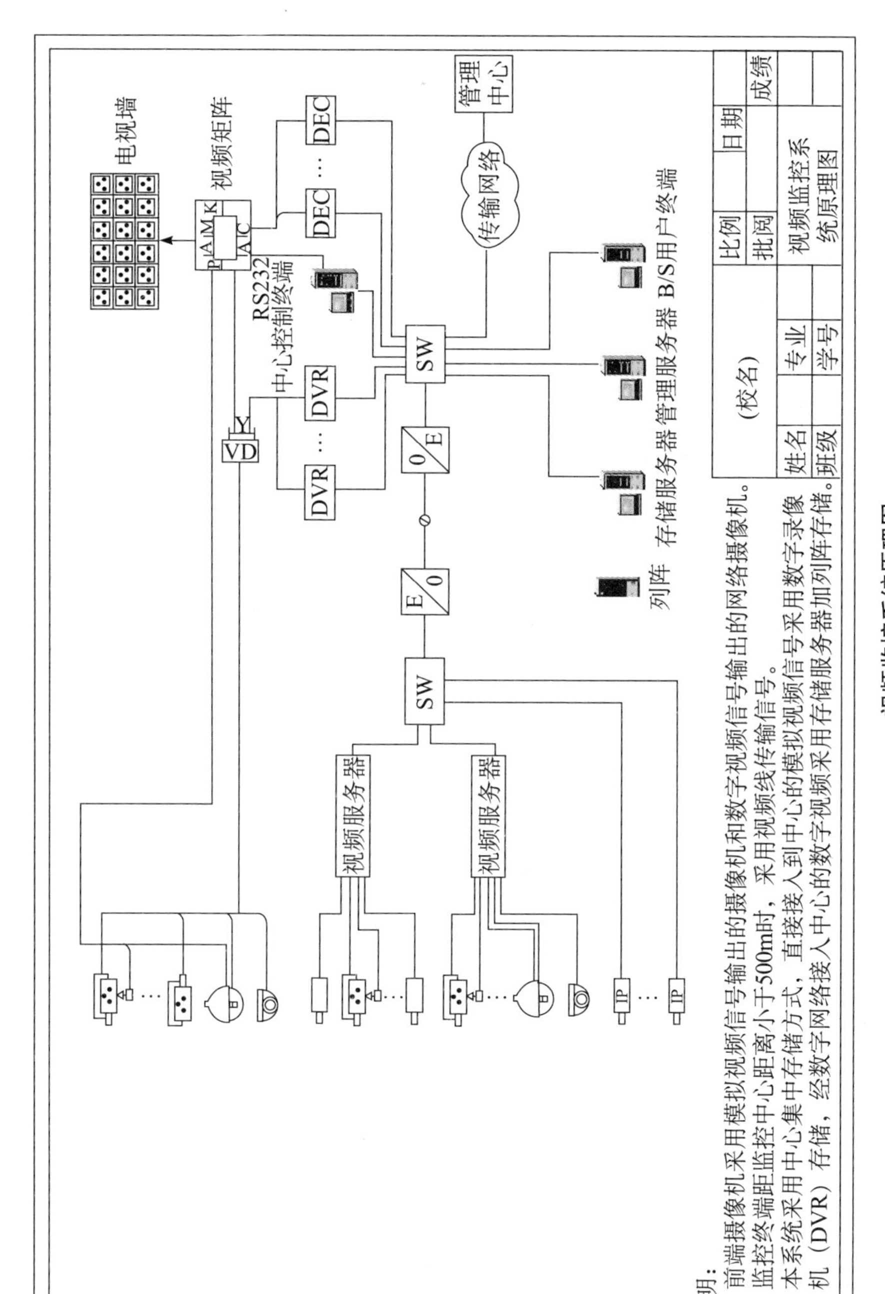
电视墙
视频矩阵
P A M K
A C
RS232
中心控制终端
DEC
DEC
管理中心
传输网络
SW
DVR
DVR
VD
Y
O/E
E/O
SW
视频服务器
视频服务器
IP
IP
列阵
存储服务器
管理服务器
B/S用户终端
比例
日期
成绩
批阅
(校名)
视频监控系统原理图
姓名
专业
班级
学号
说明：
1. 前端摄像机采用模拟视频信号输出的摄像机和数字视频信号输出的网络摄像机。
2. 监控终端距监控中心距离小于500m时，采用视频线传输信号。
3. 本系统采用中心集中存储方式，直接接入到中心的模拟视频信号采用数字录像机（DVR）存储，经数字网络接入中心的数字视频采用存储服务器加列阵存储。

视频监控系统原理图

2.4.1 相关知识点

1.〔阵列〕工具

使用“阵列”命令可以对对象进行一种有规则的多重复制。根据阵列的方式不同，阵列又分为矩形阵列和环形阵列。矩形阵列可以按指定的行和列，以及对象的间隔距离对对象进行多重复制；环形阵列可以按指定的数目、旋转角度或对象间的角度进行多重复制，形成由选定对象组成的环形方阵。

(1) 矩形阵列。

当需要将某个对象组成一个矩形方阵时，可参照以下操作进行：

步骤 1：在“修改”工具栏中单击“阵列”按钮，或执行“修改”|“阵列”命令，或者在命令行输入“AR”，然后按 Enter 键，都可以打开“阵列”对话框，如图 2-35 所示。

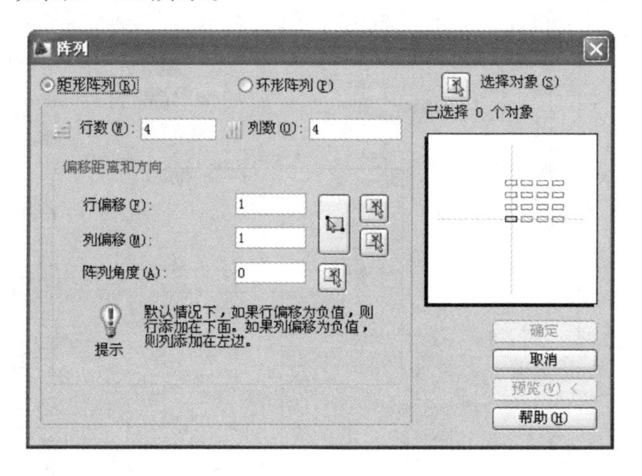

图 2-35 “阵列”对话框

步骤 2：在“阵列”对话框的右上角单击“选择对象”按钮，“阵列”对话框关闭，并自动切换到绘图工作区。在“选择对象：”的提示下选择要阵列的对象，然后按 Enter 键，AutoCAD 将再次切换到“阵列”对话框。

步骤 3：在“阵列”对话框中选中“矩形阵列”单选按钮，指定“行偏移”和“列偏移”的数值。

步骤 4：设置完成后，单击“预览”按钮，可在绘图区域预览创建的阵列效果，并且弹出是否确认当前设置的对话框。如果单击“接受”按钮，即确认当前设置。如果需要修改，可单击“修改”按钮，对创建矩形阵列的选项重新设置。如果要取消对“阵列”命令的使用，可单击“取消”按钮。

注意：如果行间距为正数，阵列中的行以原图向上排列；反之，阵列中的行以原图向下排列。如果列间距为正数，阵列中的列以原图向右排列；反之，阵列中的列以原图向左排列。

(2) 环形阵列。

当需要将某个对象组成一个环形阵列时，可以通过创建环形阵列的方法来实现。创建环形阵列的操作可参照以下步骤进行：

步骤 1：启动“阵列”命令（参照创建矩形阵列操作）。

步骤 2：在打开的“阵列”对话框中选中“环形阵列”单选按钮，与环形阵列对应的各个选项如图 2-36 所示。

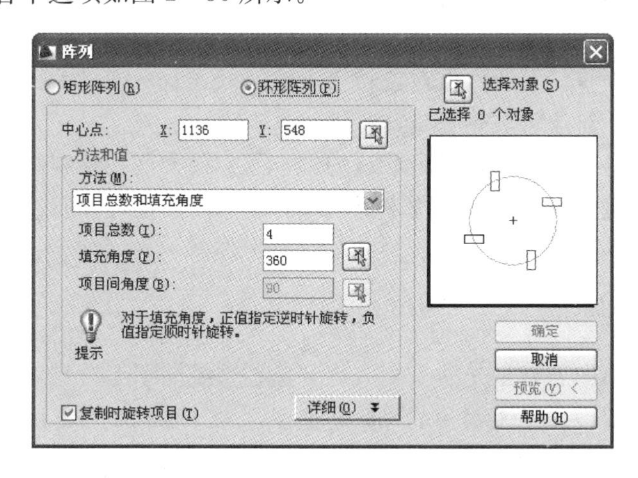

图 2-36　选择“环形阵列”单选按钮

步骤 3：在“阵列”对话框的右上角单击“选择对象”按钮，“阵列”对话框关闭，并自动切换到绘图工作区。在“选择对象：”的提示下选择要阵列的对象，然后按 Enter 键，AutoCAD 将再次切换到“阵列”对话框。

步骤 4：如果沿阵列方向旋转对象，可在“阵列”对话框的底部选择“复制时旋转项目”复选框，并可通过样例区域预览其效果。

步骤 5：环形阵列的半径由指定的中心点和参照点或与最后一个选定对象上的基点之间的距离决定。通常情况下使用默认参照点（即与捕捉点重合的任意点）。也可通过单击“详细”按钮对对象的基点进行设置。

在“对象基点”选项区域中取消对“设为对象的默认值”复选框的选择，在“基点”选项的 X、Y 文本框中输入基点的 X、Y 坐标值。也可以单击“拾取基点”按钮，使用定点设备在绘图区域指定基点的位置。设置完成后，单击“确定”按钮即可。

注意：如果设置的角度值为正值，环形阵列将以逆时针方向绘制；如果设置的角度值为负值，环形阵列将以顺时针方向绘制。创建环形阵列时，每个对象都取自身的一个参照点作为基点，围绕指定的阵列中心，按指定的角度进行旋转。

2.〔修订云线〕工具

修订云线是由连续圆弧组成的多段线，用于在检查阶段提醒用户注意图形的某个部分。

在检查或用红线圈阅图形时，可以使用修订云线功能亮显标记以提高工作效率。“修订云线”用于创建由连续圆弧组成的多段线以构成云线形状的对象。用户可以为修订云线选择样式：“普通”或“手绘”。如果选择“手绘”，修订云线看起来像是用画笔绘制的。

可以从头开始创建修订云线，也可以将对象（例如圆、椭圆、多段线或样条曲线）转换为修订云线。将对象转换为修订云线时，如果 DELOBJ 设置为 1（默认值），原始对象将被删除。

可以为修订云线的弧长设置默认的最小值和最大值。绘制修订云线时，可以使用拾取点选择较短的弧线段来更改圆弧的大小，也可以通过调整拾取点来编辑修订云线的单个弧长和弦长。

2.4.2 绘制图形

绘制该图形的思路是先插入相应视频监控系统的图形符号，再绘制电视墙和总线，最后编辑文字说明和填写标题栏。

1. 插入视频监控系统图形符号

步骤 1：新建文件。单击工具栏中的“新建”按钮，弹出“选择样板”对话框，选择“A3. dwt”，单击“打开”按钮即可。

步骤 2：插入“带云台摄像机”图形符号。单击“插入块”按钮，弹出“插入”对话框，在“名称”下拉列表中选择“带云台摄像机”，如图2－37所示，单击“确定”按钮插入“带云台摄像机”图形符号。

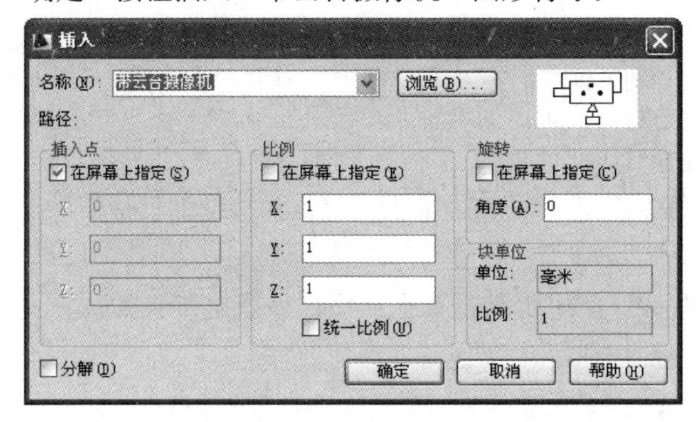

图 2－37 “插入”对话框

步骤 3：插入其他图形符号。按照步骤 2 的操作依次插入图纸中的其他图形符号。

2. 绘制电视墙

步骤 1：插入“彩色监视器”图形符号。单击“插入块”按钮，弹出“插入”对话框，在“名称”下拉列表中选择“彩色监视器”，单击“确定”按钮插入“彩色监视器”图形符号。

步骤 2：矩形阵列。单击“阵列”按钮，弹出“阵列”对话框，输入行数“3”和列数“6”，行偏移为“－8”，列偏移为“8”，如图 2－38 所示。选择对象为“彩色监视器”图形符号，单击“确定”按钮即可，如图 2－39 所示。

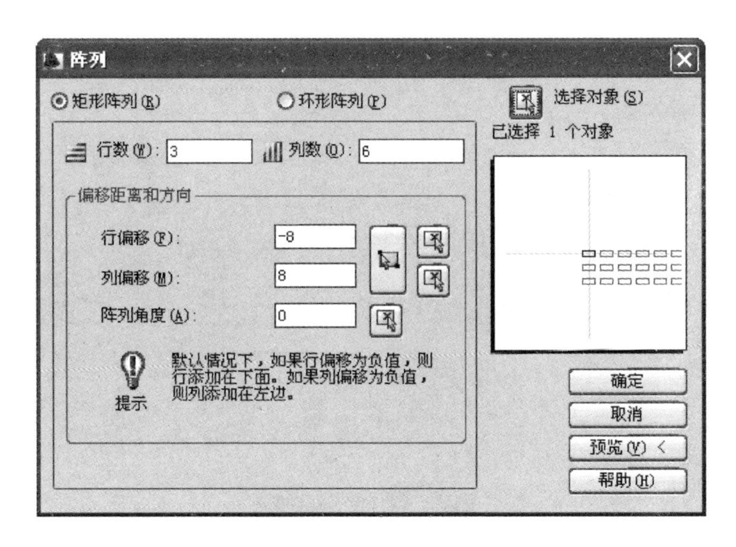

图 2－38　“阵列”对话框

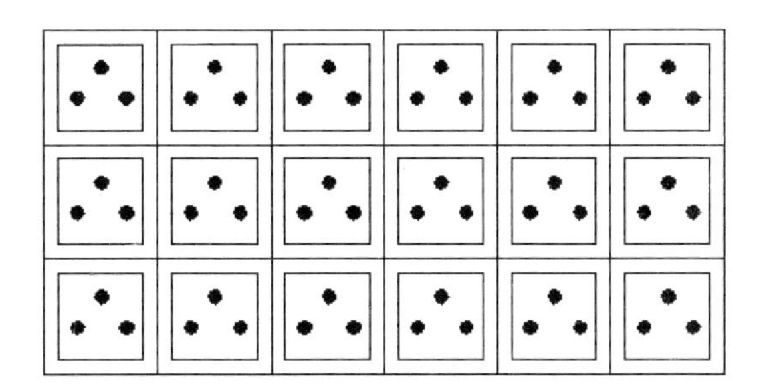

图 2－39　电视墙

3. 绘制总线

步骤 1：设置图层。在“图层特性管理器”右边的列表中选择“总线”图层为当前图层。

步骤 2：绘制总线。单击“直线”按钮绘制总线。

步骤 3：倒圆角。单击“圆角”按钮，输入圆角半径 R 为“3”，分别单击倒圆角的两条总线。

步骤 4：复制总线。单击“复制”按钮，复制总线和圆角，如图2－40所示。

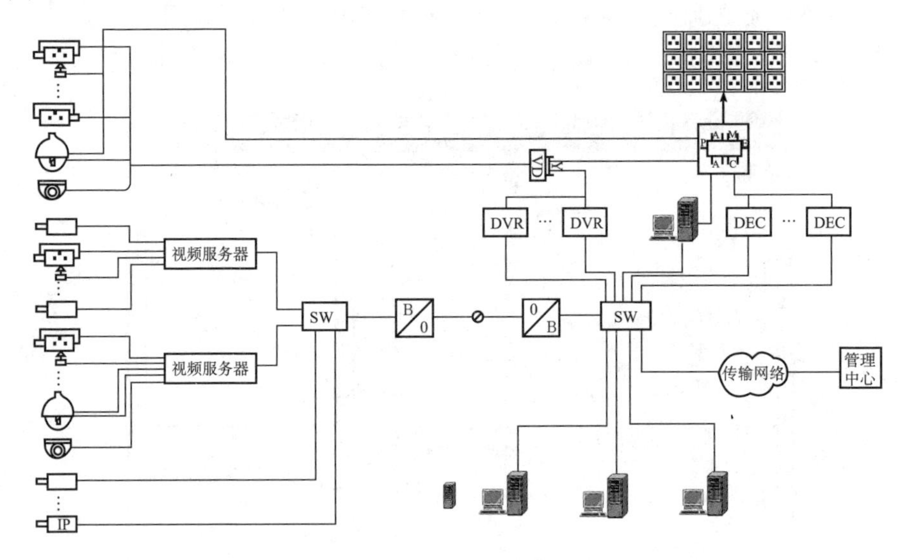

图 2－40　绘制总线

4. 编辑文字

步骤 1：设置图层。在“图层特性管理器”右边的列表中选择“文本”图层为当前图层。

步骤 2：编辑文字说明。单击“多行文字”按钮，在绘图区域内选取合适区域输入相应文字说明。重复“多行文字”命令，输入图纸的其他文字说明，包括标题栏中的内容，如图 2－41 所示。

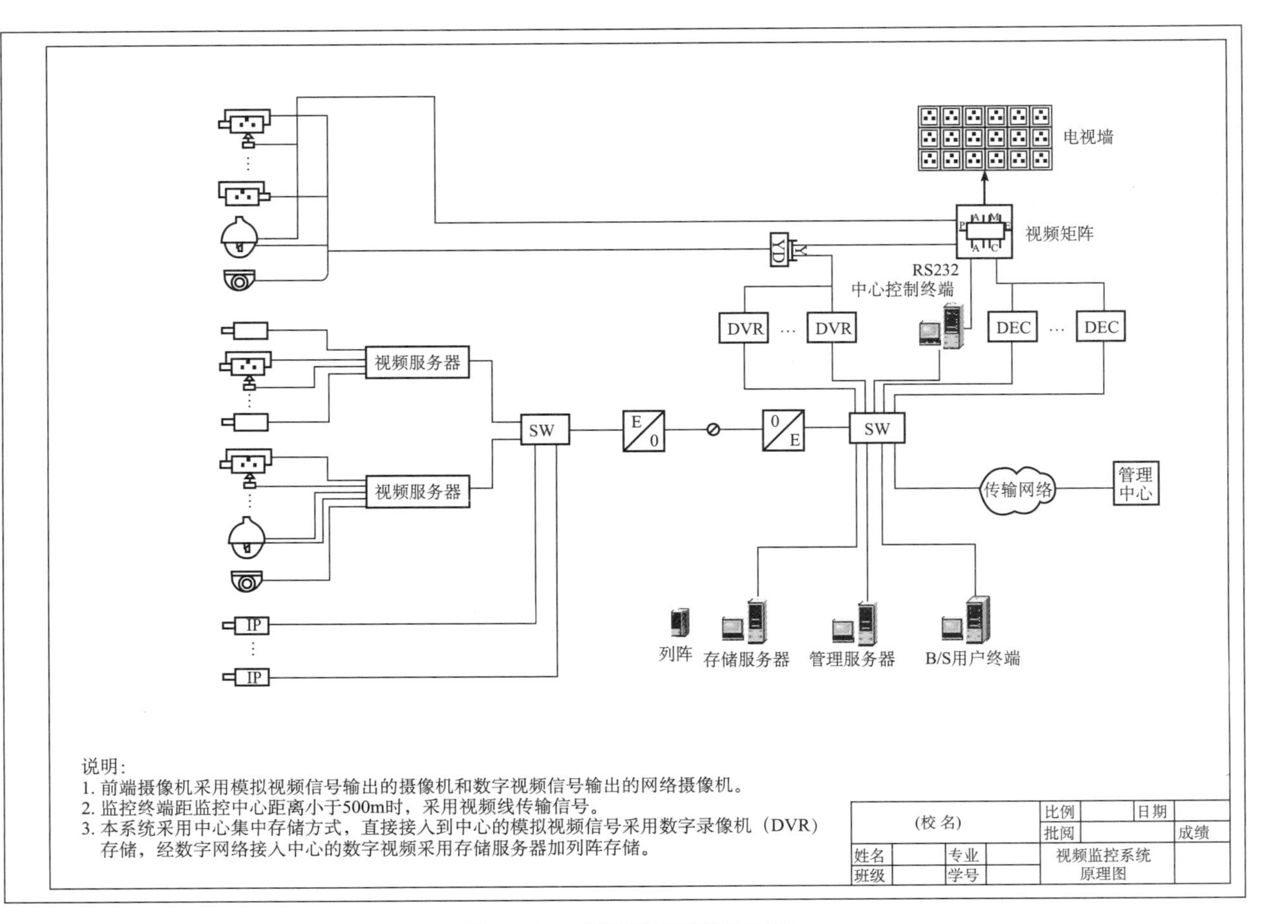
电视墙
视频矩阵
RS232
中心控制终端
DVR
DVR
DEC
DEC
视频服务器
视频服务器
SW
SW
IP
IP
传输网络
管理
中心
列阵
存储服务器
管理服务器
B/S用户终端
说明:
1. 前端摄像机采用模拟视频信号输出的摄像机和数字视频信号输出的网络摄像机。
2. 监控终端距监控中心距离小于500m时，采用视频线传输信号。
3. 本系统采用中心集中存储方式，直接接入到中心的模拟视频信号采用数字录像机（DVR）存储，经数字网络接入中心的数字视频采用存储服务器加列阵存储。
(校 名)
比例
日期
批阅
成绩
姓名
专业
班级
学号
视频监控系统
原理图

图2-41　视频监控系统原理图

情境3　绘制消防泵电气原理图

学习重点：

1. 电气制图规则和表示方法。
2. AutoCAD基本绘制、编辑命令。
3. 绘制常闭触点并联的全电压启动的消防泵原理图。
4. 绘制两路电源互投自复电路原理图。
5. 绘制消防按钮串联全电压启动的消防泵控制电路原理图。

任务1　绘制常闭触点并联的全电压启动的消防泵原理图

3.1.1　相关知识点

1. 电气制图规则和表示方法

AutoCAD电气设计是计算机辅助设计与电气设计结合的交叉学科。虽然在现代电气设计中，应用AutoCAD辅助设计是顺理成章的事，但国内专门对利用AutoCAD进行电气设计的方法和技巧进行讲解的书很少。

本任务中将介绍电气工程制图的有关基础知识，包括电气工程图的种类、特点以及电气工程CAD制图的相关规则，并对电气图的基本表示方法和连接线的表示方法加以说明。

（1）电气图分类及特点。

电气图是用图形符号、连线或简化外形来表示系统或设备中各组成部件之间相互电气关系及其连接关系的一种图。电气图是采用电气元器件或设备的图形符号、文字符号和连线来表示的，没有必要画出电气元器件的外形结构，所以对于系统的构成、功能及电气接线等，通常采用图形符号、文字符号来表示。

对于用电设备来说，电气图主要是主电路图和控制电路图；对于供配电来说，电气图主要是一次回路和二次回路的电路图。但要表示清楚一项电气工程或电气设备的功能、用途、工作原理、安装和使用方法等，光有这两种图是不够的。根据各电气图所表示的电气设备、工程内容及表达形式的不同，电气图通常分为以下几类：

①系统图或框图。系统图或框图就是用符号或带注释的框概略表示系统或

分系统的基本组成、相互关系及其主要特征的一种简图。

②电路图。电路图就是按工作顺序用图形符号从上而下、从左到右排列，详细表示电路、设备或成套装置的全部组成和连接关系，而不考虑其实际位置的一种简图。其目的是便于详细理解设备工作原理、分析和计算电路特性及参数，所以这种图又称为电气原理或原理接线图。

③接线图。接线图主要用于表示电气装置内部元件之间及其外部其他装置之间的连接关系，它是便于制作、安装及维修人员接线和检查的一种简图或表格。当一个装置比较复杂时，接线图又可分解为以下几种：

单元接线图。它是表示成套装置或设备中一个结构单元内的各元件之间连接关系的一种接线图。这里所指的“结构单元”是指在各种情况下可独立运行的组件或某种组合体，如电动机、开关柜等。

互联接线图。它是表示成套装置或设备的不同单元之间连接关系的一种接线图。

端子接线图。它是表示成套装置或设备的端子以及接在端子上外部接线（必要时包括内部接线）的一种接线图。

电线电缆配置图。它是表示电线电缆两端位置，必要时还包括电线电缆功能、特性和路径等信息的一种接线图。

④电气平面图。电气平面图是表示电气工程项目的电气设备、装置和线路的平面布置图，一般是在建筑平面图的基础上制出来的。常见的电气平面图有供电电缆平面图、变配电所平面图、电力平面图、照明平面图、弱电系统平面图、防雷与接地平面图等。

⑤设备布置图。设备布置图表示各种设备和装置的布置形式、安装方式以及相互之间的尺寸关系，通常由平面图、主面图、断面图和剖面图等组成。这种图按三视图原理绘制，与一般机械图没有多大区别。

⑥设备元件和材料表。设备元件和材料表就是把成套装置、设备、装置中各组成部分和相应数据列成表格来表示各组成部分的名称、型号、规格和数量等，便于读图者阅读，了解各元器件在装置中的作用和功能，从而读懂装置的工作原理。设备元件和材料表是电气图中的重要组成部分，它可置于图中的某一位置，也可单列一页（视元器件材料多少而定）。为了方便书写，通常是从上而下排序。

⑦产品使用说明书上的电气图。生产厂家往往随产品使用说明书附上电气图，供用户了解该产品的组成和工作过程及注意事项，以达到正确使用、维护和检修的目的。

⑧其他电气图。上述电气图是常用的主要电气图，但对于较为复杂的成套装置或设备，为了便于制造，有局部大样图、印刷电路板图等；而为了装置的

技术保密，往往只给出装置或系统的功能图、流程图、逻辑图等。所以，电气图种类很多，但这并不意味着所有的电气设备或装置都应具备这些图。根据表达的对象、目的和用途不同，所需图的种类和数量也不一样，对于简单的装置，可把电路图和接线图二合一；对于复杂装置或设备，应分解为几个系统，每个系统也有以上各种类型图。总之，电气图作为一种工程语言，在表达清楚的前提下，越简单越好。

（2）电气工程 CAD 制图规则。

《电气工程 CAD 制图规则》国家标准代号为 GB/T18135—2000，《电气图形符号》国家标准代号为 GB/T4728—2005。

电气图是一种特殊的专业技术图，它除了必须遵守国家标准局颁布的相关标准外，还要遵守“机械制图”、“建筑制图”等方面的规定，所以制图和读图人员有必要了解这些规则和标准。

（3）电气图布局方法。

电气图的布局依据图所表达的内容而定。电路图、系统图是按功能布局，只考虑便于看出元件之间功能关系，而不考虑元器件实际位置，要突出设备的工作原理和操作过程，按照元器件动作顺序和功能作用，从上而下，从左到右布局。而对于接线图、平面布置图，则要考虑元器件的实际位置，所以应按位置布局。

电气图的图线一般用于表示导线、信号通路和连接线等，要求用直线，即横平竖直，尽可能减少交叉和弯折。图线的布局方法有两种：

水平布局：将元件和设备按行布置，使连接线处于水平布置。

垂直布局：将元件和设备按列布置，使连接线处于竖直布置。

（4）电气图中连接线的表示方法。

①导线一般表示方法。一般的图线就可表示单根导线。对于多根导线，可以分别画出，也可以只画一根图线，但需加标志。若导线少于 4 根，可用短划线数量代表根数；若多于 4 根，可在短划线旁加数字表示，如图 3－1（a）所示。

表示导线特征的方法是在横线上面标出电流种类、配电系统、频率和电压等；在横线下面标出电路的导线数乘以每根导线截面积（mm^2），当导线的截面不同时，可用“＋”将其分开，如图 3－1（b）所示。

表示导线的型号、截面和安装方法等，可采用短划指引线，加标导线属性和敷设方法，如图 3－1（c）所示。该图表示导线的型号为 BLV（铝芯塑料绝缘线）：其中三根截面积为 25mm^2，一根截面积为 16 mm^2；敷设方法为穿过塑料管（VG），塑料管管径为 40mm，沿地板暗敷。

要表示电路相序的变换、极性的反向、导线的交换等，可采用交换符号表示，如图 3－1（d）所示。

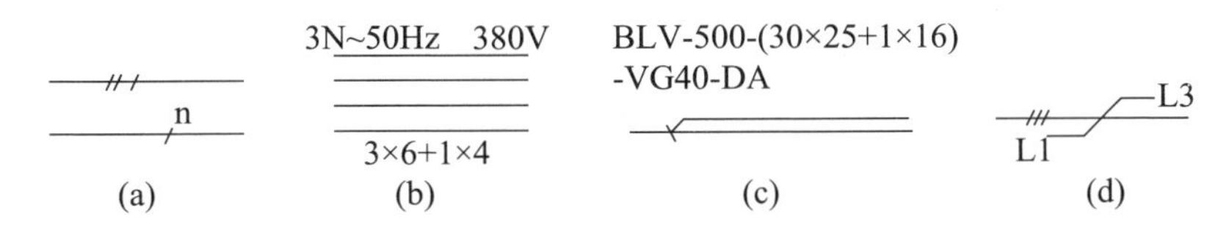

图 3－1　导线的表示方法

②图线的粗细。一般而言，电源主电路、一次电路、主信号通路等采用粗线，控制回路、二次回路等采用细线表示。

③连接线分组和标记。为了方便看图，对多根平行连接线，应按功能分组。若不能按功能分组，可任意分组，但每组不多于三条，组间距应大于线间距。

为了便于看出连接线的功能或去向，可在连接线上方或连接线中断处作信号名标记或其他标记。

④导线连接点的表示。导线的连接点有“T”形连接点和“＋”形连接点。对于“T”形连接点，可加实心圆点，也可不加实心圆点。对于“＋”形连接点，必须加实心圆点。而交叉不连接的，不能加实心圆点。

⑤连线表示法及其标志。连接线可用多线或单线表示，为了避免线条太多，以保持图面的清晰，对于多条去向相同的连接线，常采用单线表示法。

当导线汇入用单线表示的一组平行连接线时，在汇入处应折向导线走向，而且每根导线两端应采用相同的标记号。

⑥中断表示法及其标志。为了简化线路图或使多张图采用相同的连接表示，连接线一般采用中断表示法。

在同一张图中断处的两端给出相同的标记号，并给出导线连接线去向的箭头。对于不在同一张图的中断处，应在中断处采用相对标记法，即在中断处标记名相同，并标注“图序号/图区位置”。

对于接线图，中断表示法的标注采用相对标注法，即在本元件的出线端去连接对方元件的端子号。

2. 绘制点

点是组成图形元素的最基本对象。在绘制图形时，通常绘制一些点作为对象捕捉的参考点；图形绘制完成后，再将这些点擦除或冻结它们所在的图层。绘制点时，点的位置可由输入的坐标值或通过单击鼠标来确定。

AutoCAD 提供了多种样式的点，用户可以选择“格式”｜“点样式”命令或在命令行中输入“DDPTYPE”命令，在打开的“点样式”对话框中设置点的样式和大小，如图 3－2 所示。

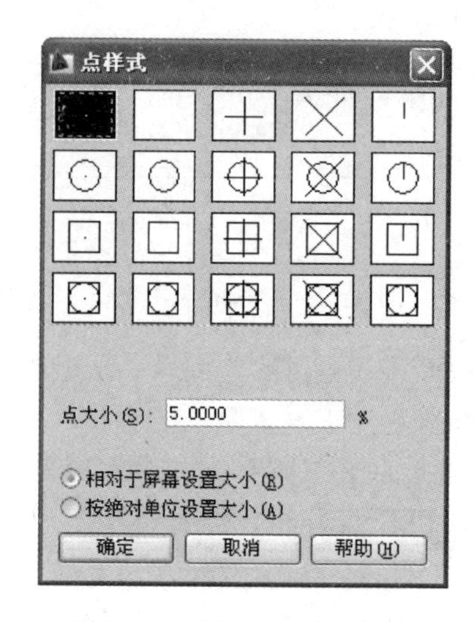

图 3-2 “点样式”对话框

(1) 绘制单点。

使用以下任一种方法可绘制一个点：

①在“绘图”工具栏中单击“点”按钮。

②选择“绘图” | “点” | “单点”命令。

③在命令行提示下输入“POINT（或 PO)”，并按 Enter 键。

然后在屏幕上拾取一个点即可。

(2) 绘制多点。

使用以下方法可绘制多个点：

①在“绘图”工具栏中单击“点”按钮。

②选择“绘图” | “点” | “多点”命令。

根据提示依次确定各点的位置，AutoCAD 就会在这些位置绘出相应的点。要结束点的绘制，可按 Esc 键。

(3) 绘制定数等分点。

选择“绘图” | “点” | “定数等分”命令，或在命令行输入“DIVIDE”命令，即可在指定的对象上绘制等分点或在等分点处插入块。

绘制等分点后，用户可能会发现所操作的对象并没有发生变化。这是因为当前点的样式为一个普通点，其与所操作的对象正好重合。用户可以先用前面介绍的方法设置点的样式，然后再执行此操作。

(4) 绘制定距等分点。

选择“绘图” | “点” | “定距等分”命令，或在命令行输入“MEASURE”命令，即可将对象按相同的距离进行划分。

3.1.2　绘制图形

绘制图形的思路是先绘制主电路图，再绘制控制电路图，最后编辑文字说明和填写标题栏。

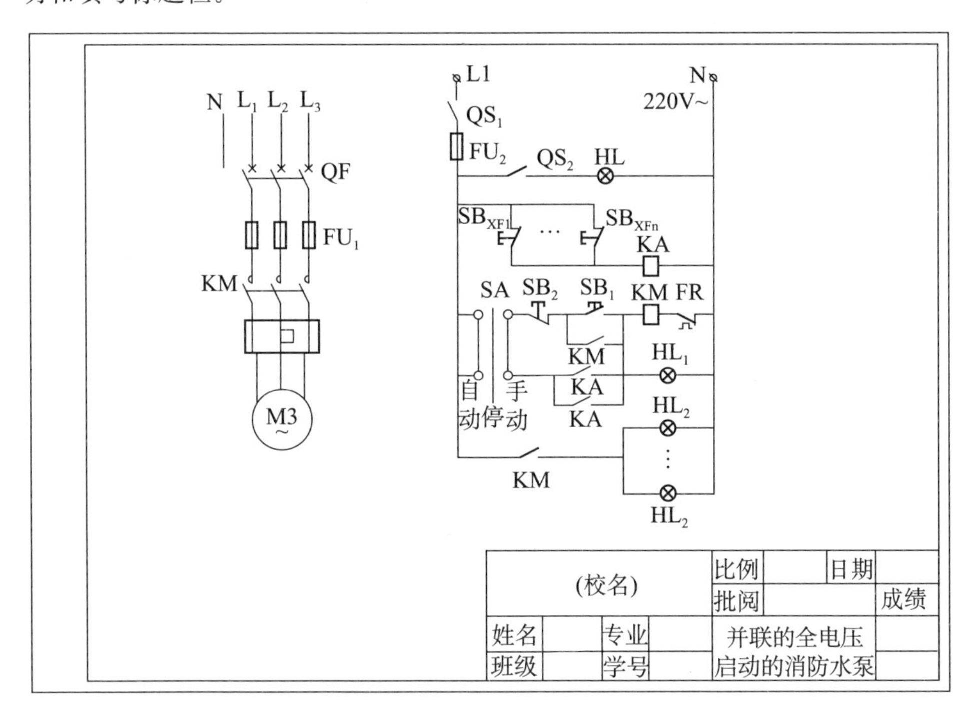

图 3－3　常闭触点并联的全电压启动的消防泵原理图

1. 绘制主电路图

步骤 1：新建文件。单击工具栏中的“新建”按钮，弹出“选择样板”对话框，选择“情境二”中所建立的样板文件之一“A3. dwt”，单击“打开”按钮即可。

步骤 2：插入电气符号。单击“插入块”按钮，弹出“插入”对话框，在“名称”下拉列表中选择“三相交流电动机”，如图 3－4 所示，单击“确定”按钮插入“三相交流电动机”图形符号。重复此操作，依次插入其他电气符号。

步骤 3：设置图层。在“图层特性管理器”右边的列表中选择“粗线”图层为当前图层。

步骤 4：按图 3－5 所示，使用“直线”、“移动”和“复制”命令绘制主电路图。

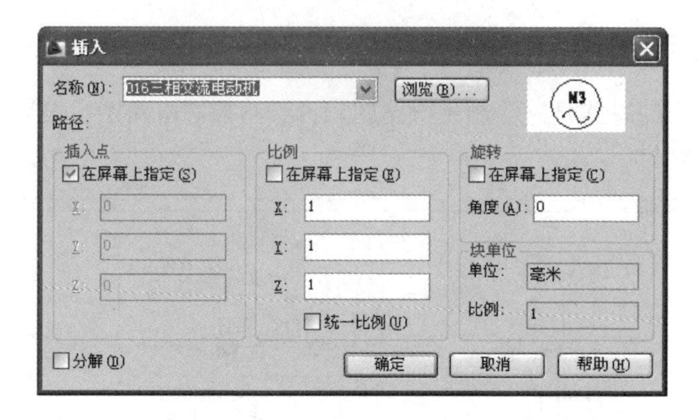

图 3-4 “插入”对话框

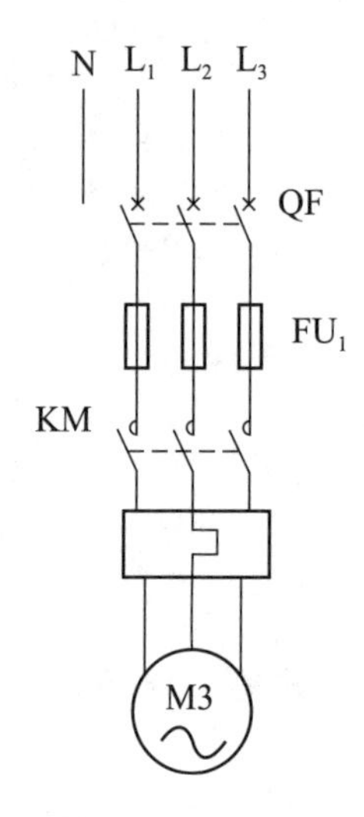

图 3-5 主电路图

2. 绘制控制电路图

步骤 1：插入电气符号。单击“插入块”按钮，弹出“插入”对话框，在“名称”下拉列表中选择相应电气符号，单击“确定”按钮即可。重复此操作，依次插入其他电气符号。

步骤 2：按图 3-6 所示，使用“直线”、“移动”和“复制”命令绘制控制电路图。

步骤 3：设置图层。在“图层特性管理器”右边的列表中选择“虚线”图层为当前图层。

步骤 4：按图 3-7 所示，使用“直线”命令绘制“自动”、“手动”和“停止”线。

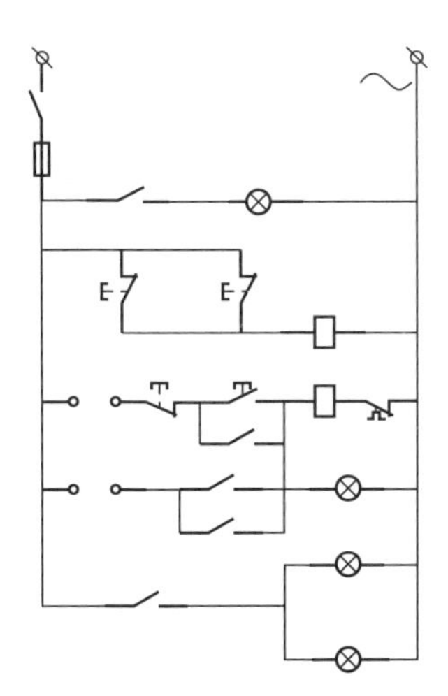

图 3 - 6　控制电路图

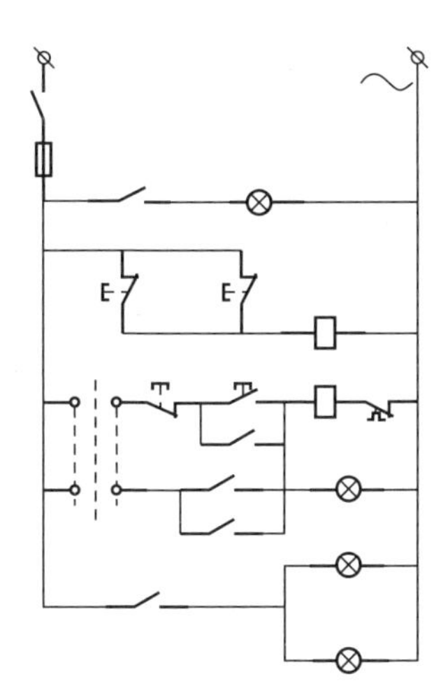

图 3 - 7　“自动”、“手动”和“停止”线

3. 编辑文字

步骤 1：设置图层。在“图层特性管理器”右边的列表中选择“文本”图层为当前图层。

步骤 2：编辑文字说明。单击“多行文字”按钮 A，在绘图区域内选取合适区域输入相应文字说明。可使用“复制”命令将文字复制到相应位置，然后逐一编辑，或重复“多行文字”命令，输入图纸的其他文字，包括标题栏中的内容，如图 3 - 8 所示。

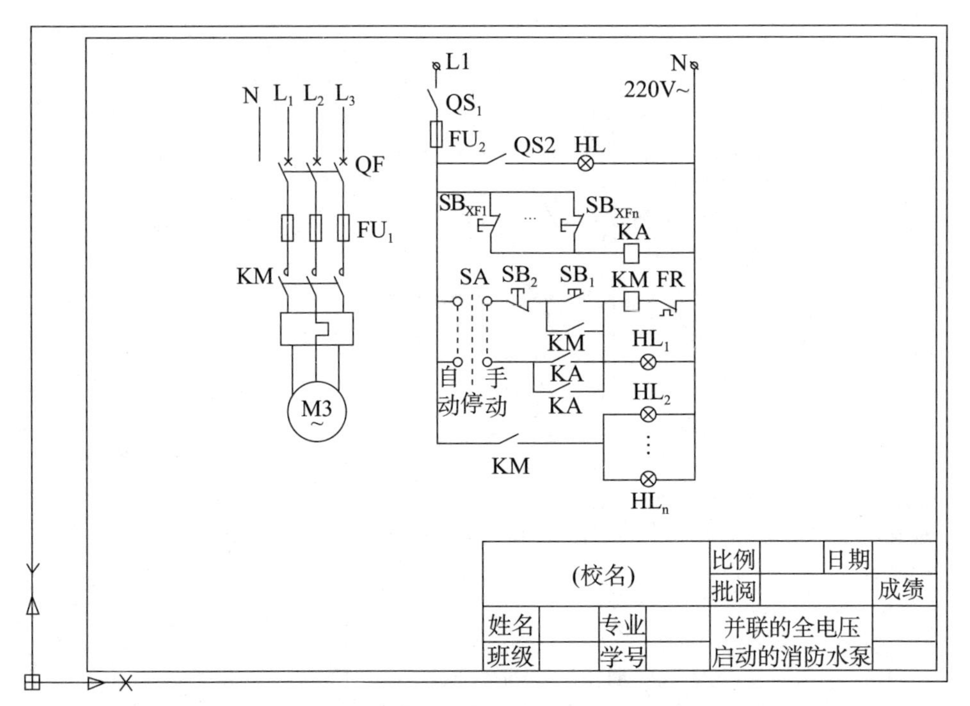

图 3-8　常闭触点并联的全电压启动的消防泵原理图

任务 2　两路电源互投自复电路原理图

3.2.1　相关知识点

1.〔偏移〕工具

使用 AutoCAD 提供的“偏移”命令可以创建形状相似，而且与选定对象平行的新对象。偏移对象是绘图过程中经常用到的一种绘图方法。在 AutoCAD 中，可使用“偏移”命令的对象包括直线、圆弧、圆、椭圆、椭圆弧、多段线、构造线和样条曲线。

要偏移对象，可在“修改”工具栏上单击“偏移”按钮，或者执行“修改”｜“偏移”命令，或在命令行直接输入“O”后按 Enter 键均可。

注意：执行“偏移”命令时，只能用拾取框选择要偏移的对象。而且使用该命令偏移的对象不同，其偏移结果也会不一样。如果偏移对象为圆弧，新圆弧的长度会发生变化，但源对象和偏移对象的中心角相同；如果偏移对象是直线和构造线，使用“偏移”命令可创建它们的平行线；如果偏移对象是圆、椭圆或椭圆弧，在对其进行偏移时，其圆心不变，但圆的半径或椭圆的长、短轴会发生变化；如果偏移对象是样条曲线，其长度和起始点都要调整，新偏移样条曲线的各个端点将置于源样条曲线相应端点的法线处。

2.〔旋转〕工具

在编辑调整绘图时，为了使某些图形与绘图保持一致，常需要旋转对象来改变其放置方式及位置。使用 AutoCAD 提供的“旋转”命令可以使对象按指定角度进行旋转。

要旋转对象，在“修改”工具栏上单击“旋转”按钮，或者执行“修改”｜“旋转”命令，或在命令行输入“ROTATE”后按 Enter 键均可。

3.2.2　绘制图形

绘制图形的思路是先绘制控制电路图，再编辑文字说明和填写标题栏。如图 3－9 所示。

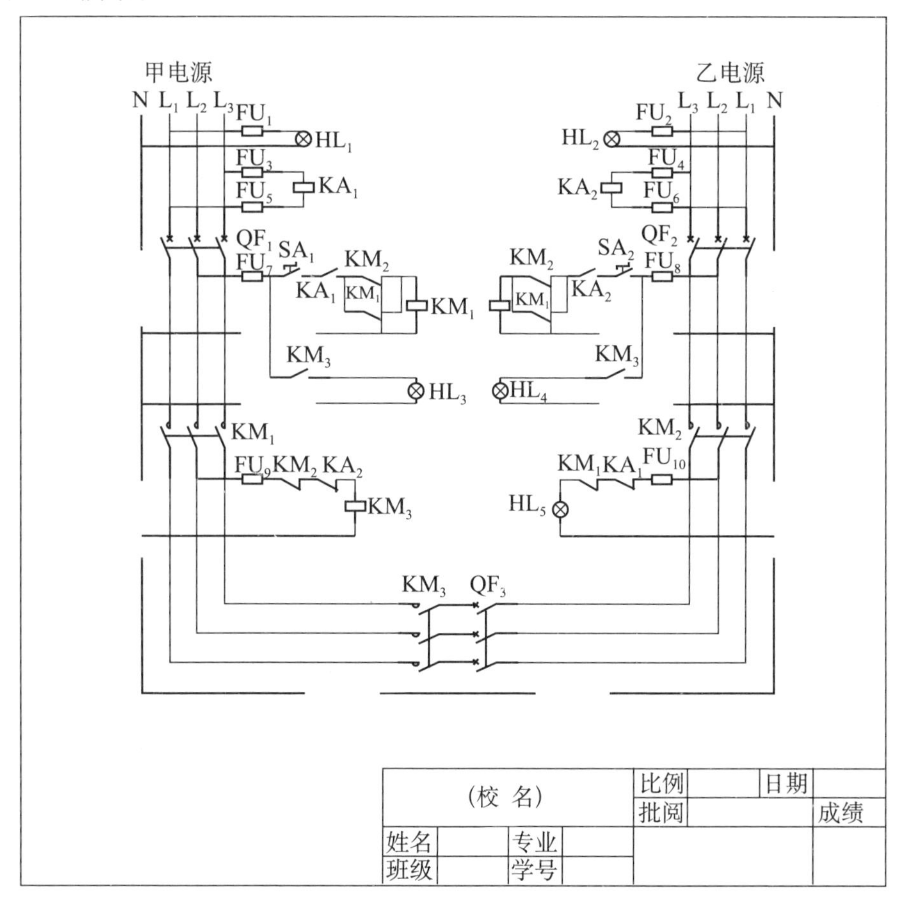

图 3－9　两路电源互投自复电路原理图

1. 绘制控制电路图

步骤 1：新建文件。单击工具栏中的“新建”按钮，弹出“选择样板”对话框，选择“A3. dwt”，单击“打开”按钮即可。

步骤 2：插入电气符号。单击“插入块”按钮，弹出“插入”对话框，在“名称”下拉列表中选择相应电气符号，单击“确定”按钮即可。重复此操作，依次插入其他电气符号。

步骤 3：设置图层。在“图层特性管理器”右边的列表中选择“粗线”图层为当前图层。

步骤 4：按图 3－10 所示，使用“直线”、“移动”、“复制”和“偏移”命令绘制控制电路图。虚线部分使用“虚线”图层。

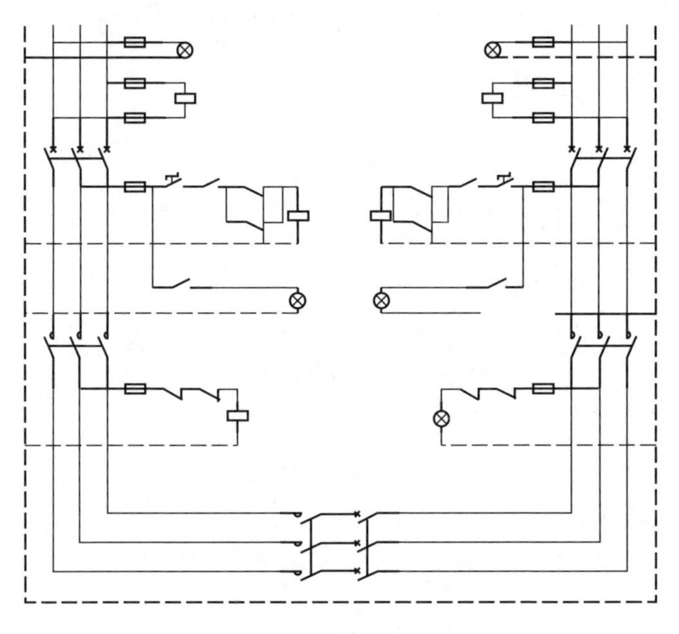

图 3－10　控制电路图

2. 编辑文字

步骤 1：设置图层。在“图层特性管理器”右边的列表中选择“文本”图层为当前图层。

步骤 2：编辑文字说明。单击“多行文字”按钮 **A**，在绘图区域内选取合适区域输入相应文字说明。可使用“复制”命令将文字复制到相应位置，然后逐一编辑，或重复“多行文字”命令，输入图纸的其他文字，包括标题栏中的内容，如图 3－11 所示。

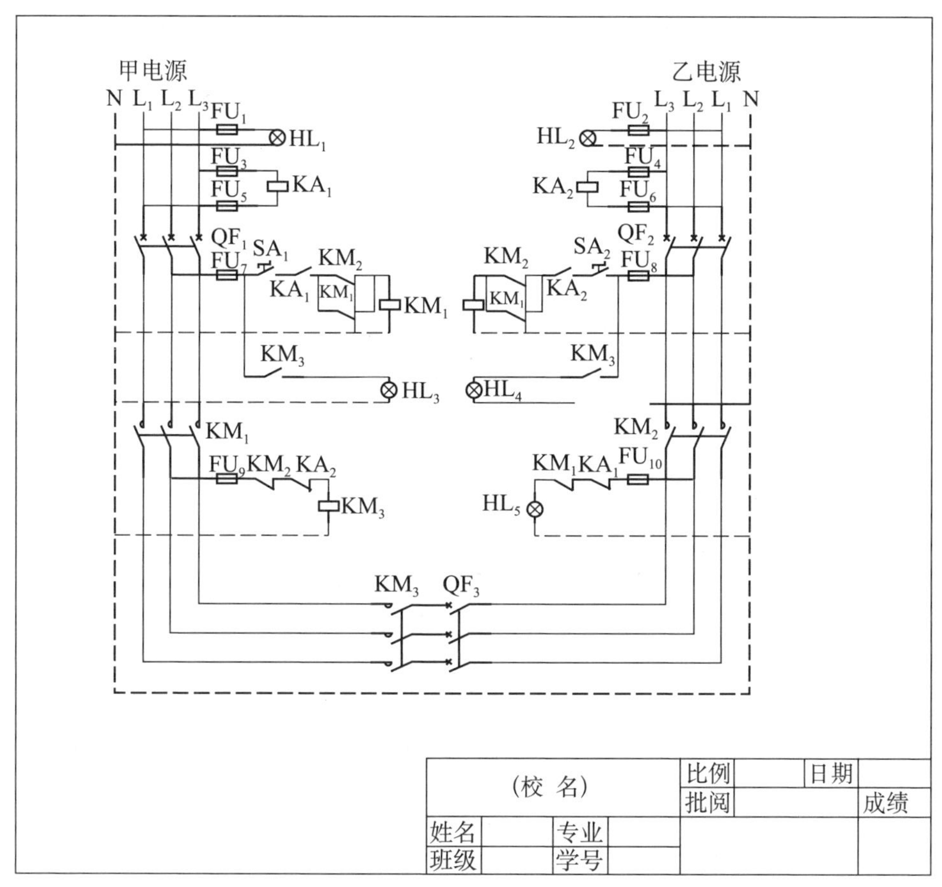

图 3－11　两路电源互投自复电路原理图

任务 3　绘制消防按钮串联全电压启动的消防泵控制电路原理图

3.3.1　相关知识点

1. 〔表格〕工具

在 AutoCAD 中，用户可以使用新增的创建表命令创建数据表或标题块。还可以从 Microsoft Excel 中直接复制表格，并将其作为 AutoCAD 表对象粘贴到图形中。此外，用户还可以输出来自 AutoCAD 的表数据，以供在 Microsoft Excel 或其他应用程序中使用。

（1）创建与设置表样式。

选择“格式”｜“表格样式”命令，或在命令行中输入“TABLESTYLE”命令，均可打开“表格样式”对话框。如图 3－12 所示。

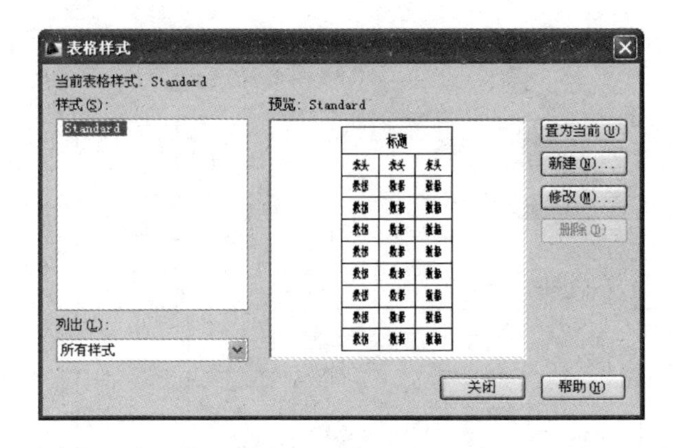

图 3-12 “表格样式”对话框

在“表样式”对话框中，用户可以单击“新建”按钮，使用打开的“创建新的表格样式”对话框创建新的表格样式，如图 3-13 所示。

图 3-13 “创建新的表格样式”对话框

也可以单击“修改”按钮，弹出“修改表格样式”对话框，在此对话框中可对表格的常规特性、文字等进行修改，如图 3-14 所示。

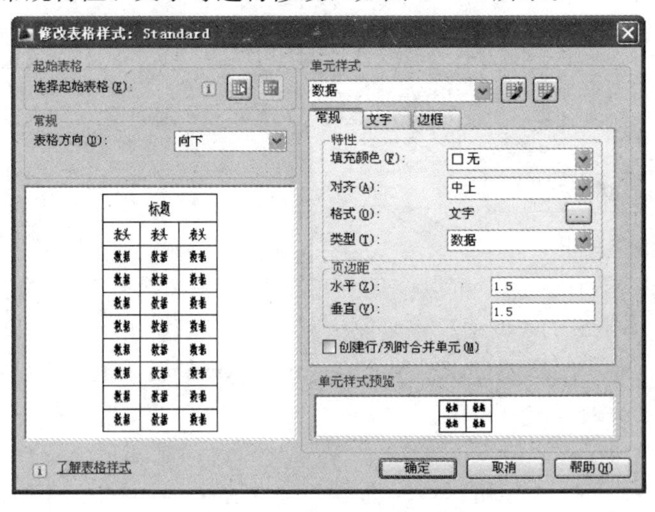

图 3-14 “修改表格样式”对话框

(2) 插入表格。

在“绘图”工具栏中单击“表格”按钮，弹出“插入表格”对话框，如图3-15所示。在此对话框中可以选择表格样式，设置行数、列数和插入方式等。

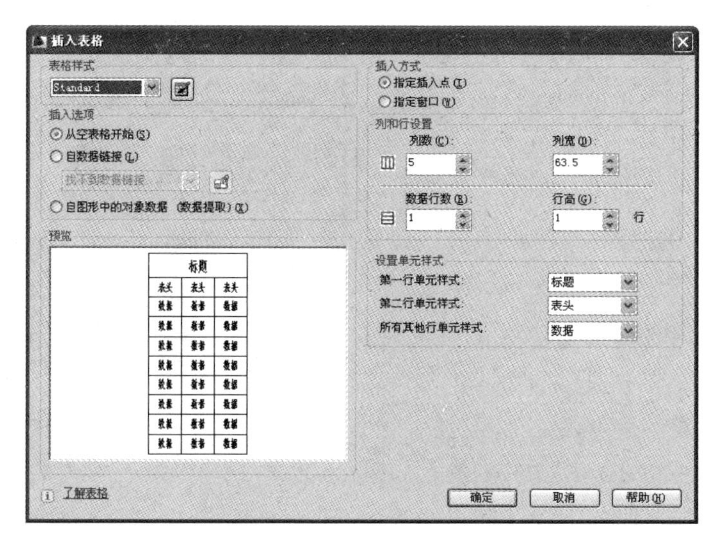

图3-15　“插入表格”对话框

2. 图案填充

许多绘图软件都可以通过一个图案填充的过程填充图形的某些区域。AutoCAD也不例外，它用图案填充来区分工程的部件或表现组成对象的材质。

在“绘图”工具栏上单击“图案填充”按钮，或执行“绘图”|“图案填充”命令，或在命令行输入“BHATCH”后按Enter键，都可以打开“图案填充和渐变色”对话框，如图3-16所示。“图案填充和渐变色”对话框中包含“图案填充”和“渐变色”两个选项卡。

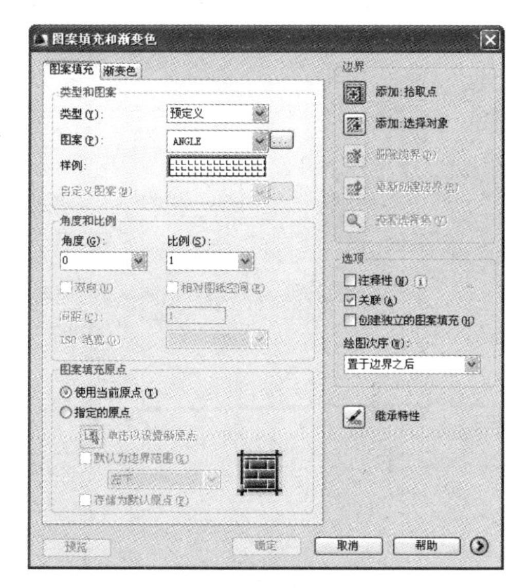

图3-16　“图案填充和渐变色”对话框

在“类型和图案”选项区域中提供了ANSI（美国国家标准学会）、ISO（国际标准化组织）、“其他预定义”和“自定义”4个选项卡。不同的选项卡对应不同的图案填充样式，用户可根据需要从中选择，如图 3－17 所示。

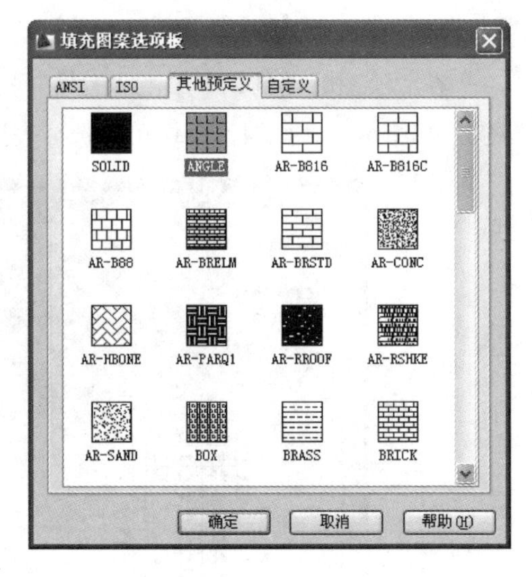

图 3－17 “填充图案选项板”对话框

在对图形进行图案填充时，需要创建填充边界。填充边界可以是形成封闭区域的任意对象的组合，如直线、圆弧、圆和多段线，但每个边界的组成部分至少应该部分处于当前视图内。可以通过“拾取点”或“选择对象”来确定填充边界。

3.3.2 绘制图形

绘制图形的思路是先绘制主电路图，再绘制控制电路图，最后插入表格、编辑文字说明和填写标题栏。如图 3－18 所示。

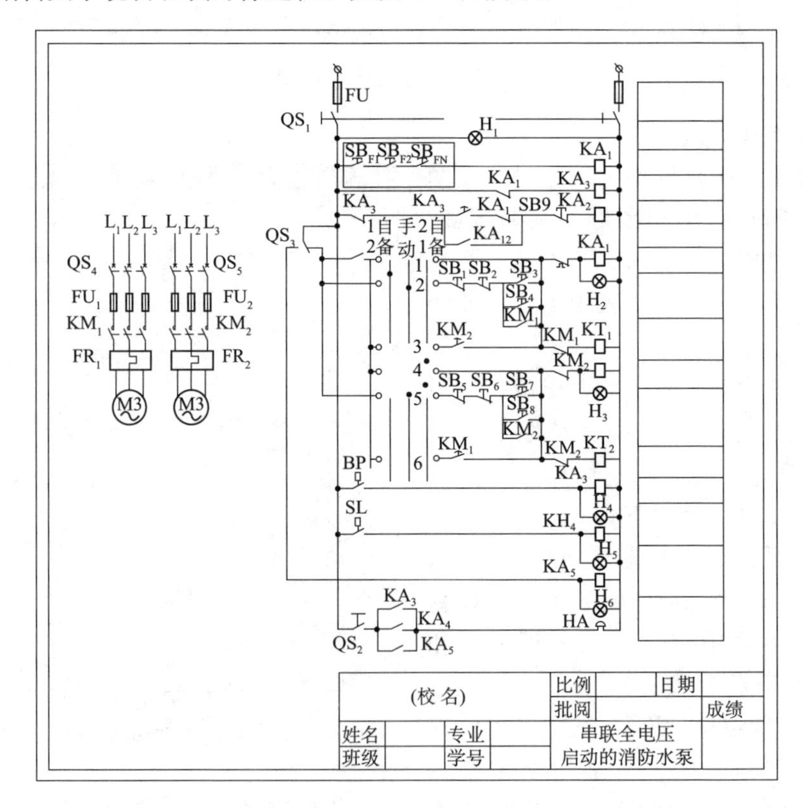

图 3－18 消防按钮串联全电压启动的消防泵控制电路原理图

1. 绘制主电路图

步骤 1：新建文件。单击工具栏中的“新建”按钮，弹出“选择样板”对话框，选择“情境二”中所建立的样板文件之一“A2. dwt”，单击“打开”按钮即可。

步骤 2：插入电气符号。单击“插入块”按钮，弹出“插入”对话框，在“名称”下拉列表中选择相应电气符号，单击“确定”按钮即可。重复此操作，依次插入其他电气符号。

步骤 3：设置图层。在“图层特性管理器”右边的列表中选择“粗线”图层为当前图层。

步骤 4：按图 3 - 19 所示，使用“直线”、“移动”和“复制”命令绘制主电路图。

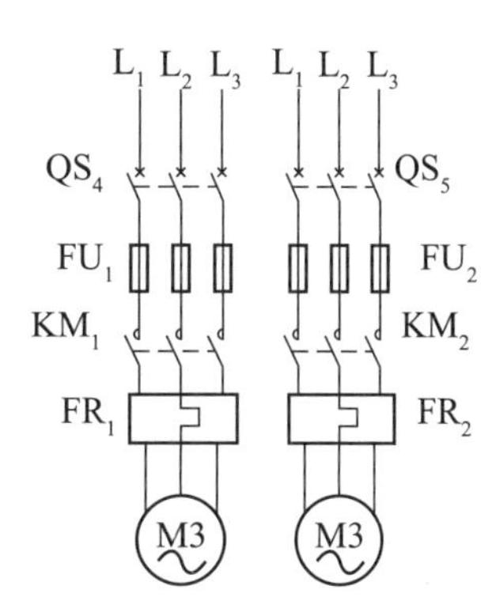

图 3 - 19　主电路图

2. 绘制控制电路图

步骤 1：插入电气符号。单击“插入块”按钮，弹出“插入”对话框，在“名称”下拉列表中选择相应电气符号，单击“确定”按钮即可。重复此操作，依次插入其他电气符号。

步骤 2：按图 3 - 20 所示，使用“直线”、“移动”和“复制”命令绘制控制电路图。虚线部分使用“虚线”图层。

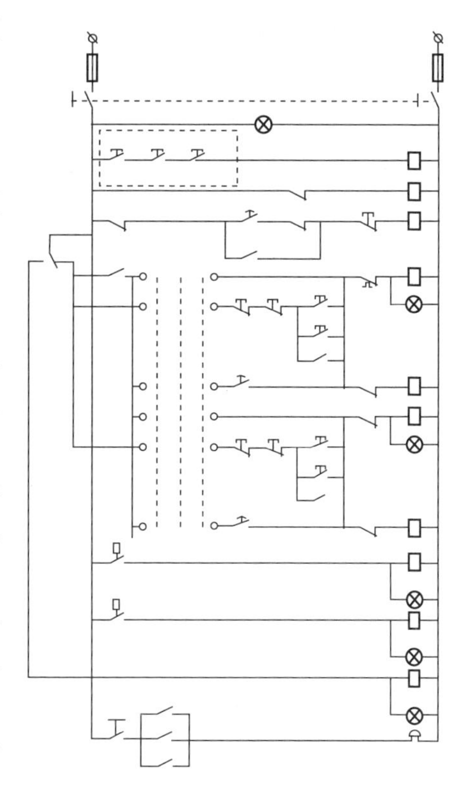

图 3 - 20　控制电路图

3. 编辑文字

步骤 1：设置图层。在“图层特性管理器”右边的列表中选择“表格”图层为当前图层。

步骤 2：插入表格。单击“表格”按钮，弹出“插入表格”对话框，根据图 3 - 21 设置表格参数。

步骤 3：设置图层。在“图层特性管理器”右边的列表中选择“文本”图层为当前图层。

步骤 4：编辑文字说明。单击“多行文字”按钮，在绘图区域内选取合适区域输入相应文字说明。可使用“复制”

命令将文字复制到相应位置，然后逐一编辑，或重复“多行文字”命令，输入图纸的其他文字，包括标题栏中的内容，如图 3－21 所示。

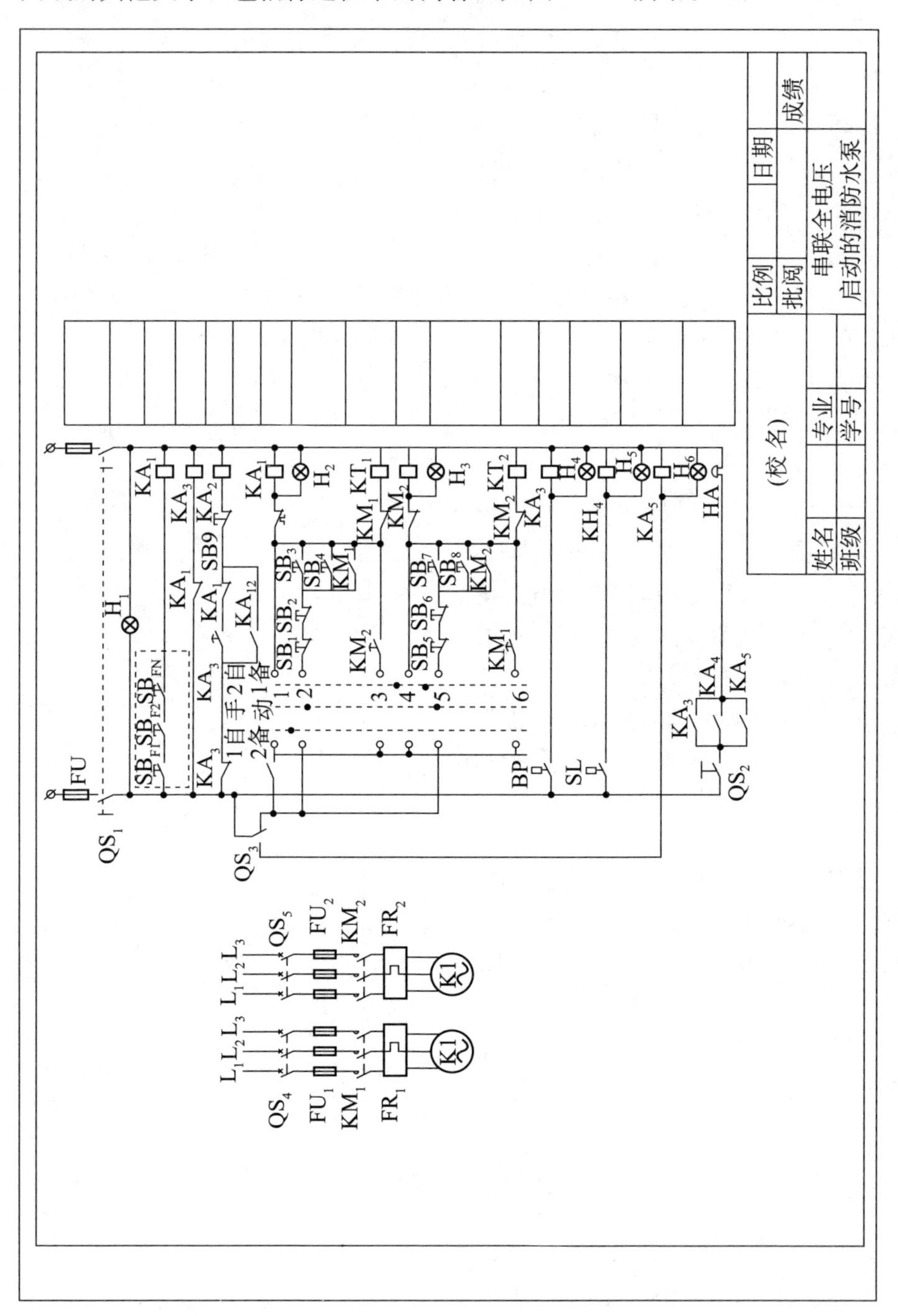

图3－21 消防按钮串联全电压启动的消防泵控制电路原理图

情境 4　绘制探测器外型图

学习重点：

1. 比例。
2. 投影的基本知识。
3. 点、直线、平面的投影。
4. 基本体的投影。
5. 组合体的投影。
6. 尺寸标注。
7. 绘制探测器外型图。

任务 1　绘制主动红外探测器外型图

4.1.1　相关知识点

1. 比例

图样的比例为图形与实物相对应的线性尺寸之比。比例的符号为“∶”，比例以阿拉伯数字表示（如 1∶2）。比例宜注写在图名的右侧，字的基准线应取平。比例的字高宜比图名的字高小一号或二号，如图 4－1 所示。

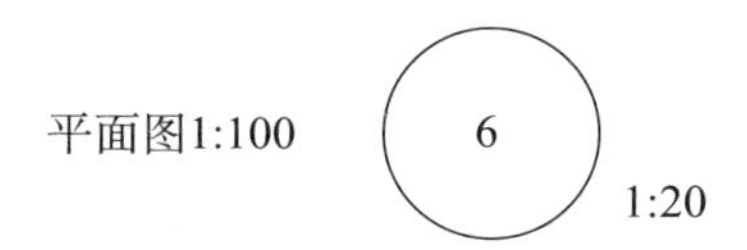

图 4－1　比例的注写

工程图中的各个图样都应按一定的比例绘制，绘图所用的比例根据图样的用途与被绘对象的复杂程度来选择。

2. 投影的基本知识

（1）投影的概念。

假设光线能穿透物体，使组成物体的各棱线都能在投影面上投落下它们的影子，这样的影子不但能反映物体的外形，也能反映物体上部和内部的情况，把这时所产生的影子称为投影，能够产生光线的光源称为投影中心，而光线称为影子，承接影子的平面称为投影面。

(2) 投影的分类。

投影分为中心投影和平行投影。

中心投影。投影中心 S 在有限的距离内发出放射状的投影线，用这些投影线作出的投影称为中心投影。

平行投影。当投影中心 S 移至无限远处时，投影线将依一定的投影方向平行地投射下来，用平行投影线作出的投影称为平行投影。

(3) 正投影的基本特性。

在安防工程制图中，最常使用的投影法是正投影法。正投影有全等性、积聚性和类似性三个特性。

全等性。当平面（或直线）平行于投影面时，其投影反映实长。

积聚性。当平面（或直线）垂直于投影面时，则在投影面上的投影积聚为一条线（或一个点）。

类似性。当平面（或直线）倾斜于投影面时，其投影的面积变小（或长度变短），但投影的形状仍与原来形状类似。

(4) 三面正投影图。

①三面投影体系的构成。三个相互垂直的投影面构成了三面投影体系，如图 4-2 所示。呈水平位置的投影面称为水平投影面，用 H 表示，也可称为 H 面；与水平投影面垂直相交呈正立位置的投影面称为正立投影面，用 V 表示，也可称为 V 面；位于右侧与 H、V 同时垂直相交的投影面称为侧立投影面，用 W 表示，也可称为 W 面。三个投影面的两两交线 OX、OY、OZ 称为投影轴，它们相互垂直，三投影轴相交于一点 O，称为原点。

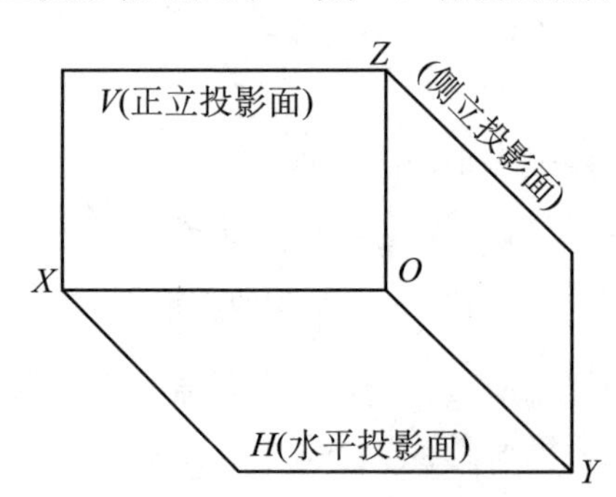

图 4-2　三面投影体系

将物体放在三面投影体系中，按国家标准的规定，由前向后在 V 面上产生的投影称为正立投影图，由上向下在 H 面上产生的投影称为水平投影图，由左向右在 W 面上产生的投影称为侧立投影图。

②三面投影展开规则。为了将三个投影图画在同一平面上，需要将三个投影图展开为一个大平面。展开规则是 V 面保持不动，H 面绕 OX 轴向下翻转 90°，W 面绕 OZ 轴向右旋转 90°，则它们就和 V 面处于同一平面上了，如图 4－3所示。其中，OY 轴被一分为二，在 H、W 面上分别用 Y_H、Y_W 表示。

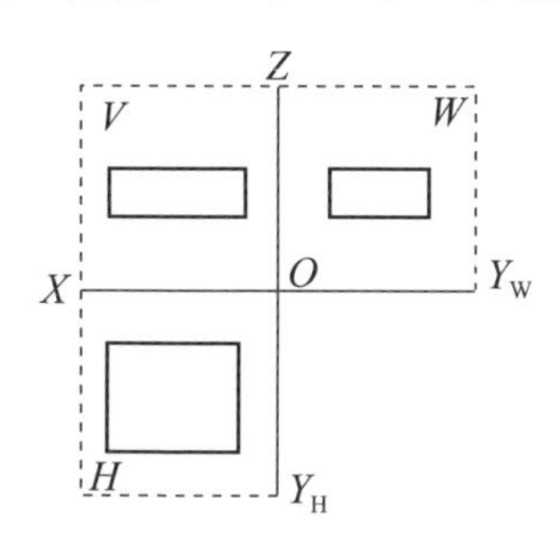

图 4－3　三面投影体系展开图

③三面投影展开规律。三面投影图是从三个不同方向投影而得到的，对于同一物体，各投影图之间在度量方向上存在着相互对应关系。H 投影和 V 投影在 X 轴方向都反应物体的长度，它们的位置左右应对正，称为“长对正”；H 投影和 W 投影在 Y 轴方向都反应物体的宽度，称为“宽相等”；W 投影和 V 投影在 Z 轴方向都反应物体的高度，它们的位置上下应对齐，称为“高平齐”。

④三面正投影图的画法。画物体的三面正投影图时，应遵循正投影法的基本原理及三面投影的关系。现以图 4－4（a）所示图形为例，说明作图的方法与步骤。

步骤 1：分析图形。图 4－4（a）所示图形可看成是大的长方体中间挖去了一个小的长方体。

步骤 2：正立面投影的选择。首先将物体摆正，使尽可能多的表面平行或垂直于投影面，然后选择能反映物体形状特征的方向作为正立面投影的投影方向，并考虑使其余两个投影简单易画、虚线少，如图 4－4（a）所示。正立面投影确定后，其他两个投影图也就随之确定了。

步骤 3：作图。先画出水平和垂直十字相交线，以其作为正投影图中的投影轴，如图 4－4（b）所示。再画出能够反映物体特征的正面投影图或水平投影图，如图 4－4（c）所示。然后根据“三等”关系，由“长对正”的投影规律，画出水平投影图或正面投影图；由“高平齐”的投影规律，把正面投影图中涉及到高度的各相应部分用水平线拉向侧立投影面；由“宽相等”的投影规律，过原点 O 作一条向右下斜的 45°线，然后在水平投影图上向右引水平线，与 45°线相交后再向上引铅垂线，得到在侧立面上与“等高”水平线的交点，连接关联点而得到侧面投影图，如图 4-4（d）所示。最后擦去作图线，整理、描深，如图 4-4（e）所示。

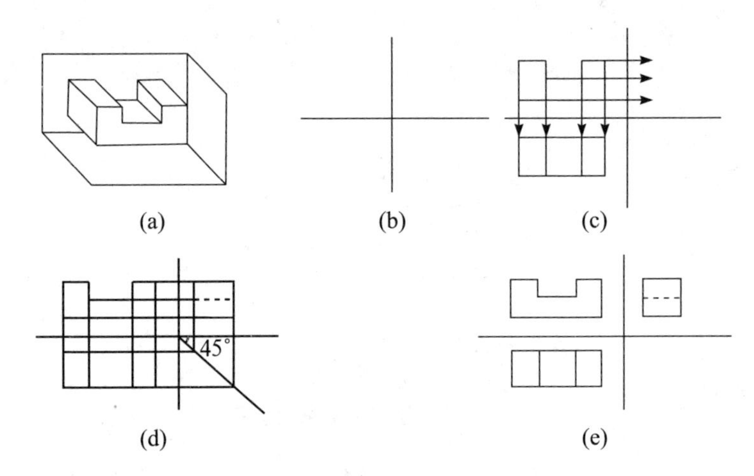

图 4-4　三面正投影图画法步骤图

3. 点、直线、平面的投影

点、直线、平面是组成物体表面形状的基本几何元素，要正确地画出物体的投影图，必须先掌握组成物体表面形状的基本几何元素的投影特性和作图方法。

（1）点的投影。

投影法规定：空间点用大写字母表示；H 面投影用相应的小写字母表示；V 面投影用相应的小写字母并在右上角加一撇表示；W 面投影用相应的小写字母并在右上角加两撇表示。

将空间点 A 置于三投影面体系中，由 A 点分别向三个投影面作垂线（即投影线），三个垂足就是点 A 在三个投影面上的投影，分别为正面投影 a'、水平投影 a 和侧面投影 a''。

如果空间两点位于某一投影面的同一条投影线上，这两点在该投影面上的投影必然重合，这两个点称为该投影面上的重影点。既然两点的投影重合，那么就有一点可见和一点不可见的问题。如何判别重影点的可见性呢？一般根据两点的坐标差来确定。坐标大者为可见，坐标小者为不可见。另外，重影点的投影标注方法为：可见点注写在前，不可见点注写在后并且在字母外加括号。

（2）直线的投影。

从几何学知道，直线的长度是无限的。直线的空间位置可由线上任意两点的位置确定，即两点可以确定一条直线。因此，作直线的投影时，只需求出直线上两个点的投影，然后将其同面投影连接，即为直线的投影。

在三投影面体系中，直线对投影面的相对位置有投影面平行线、投影面垂直线及投影面倾斜线三种情况。前两种称为特殊位置直线，后一种称为一般位置直线，它们具有不同的投影特性。

①投影面平行线。平行于一个投影面而倾斜于另外两个投影面的直线称为投影面平行线。它又分为三种情况：

- 水平线：平行于 H 面，倾斜于 V、W 面的直线。
- 正平线：平行于 V 面，倾斜于 H、W 面的直线。
- 侧平线：平行于 W 面，倾斜于 H、V 面的直线。

平行线的投影特性是：直线平行于某一投影面，则在该投影面上的投影反映直线实长，并且该投影与投影轴的夹角反映直线对其他两个投影面的倾角；直线在另外两个投影面上的投影，分别平行于相应的投影轴，但不反映实长。

根据投影面平行线的投影特性，可判别直线与投影面的相对位置，即“一斜两直线，定是平行线；斜线在哪面，平行哪个面。”

②投影面垂直线。重直于一个投影面而平行于另外两个投影面的直线称为投影面垂直线。它又分为三种情况：

- 铅垂线：垂直于 H 面，平行于 V、W 面的直线。
- 正垂线：垂直于 V 面，平行于 H、W 面的直线。
- 侧垂线：垂直于 W 面，平行于 H、V 面的直线。

投影面垂直线的投影特性是：直线垂直于某一投影面，则在该投影面上的投影积聚为一点；直线在另外两个投影面上的投影分别垂直于相应的投影轴，且反映实长。

根据投影面垂直线的投影特性，可判别直线与投影面的相对位置，即“一点两直线，定是垂直线；点在哪个面，垂直哪个面。”

③一般位置直线。与三个投影面均倾斜的直线称为一般位置直线。它的投影特性是：直线倾斜于投影面，则三个投影均为倾斜于投影轴的直线，且不反映实长；直线的三个投影与投影轴的夹角均不反映直线对投影面的倾角。

根据一般位置直线的投影特性，可判别直线与投影面的相对位置，即“三个投影三斜线，定是一般位置线。”

(3) 平面的投影。

平面是由点、线所围成的。因此，求作平面的投影，实质上是求作点和线的投影。在三投影面体系中，平面对于投影面来说，也有平行、垂直和一般位置三种情况。

①投影面平行面。平行于一个投影面而垂直于另外两个投影面的平面称为投影面平行面。它又分为三种情况：

- 水平面：平行于 H 面，垂直于 V、W 面的平面。

● 正平面：平行于 V 面，垂直于 H、W 面的平面。

● 侧平面：平行于 W 面，垂直于 H、V 面的平面。

平行面的投影特性是：平面平行于某一投影面，则在该投影面上的投影反映实形；平面在另外两个投影面上的投影积聚成直线，并分别平行于相应的投影轴。

根据投影面平行面的投影特性，可判别平面与投影面的相对位置，即“一框两直线，定是平行面；框在哪个面，平行哪个面”。

②投影面垂直面。垂直于一个投影面而倾斜于另外两个投影面的平面称为投影面垂直面。它又分为三种情况：

● 铅垂面：垂直于 H 面，倾斜于 V、W 面的平面。

● 正垂面：垂直于 V 画，倾斜于 H、W 面的平面。

● 侧垂面：垂直于 W 面，倾斜于 H、V 面的平面。

投影面垂直面的投影特性是：平面垂直于某一投影面，则在该投影面上的投影积聚成一条倾斜于投影轴的直线，且此直线与投影轴的夹角反映空间平面对另外两个投影面的倾角；平面在另外两个投影面上的投影均为缩小了的原平面的类似形平面。

根据投影面垂直面的投影特性，可判别平面与投影面的相对位置，即“两框一斜线，定是垂直面；斜线在哪面，垂直哪个面。”

③一般位置平面。与三个投影面均倾斜的平面称为一般位置平面。它的投影特性是：平面倾斜于投影面，则三个投影既没有积聚性，也不反映实形，而是原平面图形的类似形。

根据一般位置平面的投影特性，可判别平面与投影面的相对位置，即“三个投影三个框，定是一般位置面。”

4. 基本体的投影

几何体分为平面体和曲面体两大类。表面由若干平面围成的立体称为平面体，如棱柱体、棱锥体等。表面由曲面或平面与曲面围成的立体称为曲面体，如圆柱体、圆锥体等。

(1) 平面体的投影。

平面体的每一个表面均为平面多边形，故作平面体的投影，就是作出组成平面体的各平面多边形的投影，然后判断可见性，把可见部分画成实线，不可见部分画成虚线。下面以棱柱为例介绍平面体的投影特性。

图 4－5（a）所示的物体是一个三棱柱，它的上下底面为两个全等三角形平面且互相平行；侧面均为四边形，且每相邻两个四边形的公共边都互相平行。现以正三棱柱为例进行分析，如图 4－5（b）、（c）所示。

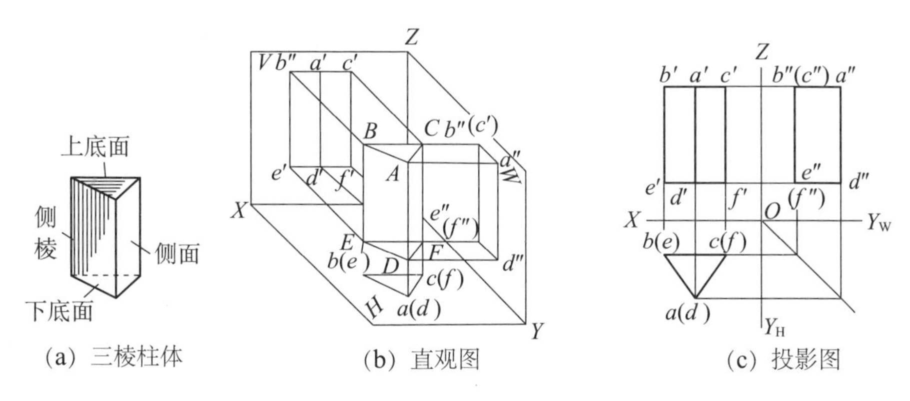

(a) 三棱柱体　　(b) 直观图　　(c) 投影图

图 4-5　正三棱柱体的投影

三棱柱的放置位置：上下底面为水平面，左前、右前侧面为铅垂面，后侧面为正平面。

在水平面上，正三棱柱的投影为一个三角形线框，该线框为上下底面投影的重合，且反映实形。三条边分别是三个侧面的积聚投影。三个顶点分别为三条侧棱的积聚投影。

在正立面上，正三棱柱的投影为两个并排的矩形线框，分别是左右两个侧面的投影。两个矩形的外围（即轮廓矩形）是左右侧面与后侧面投影的重合。三条铅垂线是三条侧棱的投影，并反映实长。两条水平线是上下底面的积聚投影。

在侧立面上，正三棱柱的投影为一个矩形线框，是左右两个侧面投影的重合。两条铅垂线分别为后侧面的积聚投影及左右侧面的交线的投影。两条水平线是上下底面的积聚投影。

综上所述，可得出棱柱的三面投影特性为：在一个投影面上是多边形，在另两个投影面上分别是一个或者是若干个矩形。

通过这一例子的分析，关于平面体的投影特点可总结出以下几点：

①求平面体的投影，实质上就是求点、直线和平面的投影。

②投影图中的线段可以仅表示侧棱的投影，也可能是侧面的积聚投影。

③投影图中线段的交点，可以仅表示为一点的投影，也可能是侧棱的积聚投影。

④投影图中的线框代表的是一个平面。

⑤当向某投影面作投影时，凡看得见的侧棱用实线表示，看不见的侧棱用虚线表示，当两条侧棱的投影重合时，仍用实线表示。

（2）曲面体的投影。

曲面体是由若干个曲面或曲面与平面组成的，而所有的曲面都是由母线绕某一轴线旋转而成的（如表 4-1 所示）。因此作曲面体的投影图，就是作组成曲面体的外轮廓线和平面的投影。下面将以圆柱体为例介绍曲面体的投影特性。

表 4-1　　曲面体的组成方式

圆柱体	圆锥体	球体
顶面 O A 素线 母线 圆柱面 旋转轴 O_1 A_1 底面	旋转轴 S 素线 母线 N O	旋转轴 素线 母线

图 4-6（a）所示是一个正圆柱体，它的上下底面是两个相互平行且相等的圆，侧面是一直线 AA_1 绕中心轴旋转一周而成的曲面。它在三面投影体系中形成的三个投影如图 4-6（b）所示。

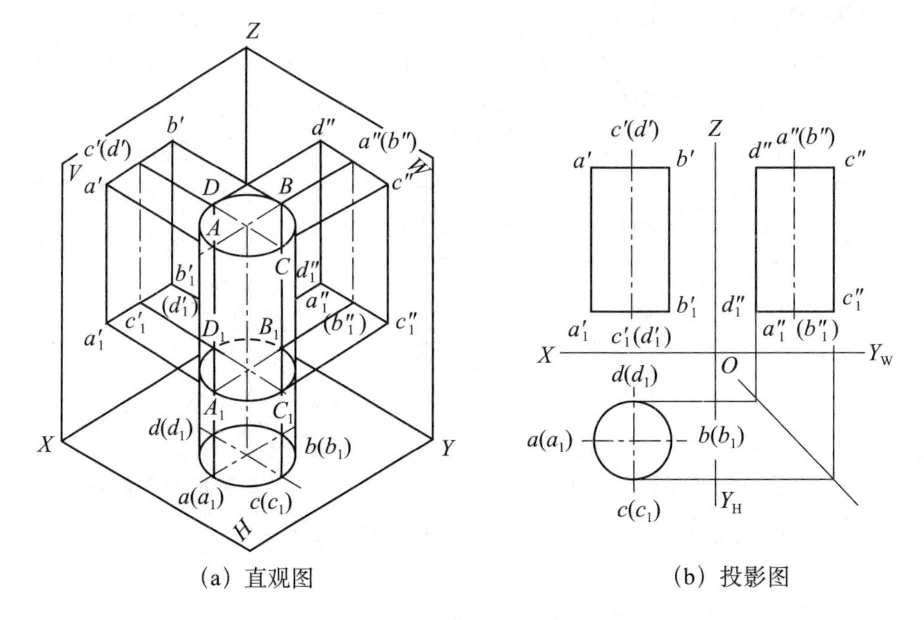

图 4-6　圆柱体的投影

在水平面上，圆柱体的投影是一个圆，它是上下底面投影的重合，反映实形。圆心是轴线的积聚投影，圆周是整个圆柱面的积聚投影。

在正立面上，圆柱体的投影是一个矩形线框，是看得见的前半个圆柱面和看不见的后半个圆柱面投影的重合，矩形的高等于圆柱体的高，矩形的宽等于圆柱体的直径。$a'b'$、$a_1'b_1'$是圆柱上下底面的积聚投影。$a'a_1'$、$b'b_1'$是圆柱最左、最右轮廓素线的投影，最前、最后轮廓素线的投影与轴线重合且不是轮廓线，所以仍然用细单点长画线画出。

在侧立面上，圆柱体的投影是与正立面上的投影完全相同的矩形线框，是看得见的左半个圆柱面和看不见的右半个圆柱面投影的重合，矩形的高等于圆柱体的高，矩形的宽等于圆住体的直径。$d''c''$、$d''_1c''_1$是上下两底面的积聚投影。$c''c''$、$d''_1d''_1$是圆柱最前、最后的轮廓素线的投影，最左、最右轮廓素线的投影与轴线重合且不是轮廓线，所以仍然用细单点长画线画出。轴线的投影用细单点长画线画出。

综合以上分析，得到圆柱体的投影特性是：圆柱的三面投影，一个投影是圆，另外两个投影为全等的矩形。

以此类推，用同样的方法可以分析圆锥体和球体的投影特性。

5. 组合体的投影

(1) 组合体的组合形式。

任何一个组合体都是由若干个基本体组合而成的，按其组合方式可以分为叠加式、切割式和综合式三种。

图 4－7 (a) 所示是由两个大小不同的长方体叠加而成的，属于叠加型。图 4－7 (b) 所示是由一个长方体的上表面挖去一个小长方体后剩下的部分形成的，属于切割型。而常见的组合形式是既有叠加又有切割的综合型，如图 4－7 (c)所示。

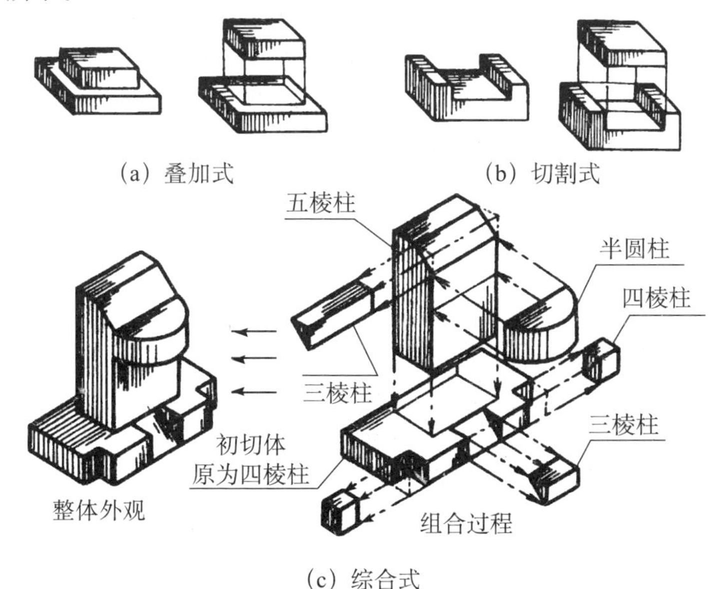

图 4－7　组合体的组合方式

(2) 组合体投影图的画法。

作组合体的投影图时，要将组合体分解成若干个基本形体，分析这些基本形体的组合形式、彼此间的连接关系及相互位置关系，最后根据分析逐一解决基本体的画图和读图问题，从而作出组合体的投影图。下面将以图 4－8 所示图形为例介绍组合体投影图的画法。

步骤 1：分析图形。图 4－8 所示台阶直观图可看作是由三块四棱柱体的踏步板按大小从下而上的顺序叠放，两块五棱柱体的栏板紧靠在踏步板的左右两侧叠加而成的。

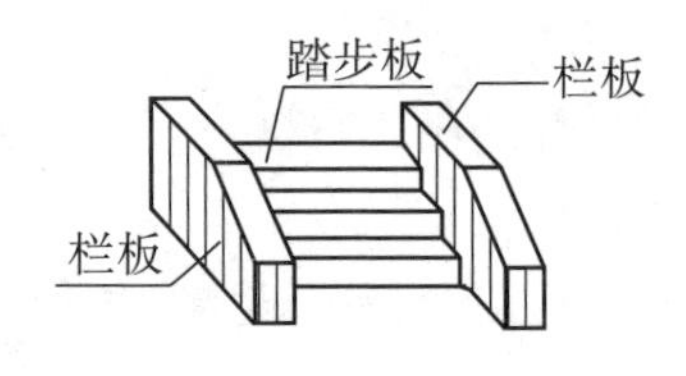

图 4－8　台阶直观图

步骤 2：正立投影图的选择。正确选择正立投影图，就是要解决好组合体如何放置以及从哪个方向投射的问题。通常选择能将组合体各组成部分的形状与相对位置明显地反映出来的方向作为投射方向，并按生活习惯放置，使其表面能较多地处于特殊位置，还要兼顾其他两个视图的表达，尽可能减少图中的虚线。正立投影图选定后，另外两个投影图也就随之而定了。图 4－8 所示台阶应平放，箭头所示方向为正面投影方向，这样符合日常生活中人们对台阶的习惯使用，并且把主要平面放置成了投影面平行面。

步骤 3：选择合适的比例图幅。根据形体大小所占位置，选择合适的比例、图幅。为了作图和读图方便，最好采用 1∶1 的比例。若无法按实际大小作图，必须选择适当比例。当比例确定后，应进一步根据投影图所需要的面积，合理选择图纸幅面。

步骤 4：布置投影图。首先画出图框、标题栏框，确定可以画图的界限。然后大致摆放三个投影图的位置，同时要留出标注尺寸的位置，布图要匀称。

步骤 5：画底图并按规定的线型加深图线。按照形体分析的结果使用绘图工具画每一个基本形体。画每一个基本形体时，先画出它最具形状特征的投影，后画其他投影。注意每一部分的三面投影须符合投影规律，先画主要部分的投影，再画次要部分的投影。组合体实际是一个不可分割的整体，形体分析仅仅是一种假设，所以要注意它们彼此间表面的连接关系。

6. 尺寸标注

图纸上的图形只能表示物体的形状，而物体各部分的具体位置和大小必须由图上标注的尺寸来确定，并以此作为施工的依据。因此，在绘图时必须保证所注尺寸要完整、准确和清楚。

(1) 尺寸组成。

尺寸由尺寸界线、尺寸线、尺寸起止符号和尺寸数字组成。

①尺寸界线。用来限定所注尺寸的范围，用细实线绘制，一般应与被注长度垂直，其一端离开图样轮廓线不小于 2mm，另一端宜超出尺寸线 2～3mm。图样轮廓线可用作尺寸界线。

②尺寸线。用来表示尺寸的方向，用细实线绘制，并与被注长度平行。图样本身的任何图线均不得用作尺寸线。

③尺寸起止符号。用来表示尺寸的起止位置，一般用中粗斜短线绘制，其倾斜方向与尺寸界线成顺时针 45°，长度宜为 2～3mm。半径、直径、角度及弧长的尺寸起止符号宜用箭头表示。

④尺寸数字。表示物体的实际大小，与采用的比例无关。尺寸数字的方向应按图 4－9（a）所示的规定注写。水平方向的数字注写在尺寸线的上方中部，字的头部朝正上方；竖直方向的数字注写在竖直尺寸线的左方中部，字的头部朝左，如图 4－9（c）所示。如果尺寸数字在 30°斜线内，宜按图 4－9（b）的形式注写。

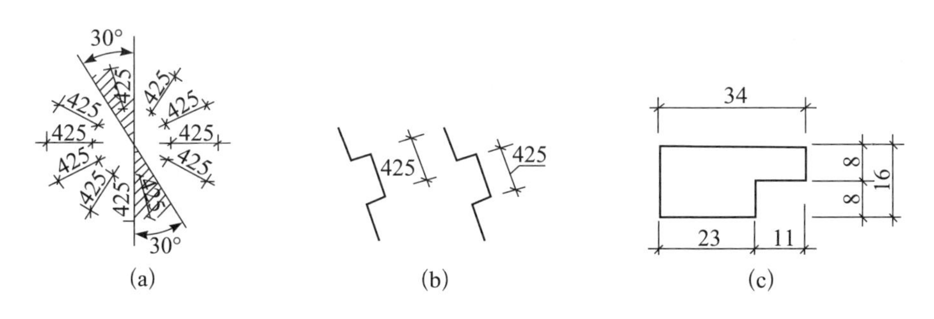

图 4－9　尺寸数字的注写方向

(2) 常见尺寸的标注。

在实际绘图过程中，尺寸标注的形式很多，常见的有以下几种。

①直径的标注。标注圆的直径尺寸时，直径数字前应加直径符号“ϕ”。在圆内标注的尺寸线应通过圆心，两端画箭头指至圆弧。较小圆的直径尺寸可标注在圆外，如图 4－10 所示。

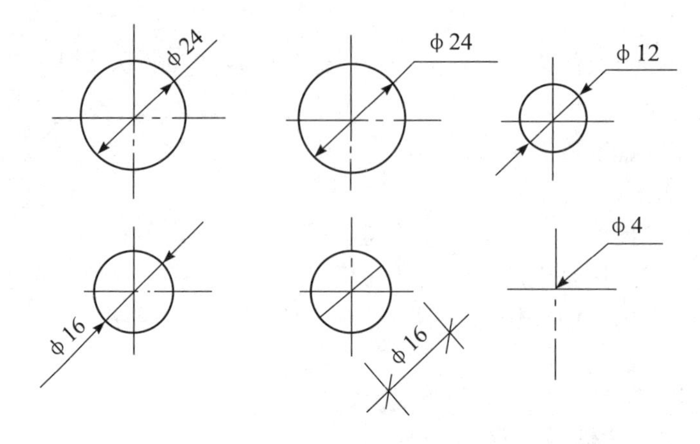

图 4-10　小圆直径的标注方法

②半径的标注。半径的尺寸线应一端从圆心开始，另一端画箭头指向圆弧。半径数字前应加注半径符号“*R*”。较小圆弧的半径可按图 4-11 所示的形式标注；较大圆弧的半径可按图 4-12 所示的形式标注。

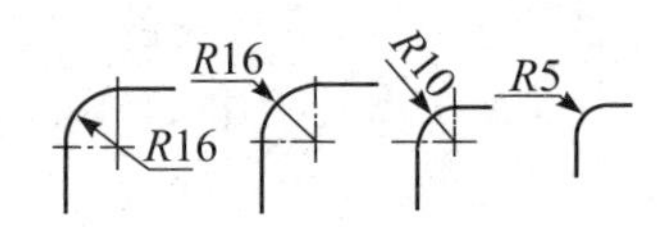

图 4-11　小圆弧半径的标注方法

图 4-12　大圆弧半径的标注方法

③角度的标注。角度的尺寸线以圆弧表示。该圆弧的圆心是该角的顶点，角的两条边为尺寸界线。起止符号用箭头表示，如没有足够位置画箭头，可用圆点代替，角度数字按水平方向注写。

④对称尺寸的标注。对称图形如只画出一半或略大于一半时，尺寸线应略超过对称符号，仅在尺寸线的一端画尺寸起止符号，尺寸数字按整体全尺寸注写，其注写位置宜与对称符号对齐。

(3) 组合体的尺寸标注。

尺寸种类包括定形尺寸、定位尺寸和总尺寸三种。所谓定形尺寸就是确定组合体中基本体自身大小的尺寸，而定位尺寸是确定各基本体之间相对位置的尺寸，总尺寸则是确定组合体总长、总宽和总高的外包尺寸。

对于组合体，在标注定位尺寸时，须在长、宽、高三个方向分别选定尺寸基准，然后分别标注出定形尺寸、定位尺寸和总尺寸。并且在标注定形尺寸时要按照从小到大的顺序进行标注。

4.1.2　绘制图形

图 4-13 所示主动红外探测器由 4 部分构成，分别为：1—曲面体型外壳，

2—外壳上挖去一个长方体后剩下的凹槽部分，3—与 2 相类似的红外线感应部位，4—长方体型商标。下面将分别介绍绘制这一实物的主视图和侧视图的画法及步骤。

图 4－13　主动红外探测器实物图

1. 绘制主视图

步骤 1：绘制曲面体型外壳，如图 4－14（a）所示。

步骤 2：绘制红外线感应部位，如图 4－14（b）所示。

步骤 3：绘制感应部位上下 4 个凹槽部分，如图 4－14（c）所示。

步骤 4：绘制商标，如图 4－14（d）所示。

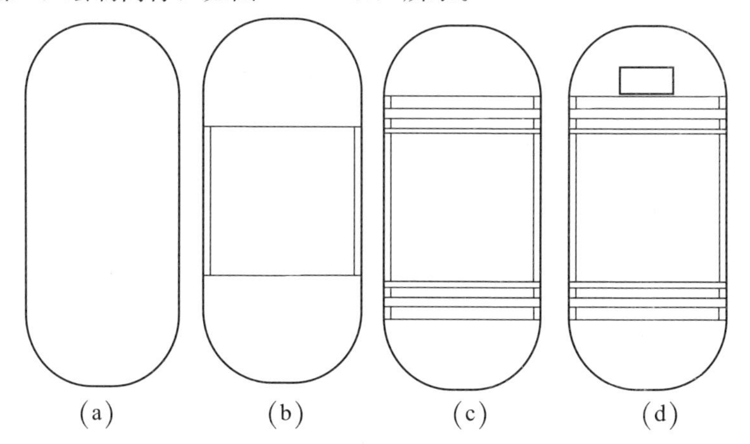

图 4－14　主动红外探测器主视图

2. 绘制侧视图

步骤 1：绘制曲面体型外壳，如图 4－15（a）所示。

步骤 2：绘制红外线感应部位，如图 4－15（b）所示。

步骤 3：绘制感应部位上下 4 个凹槽部分，如图 4－15（c）所示。

步骤 4：绘制商标，如图 4－15（d）所示。

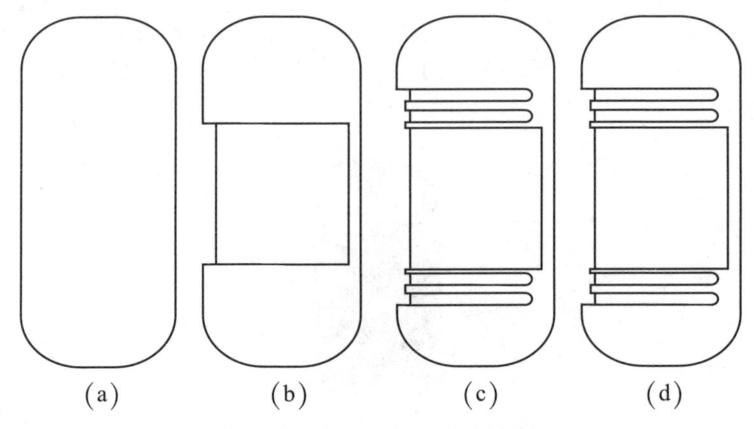

图 4-15　主动红外探测器侧视图

3. 标注尺寸

步骤 1：标注定型尺寸。

步骤 2：标注定位尺寸。

步骤 3：标注总长和总高。

如图 4-16 所示。

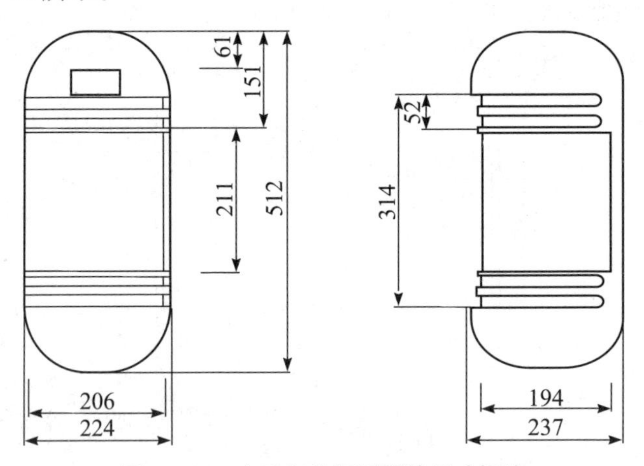

图 4-16　主动红外探测器的尺寸标注

任务 2　绘制被动红外探测器外型图

4.2.1　相关知识点

1. 组合体的投影

相关知识点见 4.1.1 节。

2. 尺寸标注

相关知识点见 4.1.1 节。

4.2.2　绘制图形

图 4－17 所示被动红外探测器由 4 部分构成，分别为：1—曲面体型外壳，2—长方体型孔洞，3—外壳上挖去一个长方体后剩下的凹槽红外线感应部位，4—长方体型后盖。其中，后盖被曲面体型外壳所遮盖。下面将分别介绍绘制这一实物的主视图和侧视图的画法及步骤。

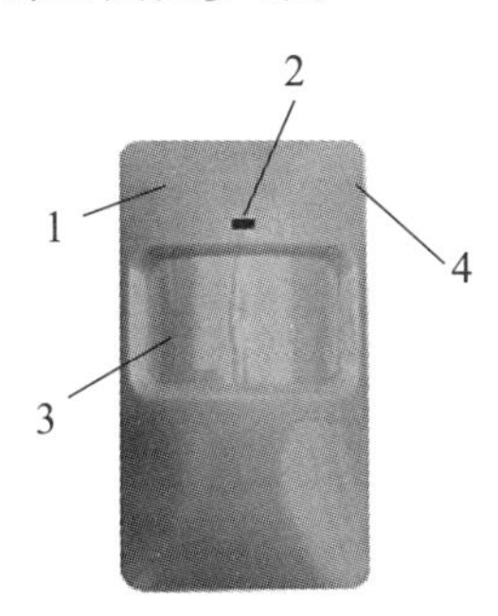

图 4－17　被动红外探测器实物图

1. 绘制主视图

步骤 1：绘制曲面体型外壳和后盖，如图 4－18（a）所示。

步骤 2：绘制长方体型孔洞，如图 4－18（b）所示。

步骤 3：绘制红外线感应部位，如图 4－18（c）所示。

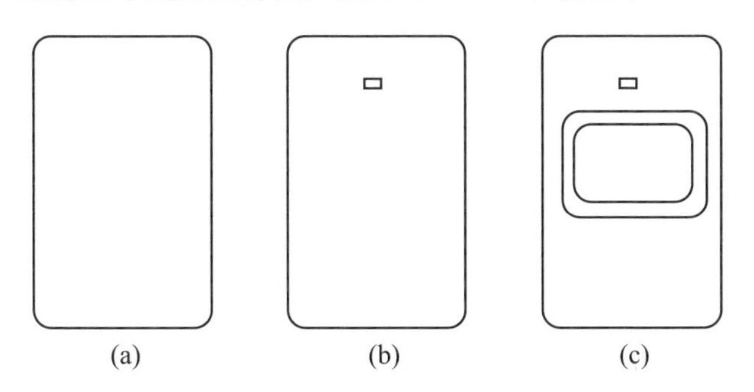

图 4－18　被动红外探测器主视图

2. 绘制侧视图

步骤 1：绘制曲面体型外壳，如图 4－19（a）所示。

步骤 2：绘制长方体型孔洞，如图 4－19（b）所示。

步骤 3：绘制红外线感应部位，如图 4－19（c）所示。

步骤 4：绘制后盖，如图 4－19（d）所示。

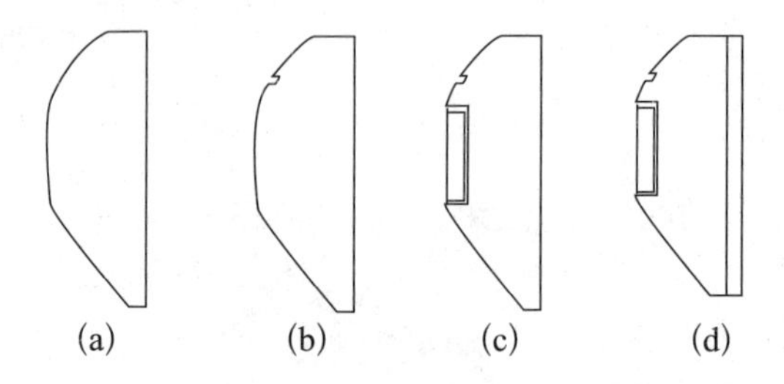

图 4－19　被动红外探测器侧视图

3. 标注尺寸

步骤 1：标注定型尺寸。

步骤 2：标注定位尺寸。

步骤 3：标注总长和总高。

如图 4－20 所示。

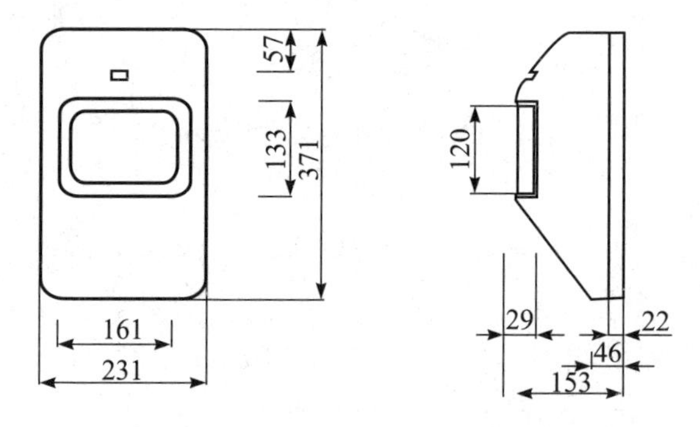

图 4－20　被动红外探测器的尺寸标注

情境 5　绘制摄像机安装图

学习重点：

1. 剖视图的画法。
2. 螺栓连接。
3. 绘制摄像机安装图。

任务 1　绘制室外摄像机安装示意图

5.1.1　相关知识点

剖视图的画法

在三面正投影图中，物体上可见的轮廓线用粗实线表示，不可见的轮廓线用虚线表示。但当物体的内部构造较复杂时，必然形成图形中的虚实线重叠交错，混淆不清，无法表示清楚物体的内部构造，既不便于标注尺寸，又不易识图，必须设法减少和消除投影图中的虚线。在工程图中，常采用剖视的方法解决这一问题。

为了能清晰地表达物体的内部构造，假想用一个垂直于投影方向的平面（即剖切平面）将物体剖开，并移去剖切平面和观察者之间的部分，然后对剖切平面后面的部分进行投影，这种方法称为剖视，如图 5－1（a）所示。

用剖视方法画出的正投影图称为剖视图。剖视图按其表达的内容可分为剖面图和断面图，如图 5－1（b）、（c）所示。

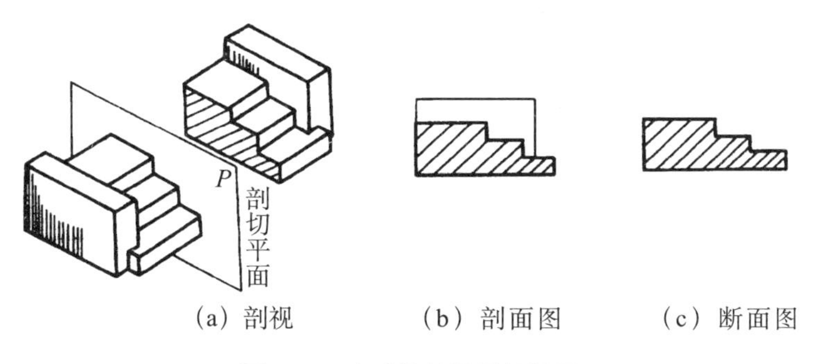

（a）剖视　　（b）剖面图　　（c）断面图

图 5－1　台阶的剖视及剖视图

（1）确定剖切平面位置。

画剖面图时应选择适当的剖切平面位置，使剖切后画出的图形能确切、全面地反映所要表达部分的真实形状。所以，选择的剖切平面应平行于投影面，并且一般应通过物体的对称平面或孔的轴线。

（2）画剖面图。

剖面图是按剖切位置移去物体在剖切平面和观察者之间的部分，根据留下的部分画出的投影图。但因为剖切是假想的，所以画其他投影图时，仍应按剖切前的完整物体来画，不受剖切的影响。

剖面图除应画出剖切平面切到部分的图形外，还应画出沿投影方向看到的部分。被剖切平面切到部分的轮廓线用粗实线绘制；剖切平面没有切到，但沿投影方向可以看到的部分用中实线绘制。

物体被剖切后，剖面图上仍可能有不可见部分的虚线存在，为了使图形清晰易读，应省略不必要的虚线。

（3）画材料图例。

剖面图中被剖切到的部分，应画出它的组成材料的剖面图例，以区分剖切到和没有剖切到的部分，同时表明是用什么材料做成的。

材料图例按国家标准规定，表 5-1 为标准规定的常用材料图例。

表 5-1　常用建筑材料图例

序号	名称	图例	说明	序号	名称	图例	说明
1	自然土壤		包括各种自然土壤	2	夯实土壤		
3	砂、灰土		靠近轮廓线绘较密的点	4	空心砖		指非承重砖砌体
5	饰面砖		包括铺地砖、马赛克、陶瓷锦砖、人造大理石等	6	混凝土		本图例是指能承重的混凝土及钢筋混凝土
7	砂砾石碎砖三合土			8	钢筋混凝土		(1)包括各种强度等级、骨料、添加剂的混凝土。(2)在剖面图上画出钢筋时不画图例线。(3)断面图形小，不易画出图例线时，可涂黑

（续表）

序号	名称	图例	说明	序号	名称	图例	说明
9	石材	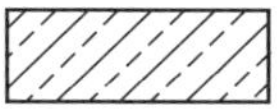		10	焦渣矿渣	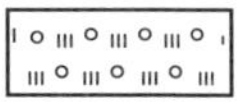	包括与水泥、石灰等混合而成的材料
11	毛石	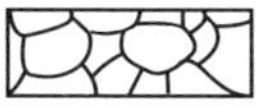		12	多孔材料	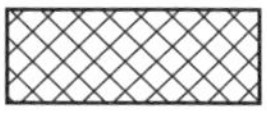	包括水泥珍珠岩、沥青珍珠岩、泡沫混凝土、非承重加气混凝土、蛭石制品、软木等
13	普通砖	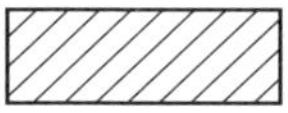	包括实心砖、多孔砖、砌块等。砌体、断面较窄，不易绘出图例线时，可涂线	14	纤维材料	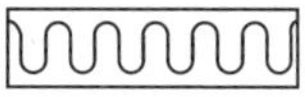	包括麻丝、玻璃棉、矿渣棉、林丝板、纤维板等
15	耐火砖	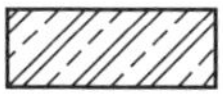	包括耐酸砖等砌体	16	泡沫塑料材料	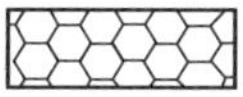	包括聚苯乙烯、聚乙烯、聚氨酯等多孔聚合物类材料
17	木材		上图为横断面、左上图为垫木、木砖或木龙骨，下图为纵断面	18	玻璃		包括平板玻璃、磨砂玻璃、夹丝玻璃、钢化玻璃等
19	胶合板		应注明 X 层胶合板	20	橡胶		
21	石膏板	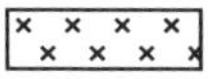	包括圆孔、方孔石膏板、防水石膏板等	22	塑料		包括各种软、硬塑料及有机玻璃等
23	金属	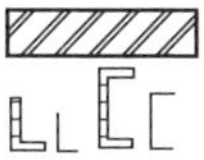	包括各种金属。图形小时可涂黑	24	防水材料		构造层次多或比例较大时，采用本图例

（续表）

序号	名称	图例	说明	序号	名称	图例	说明
25	网状材料		包括金属、塑料网状材料。应注明具体材料名称	26	粉刷		本图例采用较稀的点
27	液体		应注明具体液体名称				

在图上没有注明物体是何种材料时，应在相应位置画出同向、等间距的45°倾斜细实线，即剖面线。

（4）剖面图的标注。

①剖切符号。剖面图本身不能反映剖切平面的位置，在其他投影图上必须标注出剖切平面的位置及剖切形式。剖切平面的位置及投影方向用剖切符号表示。

剖切符号由剖切位置线及剖视方向线组成，这两种线均用粗实线绘制，应尽量不穿越图形。

剖切位置线的长度一般为6～10mm，剖视方向线应垂直于剖切位置线，长度一般为4～6mm，并在剖视方向用阿拉伯数字或拉丁字母注写剖切符号的编号，如图5－2（a）中的1－1、2－2。

②剖面图的图名注写。剖面图的图名是以剖面的编号来命名的，它应注写在剖面图的下方，如图5－2（b）、（c）中的1－1剖面图、2－2剖面图所示。

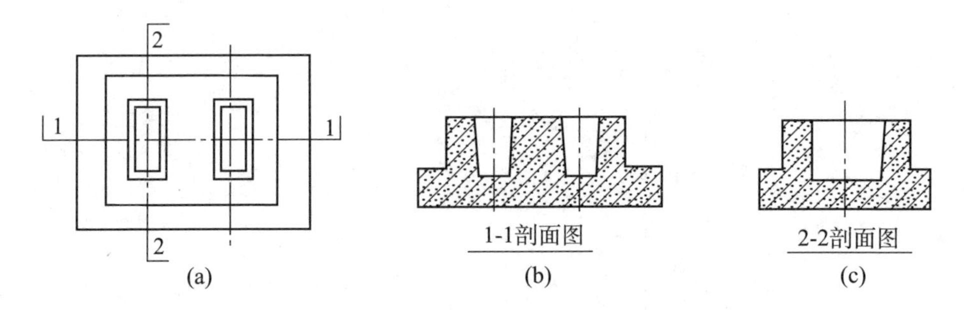

图5－2　剖面图的标注

5.1.2 绘制图形

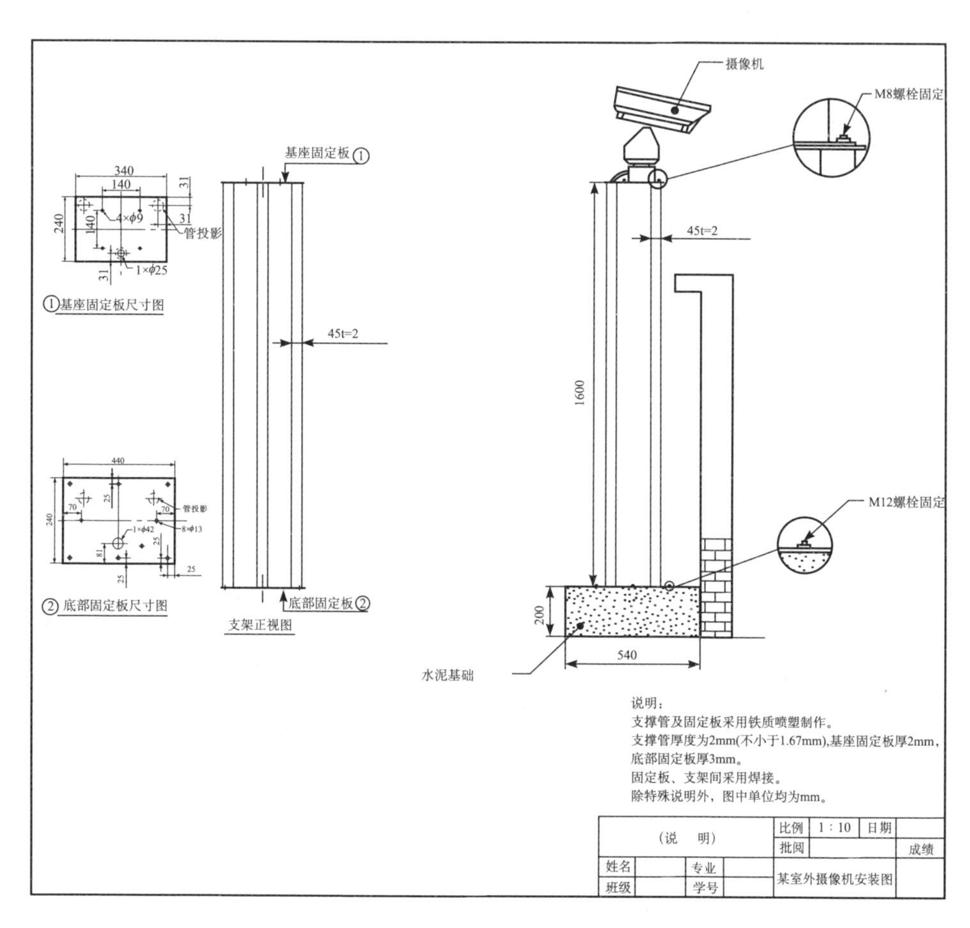

图 5－3　某室外摄像机安装图

1. 绘制支架正视图

步骤 1：新建文件。单击工具栏中的“新建”按钮，弹出“选择样板”对话框，选择“情境二”中所建立的样板文件之一“A2.dwt”，单击“打开”按钮即可。

步骤 2：确定绘图比例。根据图样的最大尺寸确定绘图比例为 1∶10。单击“修改”工具栏中的“缩放”按钮，选择对象为图框和标题栏，比例因子为 10。再分别打开“标注样式”和“文字样式”对话框，将其中的全局比例因子设为 10，至此可按图样实际尺寸 1∶1 进行绘图。

步骤 3：设置图层。在“图层特性管理器”右边的列表中选择“粗线”图层为当前图层。

步骤 4：按图 5－4 所示，使用“直线”、“移动”和“复制”等命令绘制支架正视图。

2. 绘制基座固定板尺寸图

步骤 1：绘制基座固定板轮廓线。单击“绘图”工具栏中的“矩形”按钮，指定左下角点后，另一对角点的尺寸为（340，240）。

步骤 2：绘制对称中心线。在“图层特性管理器”右边的列表中选择“细点划线”图层为当前图层。使用“直线”命令分别从轮廓线的中点绘制两条对称中心线。

步骤 3：绘制通孔。按图 5－5 所示，绘制 4 个直径为 ϕ 9mm的通孔和 1 个直径为 ϕ 25mm的通孔，并画出回转中心线。

步骤 4：绘制管投影。在“图层特性管理器”右边的列表中选择“虚线”图层为当前图层。按图 5－5 所示，绘制 3 个管投影，并画出回转中心线。

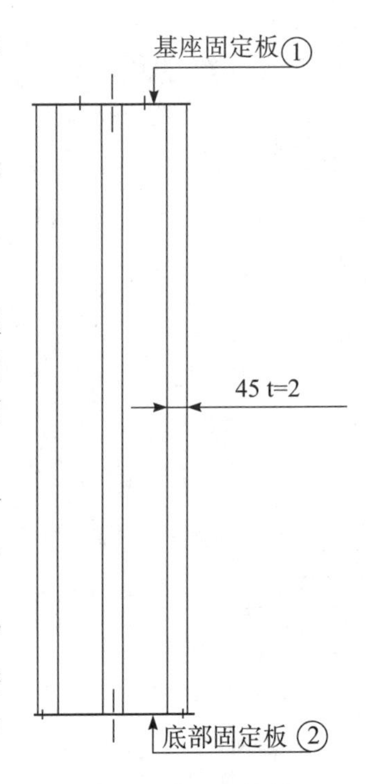

图 5－4 支架正视图

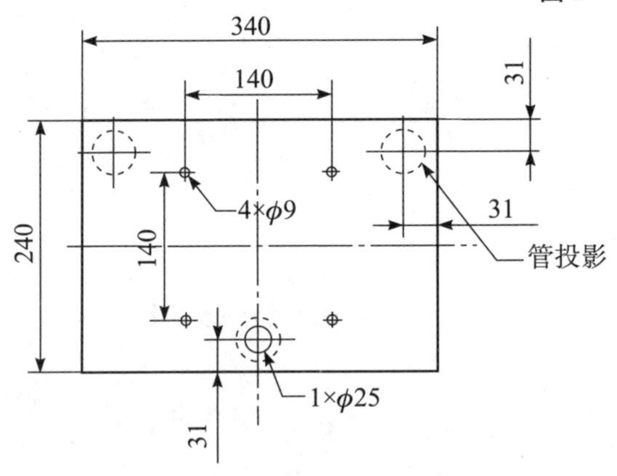

图 5－5 基座固定板尺寸图

3. 绘制底部固定板尺寸图

步骤 1：绘制底部固定板轮廓线。单击“绘图”工具栏中的“矩形”按钮，指定左下角点后，另一对角点的尺寸为（440，340）。

步骤 2：绘制对称中心线。在“图层特性管理器”右边的列表中选择“细点划线”图层为当前图层。使用“直线”命令分别从轮廓线的中点绘制两条对称中心线。

步骤 3：绘制通孔。按图 5－6 所示，绘制 8 个直径为 ϕ 13mm的通孔和 1 个直径为 ϕ 42mm的通孔，并画出回转中心线。

步骤 4：绘制管投影。在“图层特性管理器”右边的列表中选择“虚线”图层为当前图层。按图 5－6 所示，绘制 3 个管投影，并画出回转中心线。

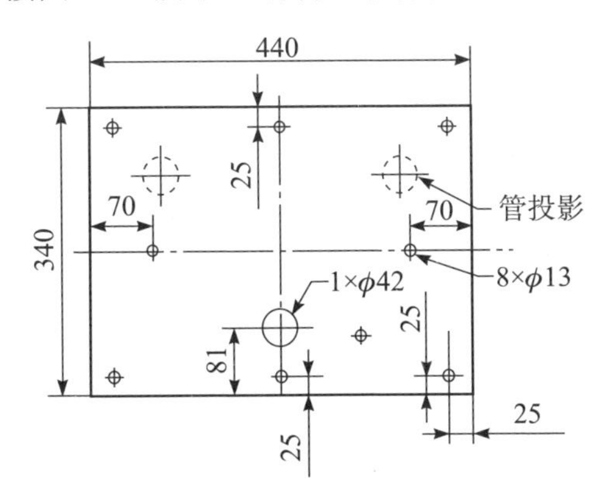

图 5－6 底部固定板尺寸图

4. 绘制室外摄像机安装图

步骤 1：绘制墙体和水泥基础。单击“绘图”工具栏中的“矩形”按钮，指定左下角点后，另一对角点的尺寸为（540，200），此轮廓为水泥基础。再按图5－7所示绘制墙体。

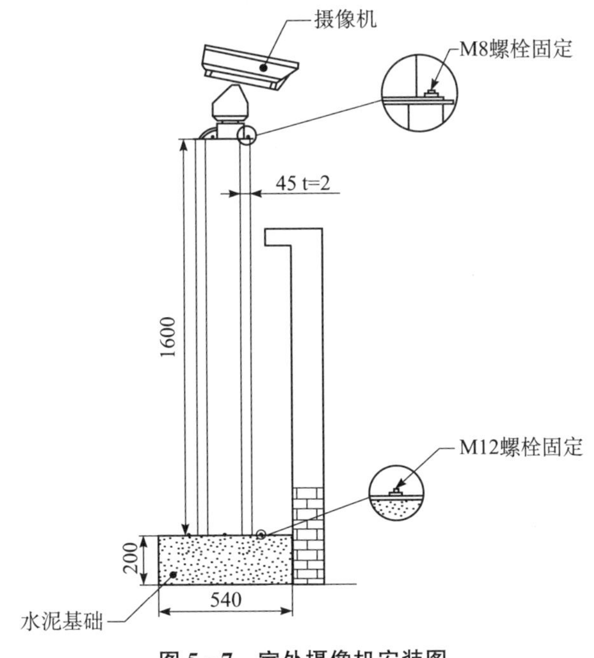

图 5－7 室外摄像机安装图

步骤 2：绘制支架。按图 5－7 所示，并结合支架正视图绘制支架。

步骤 3：插入摄像机。单击“插入块”按钮，弹出“插入”对话框，在“名称”下拉列表中选择相应摄像机，单击“确定”按钮即可，如图5－7所示。

步骤 4：绘制螺栓。按图 5－7 所示，分别绘制 M8 螺栓和 M12 螺栓，并绘制其相应放大图样。

5. 标注尺寸与编辑文本

步骤 1：标注尺寸。在“图层特性管理器”右边的列表中选择“尺寸线”图层为当前图层。按图 5－8 所示标注尺寸。

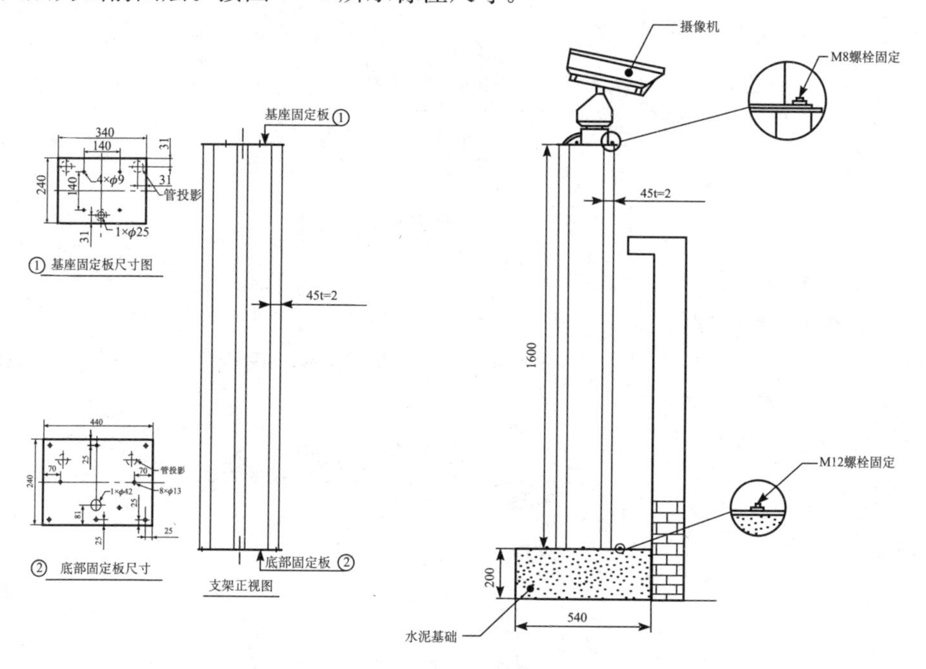

图 5－8　室外摄像机安装尺寸标注

步骤 2：编辑文字说明。单击“多行文字”按钮A，在绘图区域内选取合适区域输入相应文字说明。如图 5－9 所示。

说明：
支撑管及固定板采用铁质喷塑制作。
支撑管厚度为2mm(不小于1.67mm),基座固定板厚2mm，
底部固定板厚3mm。
固定板、支架间采用焊接。
除特殊说明外，图中单位均为mm。

图 5－9　文字说明

任务2　绘制超长焦距摄像机安装图

5.2.1　相关知识点

1.〔标注样式〕工具

标注样式控制着标注的格式和外观。通常情况下，AutoCAD 使用当前的标注样式来创建标注。如果没有指定当前样式，AutoCAD 将使用默认的 STANDARD 样式来创建标注。通过对标注样式的设置，可以对标注的尺寸界线、尺寸线、箭头、中心标记或中心线，以及标注文字的内容和外观等进行修改。

在"标注"工具栏上单击"标注样式"按钮，或执行"标注"|"样式"命令，或在命令行输入"DIMSTYLE"后按 Enter 键，都可打开"标注样式管理器"对话框，如图5－10所示。

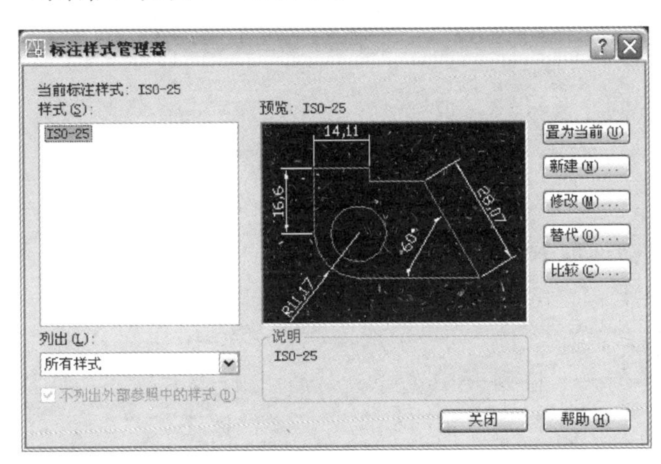

图5－10　"标注样式管理器"对话框

下面对该对话框中的部分选项进行介绍。

● 当前标注样式：显示当前标注样式的名称。图5－10中显示的当前标注样式的名称是 ISO-25。

● 样式：在该列表框中显示已创建的标注样式的名称。用户可在该列表框中选择要使用的标注样式。

● 列出：该选项可以控制"样式"列表框中显示的标注样式。在该下拉列表中可以选择"所有样式"或"正在使用的样式"选项来控制"样式"列表框中列出的标注样式。

● 如果选中“不列出外部参照中的样式”复选框，AutoCAD 则不允许使用外部参照构造标注样式。

● 预览：在该预览窗口内，对选中的标注样式的格式和外观进行预览，并可预览当前设置下的标注效果。

● 说明：对所选标注样式进行说明。

● 置为当前：在“样式”列表框中选择一种样式后，单击该按钮可将选择的标注样式置为当前样式。

有关该对话框中的“新建”、“修改”、“替代”和“比较”按钮的设置将在下面分别做详细介绍。

创建新标注样式

在“标注样式管理器”对话框中单击“新建”按钮，即可打开“创建新标注样式”对话框，如图 5－11 所示。

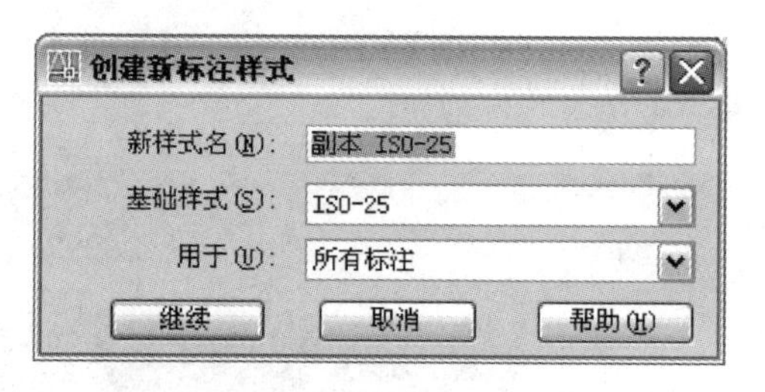

图 5－11 “创建新标注样式”对话框

下面对该对话框中的选项进行介绍。

● 新样式名：在该文本框中输入新样式的名字。

● 基础样式：在该下拉列表中选择一种样式用作基础样式。

● 用于：在该下拉列表中选择新建样式的适用范围，其范围选项包括“所有标注”、“线性标注”、“角度标注”、“半径标注”、“直径标注”、“坐标标注”和“引线与公差”。

在“创建新标注样式”对话框中确定新样式的名称后，可单击“继续”按钮，即可打开“新建标注样式”对话框，如图 5－12 所示。

该对话框中共包括“直线”、“符号和箭头”、“文字”、“调整”、“主单位”、“换算单位”和“公差”6 个选项卡。

下面将对各个选项卡中的选项设置作详细介绍。

(1)“直线和箭头”选项卡。

“直线与符号和箭头”选项卡。选项卡用来设置尺寸线、尺寸界线、箭头和中心标记的格式及属性。下面将介绍各选项的功能及设置。

①尺寸线。该选项区域用来设置尺寸线的格式。

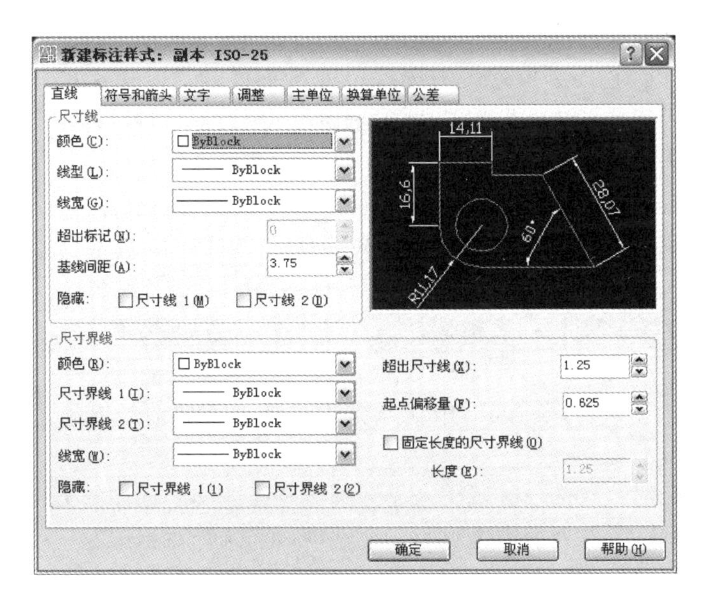

图 5－12　“新建标注样式”对话框

● 颜色：该下拉列表框用来设置尺寸线和箭头的颜色。在下拉列表中选择一种颜色，或单击“选择颜色”按钮，在弹出的“选择颜色”对话框中选择需要的颜色。

● 线宽：该下拉列表框用来设置尺寸线的宽度。在下拉列表中选择合适的线宽值即可。

● 超出标记：当尺寸箭头使用倾斜、建筑标记、小点、积分或无标记时，使用该微调框来确定尺寸线超出尺寸界线的长度。

● 基线间距：该微调框用来设置基线标注中各尺寸线之间的距离。在该微调框中输入数值或通过单击上下箭头按钮进行设置。

● 隐藏：该选项用来控制是否省略第一段、第二段尺寸线及相应的箭头。选中“尺寸线 1”复选框，将省略第一段尺寸线及与之相对应的箭头。同样，选中“尺寸线 2”复选框，将省略第二段尺寸线及与之相对应的箭头。

②尺寸界线。该选项区域用来设置尺寸界线的格式。

对于尺寸界线的“颜色”和“线宽”设置与尺寸线的设置相同，在此不再介绍。

● 超出尺寸线：设置尺寸界线超出尺寸线的距离。

● 起点偏移量：设置尺寸界线的实际起始点相对于其定义点的偏移距离。

● 隐藏：该选项用来控制是否省略第一段和第二段尺寸界线。选中“尺寸界线 1”复选框，即可省略第一段尺寸界线；选中“尺寸界线 2”复选框，即可省略第二段尺寸界线。

③符号和箭头。该选项区域用来设置尺寸线两端的箭头样式。

● 第一个：在该下拉列表中选择一种箭头样式，以指定尺寸线一端的箭头样式。如果使尺寸线两端的箭头样式相同，只设置该选项即可。如果使尺寸线两端的箭头样式不相同，可通过“第二个”选项对尺寸线另一端的箭头样式单独进行设置。

● 第二个：在该下拉列表中选择一种箭头样式，以指定尺寸线另一端的箭头样式。

● 引线：在该下拉列表中选择一种箭头样式，以设置引线标注时引线起点的样式。

● 箭头大小：在该微调框中输入数值，或调整数值，以确定尺寸箭头的大小。

④圆心标记。该选项区域用来设置圆或圆弧的圆心标注的类型和大小。

在“类型”下拉列表中提供了三个选项，当选择“标记”选项时，表示对圆或圆弧绘制圆心标记；当选择“直线”选项时，表示对圆或圆弧绘制中心线；当选择“无”选项时，表示没有任何标记。

(2)“文字”选项卡。

在“新建标注样式”对话框中选择“文字”选项卡，如图 5－13 所示。

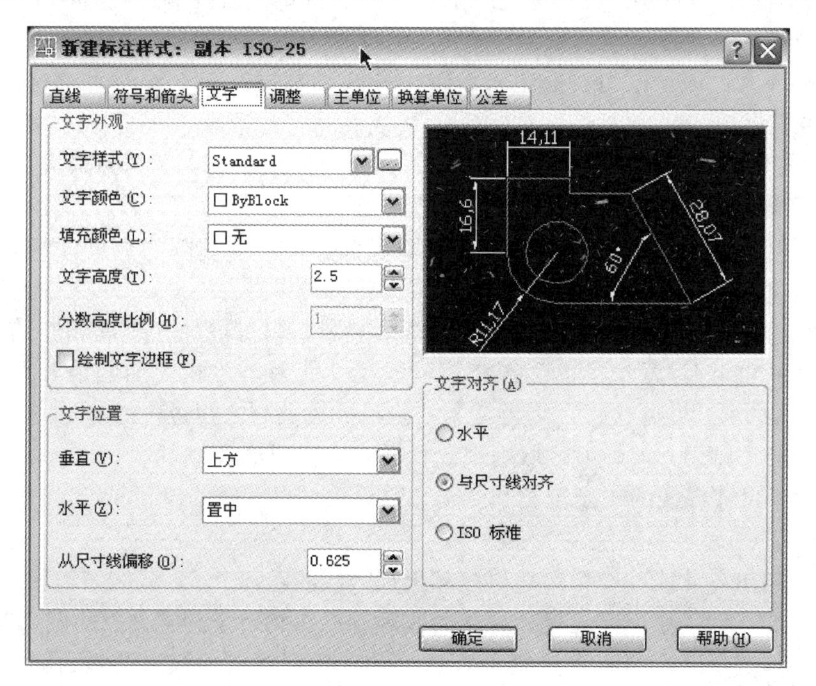

图 5－13 “文字”选项卡

①文字外观。该选项区域用来设置标注文字的格式和大小。

● 文字样式：从该下拉列表中选择一种文字样式，以指定标注文字的样式。也可以单击该选项右边的按钮，从弹出的“文字样式”对话框中进行设置。有关该对话框的选项设置在介绍文字时已详细介绍过，在此不再赘述。

● 文字颜色：从该下拉列表中选择一种颜色，以指定标注文字的颜色。

● 文字高度：在该微调框中输入数值或调整数值，以设置文字的高度。

● 分数高度比例：设置标注文字中的分数相对于其他标注文字的缩放比例。AutoCAD将该比例值与标注文字高度的乘积作为分数的高度。

● 绘制文字边框：选中该复选框，将给标注文字加上边框。

②文字位置。该选项区域用来设置标注文字的位置。

● 垂直：控制标注文字相对于尺寸线在垂直方向上的放置方式。该下拉列表中共提供了“置中”、“上方”、“外部”和“JIS”这4个选项，用户可从中选择。当选择“置中’选项时，AutoCAD将标注文字放在尺寸线的中间；当选择“上方”选项时，AutoCAD将标注文字放在尺寸线的上方；当选择“外部”选项时，AutoCAD将标注文字放在远离第一定义点的尺寸线的外侧；当选择“JIS”选项时，AutoCAD将标注文字按“JIS”规则放置。选择不同放置方式的效果。

● 水平：控制标注文字相对于尺寸线和尺寸界线在水平方向上的位置。该下拉列表提供了“置中”、“第一条尺寸界线”、“第二条尺寸界线”、“第一条尺寸界线上方”和“第二条尺寸界线上方”选项。

● 从尺寸线偏移：控制标注文字与尺寸线之间的间隙。

③文字对齐。该选项区域用来设置标注文字的对齐方式。当选择“水平”单选按钮时，标注文字水平放置；当选择“与尺寸线对齐”单选按钮时，标注文字方向与尺寸线方向一致；当选择“ISO标准”单选按钮时，标注文字在尺寸界线之内时，标注文字的方向与尺寸线方向一致，而在尺寸界线之外时水平放置。

(3)“调整”选项卡。

在“新建标注样式”对话框中选择“调整”选项卡，如图5-14所示。

该选项卡用来控制标注文字、尺寸线和尺寸箭头等的位置。

①调整选项。如果没有足够的空间同时放置标注文字和箭头时，可通过该选项区域进行调整，以决定先移出标注文字还是箭头。

该选项区域提供了“文字或箭头(最佳效果)”、“箭头”、“文字”、“文字和箭头”和“文字始终保持在尺寸界线之间”5个单选按钮，用户可从中选择。而且还可根据需要选择“若不能放在尺寸界线内，则消除箭头”复选框。

②文字位置。当文字不在默认位置时，用户可通过该选项区域中的选项来

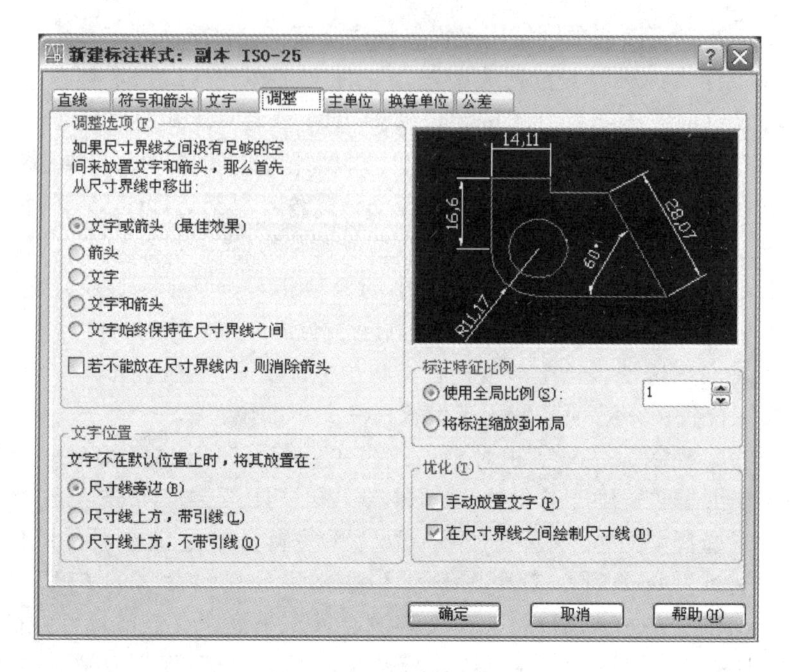

图 5－14 “调整”选项卡

指定文字放置的位置。该选项区域中的选项有“尺寸线旁边”、“尺寸线上方，带引线”和“尺寸线上方，不带引线”。

③标注特征比例。该选项区域用来设置尺寸的缩放关系。

当要给全部尺寸样式设置缩放比例时，可选中“使用全局比例”单选按钮，并在其后的微调框中输入数值或选择数值以设置全局比例值。如果要根据当前模型空间视口与图纸空间之间的缩放关系设置比例，可选中“将标注缩放到布局”单选按钮。

④优化。该选项区域用来对标注尺寸进行附加调整。其附加选项有“手动放置文字”和“在尺寸界线之间绘制尺寸线”。用户可根据需要对其进行选择。

（4）“主单位”选项卡。

“主单位”选项卡用来设置主单位的格式与精度，以及标注文字的前缀和后缀。其选项设置如图 5－15 所示。

①线性标注。该选项区域用来设置线性标注的格式与精度。下面对该选项区域中的选项进行介绍。

● 单位格式：在该下拉列表中可为各个标注类型（角度标注除外）选择尺寸单位。该下拉列表提供“科学”、“小数”、“工程”、“建筑”和“分数”，用户可从中选择。

● 精度：用来指定标注尺寸（除了角度标注尺寸之外）的小数位数。

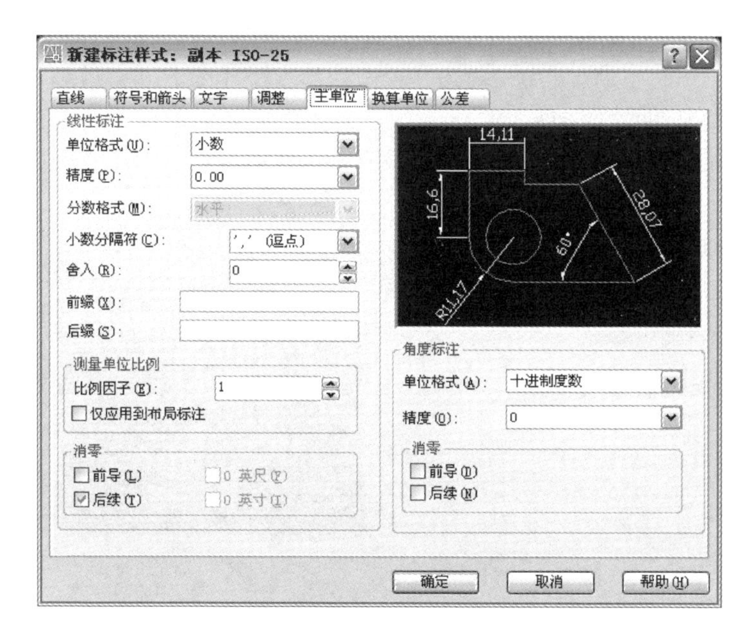

图 5-15　“主单位”选项卡

● 分数格式：当标注单位是分数时，使用该下拉列表框指定分数的标注格式。从其下拉列表中可选择“水平”、“对角”或“非堆叠”选项来指定分数的标注格式。

● 小数分隔符：用来指定小数之间的分隔符类型。用户可在其下拉列表中选择“句点”、“逗点”和“空格”选项来对分隔符进行设置。

● 舍入：设置尺寸测量值（角度尺寸除外）的舍入值。在该微调框中直接输入值或通过右边的上下箭头按钮调整舍入值。

● 前缀：本该文本框中输入标注文字的前缀。

● 后缀：在该文本框中输入标注文字的后缀。

②测量单位比例。在该选项区域中的“比例因子”微调框中输入测量尺寸的缩放比例值。如果要将设置的比例关系仅适用于布局，可选中“仅应用到布局标注”复选框。

③消零。该选项区域用来设置是否显示尺寸标注中的前导或后续零。用户可选择“前导”或“后续”复选框，或两者都选。

④角度标注。该选项区域用来设置角度标注的单位格式、精度。下面对该选项区域中的选项功能进行介绍。

● 单位格式：对标注角度时的单位进行设置。该下拉列表提供了“十进制度数”、“度/分/秒”、“百分度”和“弧度”4 个选项，用户可根据需要从中选择。

● 精度：确定标注角度尺寸时的精确度。

⑤消零。该选项区域用来确定是否消除角度尺寸的前导或后续零。

（5）“换算单位”选项卡。

“换算单位”选项卡用来设置换算单位的格式，其对应选项如图 5－16 所示。

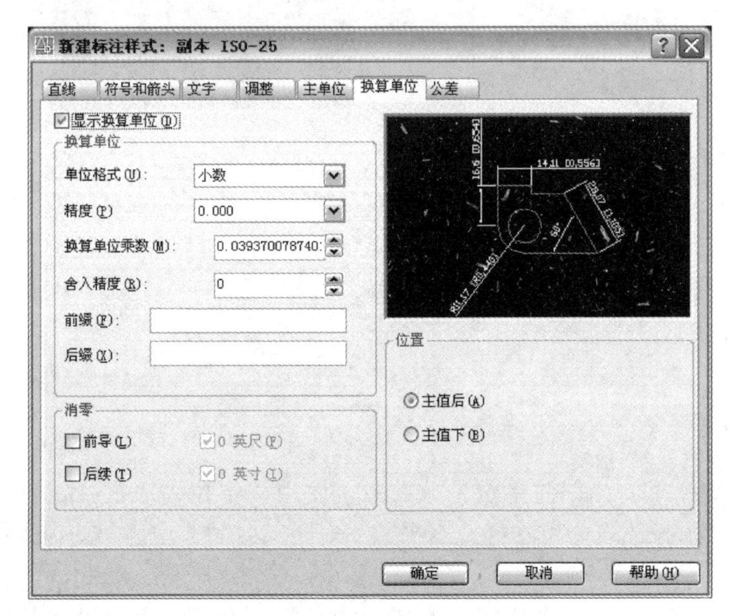

图 5－16 “换算单位”选项卡

①显示换算单位。该复选框用来控制换算单位的显示。选中该复选框可显示换算单位，进而对其进行设置。

②换算单位。该选项区域用来设置换算单位的单位格式、精度、换算单位乘数等。其中“换算单位乘数”用于设置换算单位同主单位的转换因子。对于单位格式、精度、前缀和后缀的设置在介绍“主单位”选项卡时已详细介绍过，在此就不再介绍了。

③消零。该选项区域用来确定是否消除换算单位的前导或后续零。

④位置。该选项区域用来设置换算单位的位置。用户可在“主值后”和“主值下”两个单选按钮之间选择。

修改标注样式

当要对标注样式进行修改时，可在“标注样式管理器”对话框中单击“修改”按钮，打开“修改标注样式”对话框，如图 5－17 所示。

通过该对话框中的选项对标注样式进行修改。该对话框与“新建标注样式”对话框的选项设置相似，在此不再赘述。

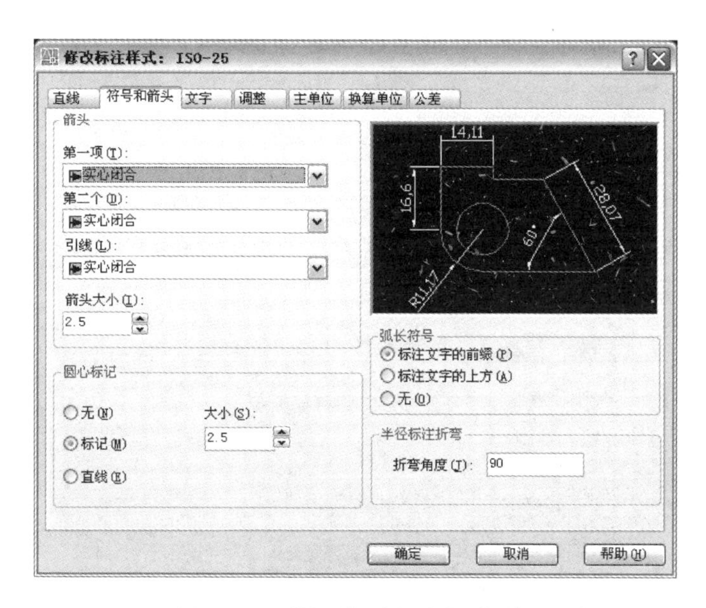

图 5－17　“修改标注样式”对话框

设置替代样式

在使用标注样式时，还可以设置当前样式的替代样式。这样，不必修改当前标注样式就可临时更改标注系统变量。只要在“标注样式管理器”对话框中单击“替代”按钮，即可打开“替代当前样式”对话框，如图 5－18 所示。

图 5－18　“替代当前样式”对话框

该对话框与“新建标注样式”对话框的设置类似，在此不再赘述。对该对话框中的选项设置完成后，单击“确定”按钮，AutoCAD将使用“替代当前样式”中设置的标注样式进行标注。

比较标注样式

如果用户想快速比较两个标注样式在参数上的区别，并要了解某一样式的全部特性，可在“标注样式管理器”对话框中单击“比较”按钮，打开“比较标注样式”对话框，如图5-19所示。

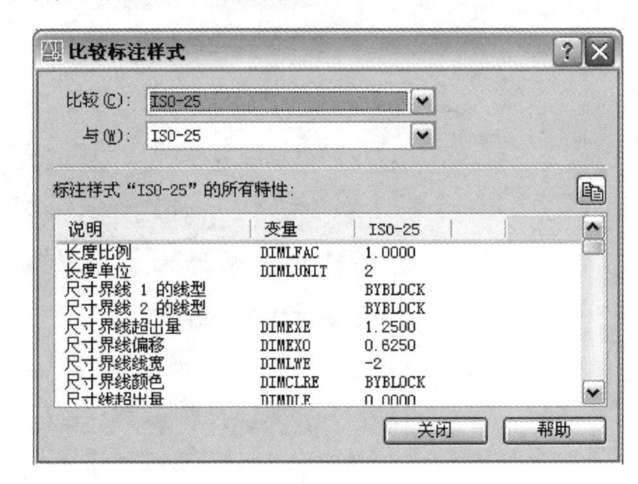

图5-19 “比较标注样式”对话框

在该对话框的“比较”和“与”两个下拉列表中选择要比较的两个标注样式，AutoCAD就会在列表框中显示两个标注样式中不同选项的参数设置。

2.〔尺寸标注〕工具

AutoCAD提供了4种标注的标注类型，分别是线性标注、半径标注、角度标注和坐标标注。另外，AutoCAD还提供了对齐标注、连续标注、基线标注和引线标注等。通过了解这些标注，可以灵活地给图形添加尺寸标注。

(1) 创建线性标注。

线性标注用来测量两点间的直线距离。它又分为水平标注、垂直标注和旋转标注三种类型。水平标注是指标注对象在水平方向的尺寸。垂直标注是指标注对象在垂直方向的尺寸。旋转标注是指尺寸线旋转一定的角度，即标注某一对象在指定方向投影的长度。

当要创建线性标注时，可在“标注”工具栏上单击“线性标注”按钮，或执行“标注”|“线性”命令，或在命令行输入“DIMLINEAR”后按Enter键，AutoCAD都会显示以下提示：

指定第一条尺寸界线原点或〈选择对象〉:

下面对该提示中可执行的两种操作分别做介绍。

①指定第一条尺寸界线原点。

指定第一条尺寸界线原点后，AutoCAD 将显示以下提示：

指定第二条尺寸界线原点：

②选择对象。

直接按 Enter 键以执行该选项，AutoCAD 提示：

选择标注对象：

执行以上两种操作中的任意一种，AutoCAD 都会继续提示：

指定尺寸线位置或[多行文字(M)/文字(T)/角度(A)/水平(H)/垂直(V)/旋转(R)]：

在指定尺寸线位置之前，通过执行其他选项可以替代标注方向并编辑文字、文字角度或尺寸线角度。

(2) 创建对齐标注。

在“标注”工具栏上单击“对齐标注”按钮，或执行“标注”｜“对齐”命令，或在命令行中输入“DIMALIGNED”后按 Enter 键，AutoCAD 都会显示以下提示：

指定第一条尺寸界线原点或〈选择对象〉：

下面对该提示中可执行的两种操作分别做介绍。

①指定第一条尺寸界线原点。

指定第一条尺寸界线原点后，AutoCAD 将显示以下提示：

指定第二条尺寸界线原点：

②选择对象。

直接按 Enter 键以执行该选项，AutoCAD 提示：

选择标注对象：

执行以上两种操作中的任意一种，AutoCAD 都会继续提示：

指定尺寸线位置或[多行文字(M)/文字(T)/角度(A)]：

在指定尺寸线位置之前，通过执行其他选项可以替代标注方向并编辑文字、文字角度或尺寸线角度。

(3) 创建半径或直径标注。

半径标注使用可选的中心线或中心标记测量圆弧和圆的半径或直径。中心只应用到直径和半径标注，并且只有将尺寸线置于圆或圆弧之外时才绘制它们。

①创建半径标注。

在“标注”工具栏上单击“半径标注”按钮，或执行“标注”|“半径”命令，或者在命令行输入“DIMRADIUS”后按 Enter 键，AutoCAD 都会显示以下提示：

选择圆弧或圆:

响应该提示后，AutoCAD 继续提示：

指定尺寸线位置或[多行文字(M)/文字(T)/角度(A)]:

在该提示下直接确定尺寸线的位置后，AutoCAD 就会按实际测量值标注所选圆或圆弧的半径。

另外，也可以在确定尺寸线的位置前执行“多行文字”、“文字”或“角度”选项，以确定标注文字或标注文字的旋转角度。执行完任何一个选项，AutoCAD 仍会提示：

指定尺寸线位置或[多行文字(M)/文字(T)/角度(A)]:

在该提示下指定尺寸线的位置，AutoCAD 即可按设置的选项参数创建半径标注。

②创建直径标注。

在“标注”工具栏上单击“直径标注”按钮，或执行“标注”|“直径”命令，或在命令行输入“DIMDIAMETER”后按 Enter 键，AutoCAD 都会显示以下提示：

选择圆弧或圆:
指定尺寸线位置或[多行文字(M)/文字(T)/角度(A)]:

创建直径标注的选项与创建半径标注的选项的设置基本相同，在此不再赘述。

③圆心标记。

圆心标记用来标记圆或圆弧的圆心。中心线是标记圆或圆弧中心的虚线，它从圆心向外延伸。

当要标记圆心时，可在“标注”工具栏上单击“圆心标记”按钮，或执行“标注”|“圆心标记”命令，AutoCAD 提示：

选择圆弧或圆:

响应该提示后，AutoCAD 即可对所选择的圆或圆弧标记出其圆心。在标注中可以只使用圆心标记，也可以同时使用圆心标记和中心线。

5.2.2　绘制图形

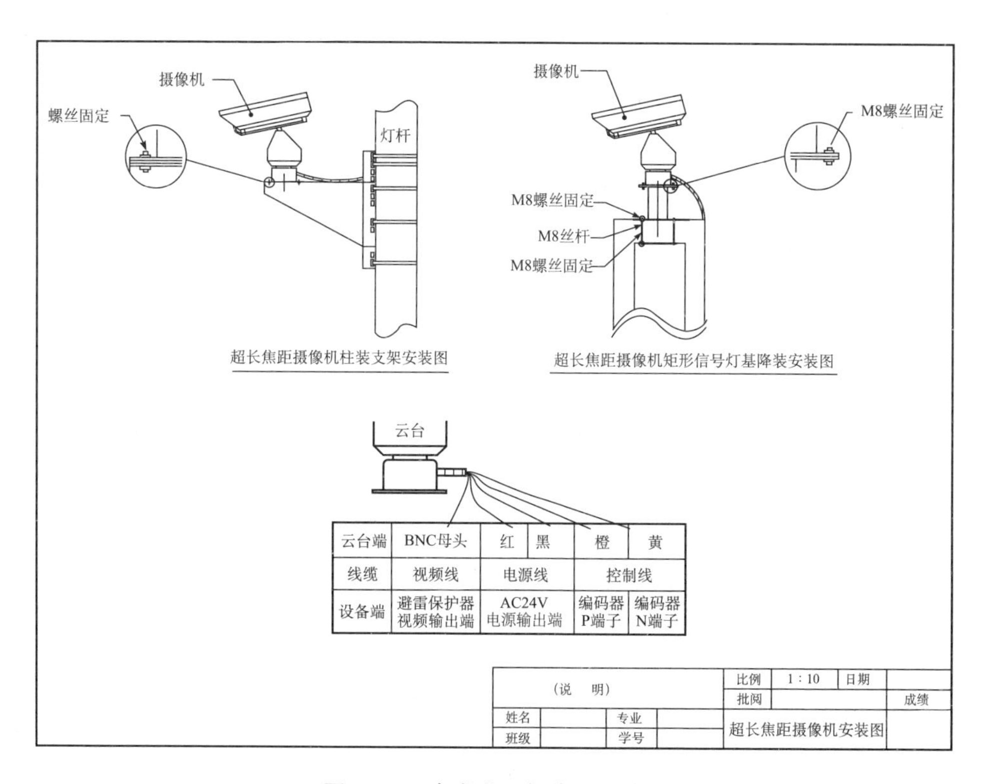

云台端	BNC母头	红	黑	橙	黄
线缆	视频线	电源线		控制线	
设备端	避雷保护器 视频输出端	AC24V 电源输出端		编码器 P端子	编码器 N端子

图 5-20　超长焦距摄像机安装图

1. 绘制超长焦距摄像机柱装支架安装图

步骤 1：绘制支架。在“图层特性管理器”右边的列表中选择“粗实线”图层为当前图层。按图 5-21 所示绘制支架。

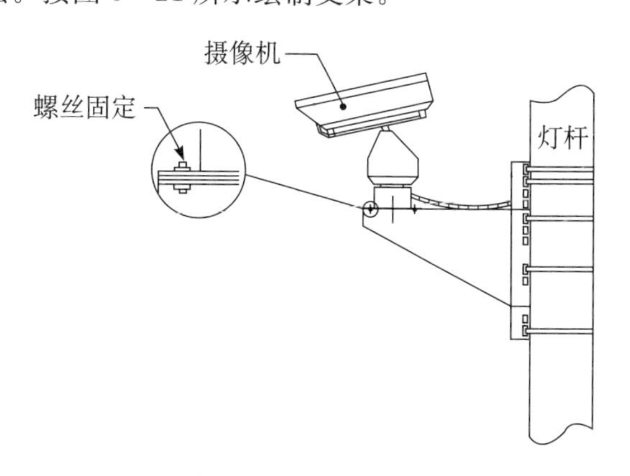

图 5-21　超长焦距摄像机柱装支架安装图

步骤 2：插入摄像机。单击“插入块”按钮，弹出“插入”对话框，在“名称”下拉列表中选择相应摄像机，单击“确定”按钮即可，如图5－21所示。

步骤 3：绘制螺栓。按图 5－21 所示绘制 M8 螺栓，并绘制其相应放大图样。

2. 绘制超长焦距摄像机矩形信号灯基座装安装图

步骤 1：绘制矩形信号灯基座。在“图层特性管理器”右边的列表中选择“粗实线”图层为当前图层。按图 5－22 所示绘制矩形信号灯基座。

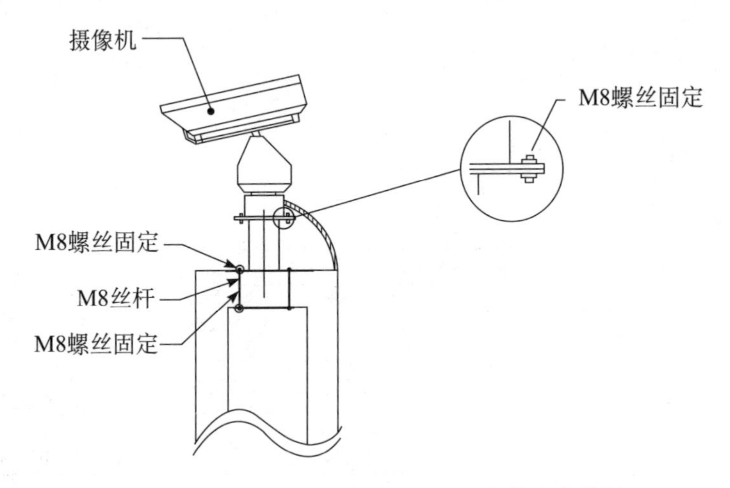

图 5－22　超长焦距摄像机矩形信号灯基座安装图

步骤 2：插入摄像机。单击“插入块”按钮，弹出“插入”对话框，在“名称”下拉列表中选择相应摄像机，单击“确定”按钮即可，如图5－22所示。

步骤 3：绘制螺栓。按图 5－22 所示绘制 M8 螺栓，并绘制其相应放大图样。

3. 绘制超长焦距摄像机云台接线图

步骤 1：插入云台。单击“插入块”按钮，弹出“插入”对话框，在“名称”下拉列表中选择相应的云台，单击“确定”按钮即可，如图 5－23所示。

步骤 2：绘制表格。单击“绘图”工具栏中的“表格”按钮，插入所需表格，如图 5－23 所示。

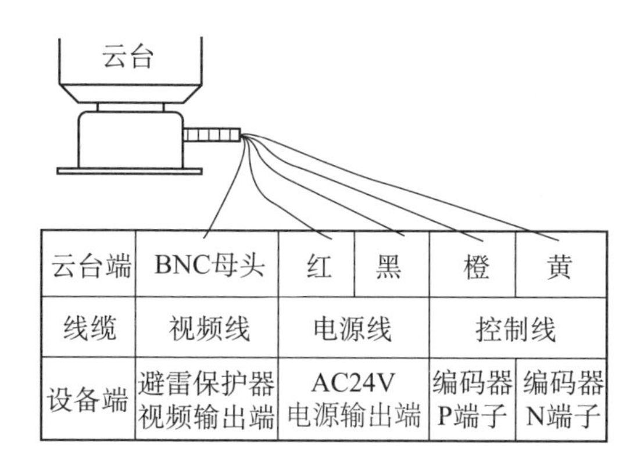

云台端	BNC母头	红	黑	橙	黄
线缆	视频线	电源线		控制线	
设备端	避雷保护器 视频输出端	AC24V 电源输出端		编码器 P端子	编码器 N端子

图 5－23　超长焦距摄像机云台接线图

步骤 3：编辑文字说明。单击“多行文字”按钮A，在表格内分别输入相应文字说明，如图 5－23 所示。

任务 3　绘制摄像机安装大样图

5.3.1　相关知识点

1. 螺纹

在组成机器或部件的零件中，有些零件的结构和尺寸已经标准化，这些零件称为标准件，如螺栓、双头螺柱、螺钉、螺母、垫圈、键、销和轴承等。

(1) 圆柱螺纹的形成。

螺纹是圆柱轴剖面上的一个平面图形（如三角形或梯形等）绕圆柱轴线作螺旋运动所形成的。

在圆柱内表面上形成的螺纹为内螺纹，如图 5－24（a）所示。

在圆柱外表面上形成的螺纹为外螺纹，如图 5－24（b）所示。

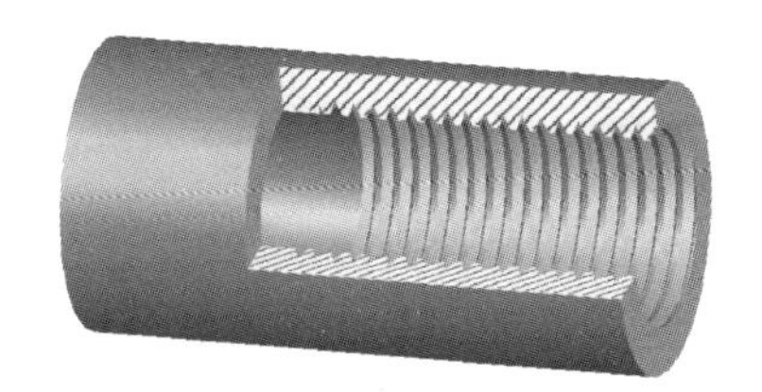

(a) 内螺纹

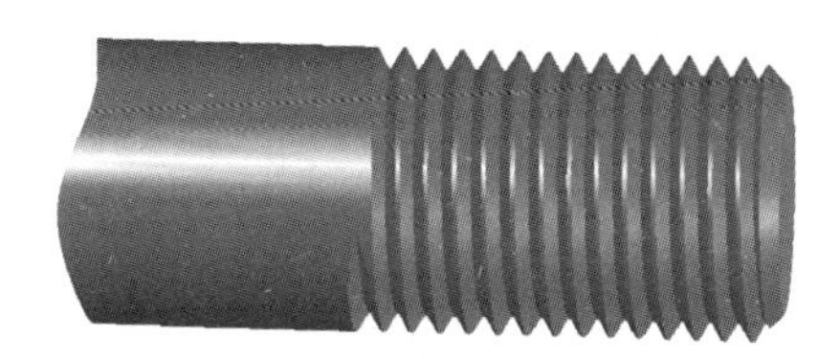

(b) 外螺纹

图 5－24　内螺纹与外螺纹

(2) 螺纹的要素。

螺纹的尺寸和结构是由牙型、直径、螺距和导程、线数、旋向等要素确定的，当内外螺纹相互旋合时，这些要素必须相同才能装在一起。

■ 牙型。

通过螺纹轴线剖切螺纹所得的剖面形状称为螺纹的牙型。牙型不同的螺纹，其用途也各不相同。常用螺纹的牙型如表 5 - 2 所示。

表 5 - 2　　常用螺纹的牙型

螺纹种类及特征代号		外形图	牙型放大图	功用
连接螺纹	普通螺纹(M)	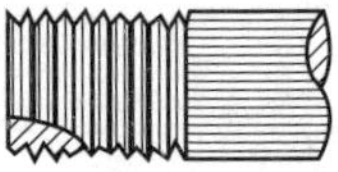	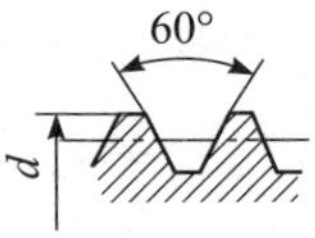 60° d	普通螺纹是最常用的连接螺纹，分粗牙和细牙两种。细牙的螺距和切入深度较小，用于细小精密零件或薄壁零件上
	非螺纹密封的管螺纹(G)	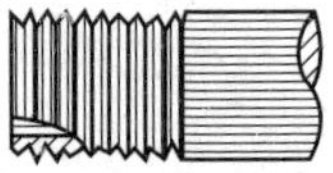	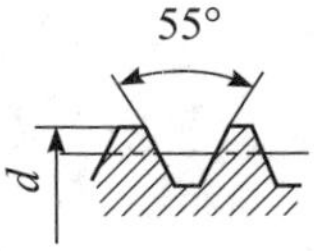 55° d	英寸制管螺纹是一种螺纹深度较浅的特殊细牙螺纹。多用于压力为 1568Pa 以下的水、煤气管路、润滑和电线管路系统
传动螺纹	梯形螺纹(T_2)		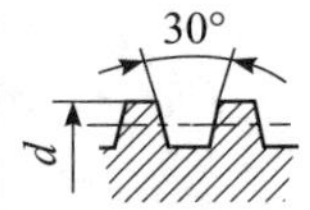 30° d	作传动用，各种机床上的丝杆多采用这种螺纹
	锯齿形螺纹(B)		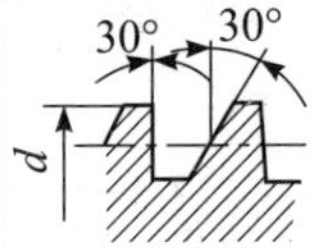 30° 30° d	只能传递单向动力，如螺旋压力机等
	矩形螺纹		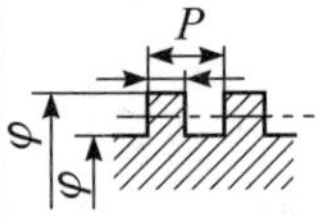 P d d	牙型为正方形，为非标准螺纹，用于千斤顶、小型压力机等

■直径。

螺纹的直径有三个：大径、小径和中径。

与外螺纹牙顶或内螺纹牙底相重合的假想圆柱的直径称为大径。

与外螺纹牙底或内螺纹牙顶相重合的假想圆柱的直径称为小径。

中径也是一个假想圆柱的直径，该圆柱的母线通过牙型上的沟槽和凸起宽度相等的地方，如图 5 - 25 所示。

外螺纹的大、小、中径分别用符号 d、d_1、d_2 表示，内螺纹的大、小、中径则分别用符号 D、D_1、D_2 表示。

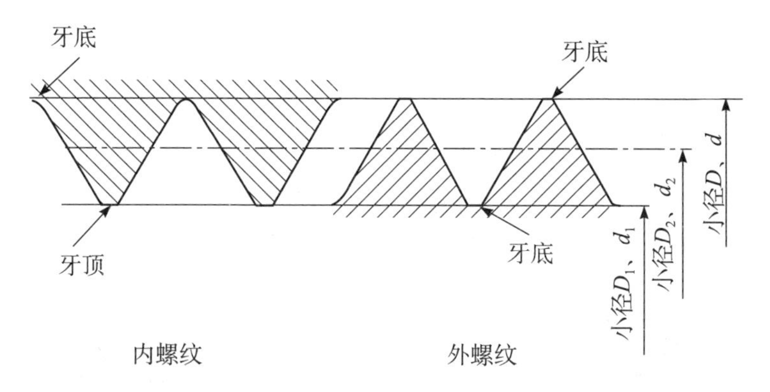

图 5－25　螺纹的直径

■ 线数（n）。

螺纹有单线和多线之分。

单线螺纹是指由一条螺旋线所形成的螺纹，如图 5－26（a）所示。

多线螺纹是指由两条或两条以上在轴向等距分布的螺旋线所形成的螺纹，如图 5－26（b）所示。

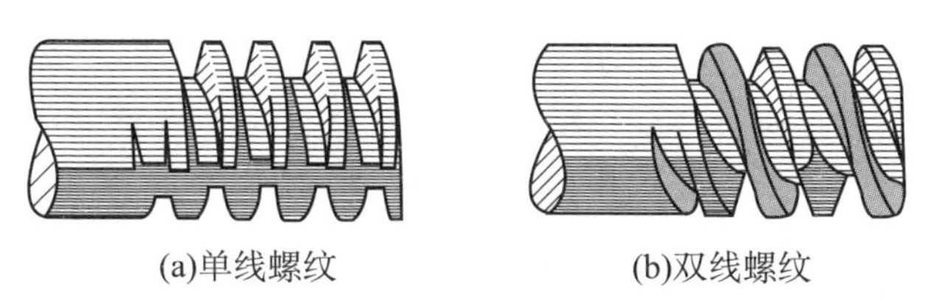

图 5－26　单线螺纹与双线螺纹

■ 螺距（P）和导程（S）。

同一螺旋线上的相邻牙在中径上对应两点间的轴向距离称为导程。

螺纹相邻牙在中径上对应两点间的轴向距离称为螺距。

单线螺纹，导程等于螺距，如图 5－27（a）所示；

多线螺纹，导程等于线数乘螺距，即 $S=nP$，如图 5－27（b）所示。

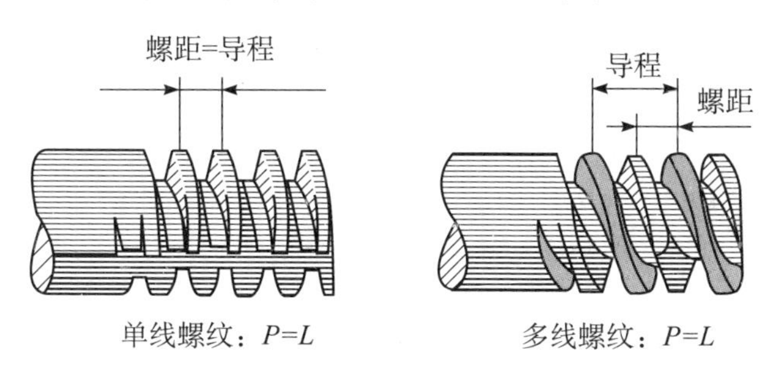

图 5－27　螺纹的螺距与导程

■ 旋向。

螺纹有左旋和右旋之分。顺时针旋转时旋入的螺纹称为右旋螺纹；反之，逆时针旋转时旋入的螺纹称为左旋螺纹。如图 5－28 所示。

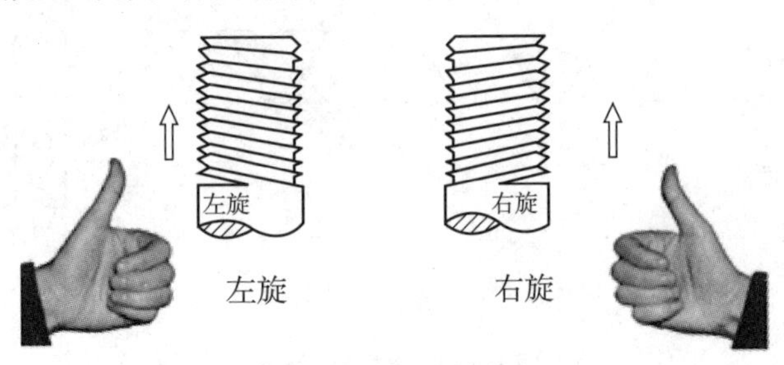

图 5－28　螺纹的旋向

(3) 螺纹的种类。

国家标准对螺纹的牙型、大径和螺距等作了规定，根据符合国标的不同情况，螺纹可分为三类。

■ 标准螺纹。

其牙型、大径和螺距都符合国家标准的规定，只要知道此类螺纹的牙型和大径，即可从有关标准中查出螺纹的全部尺寸。

■ 特殊螺纹牙型符合标准规定，直径和螺距均不符合标准规定。

■ 非标准螺纹牙型、直径和螺距均不符合标准规定。

(4) 螺纹的结构。

■ 螺纹起始端倒角或倒圆。

为了便于螺纹的加工和装配，常在螺纹的起始端加工成倒角或倒圆等结构，如图 5－29 所示。

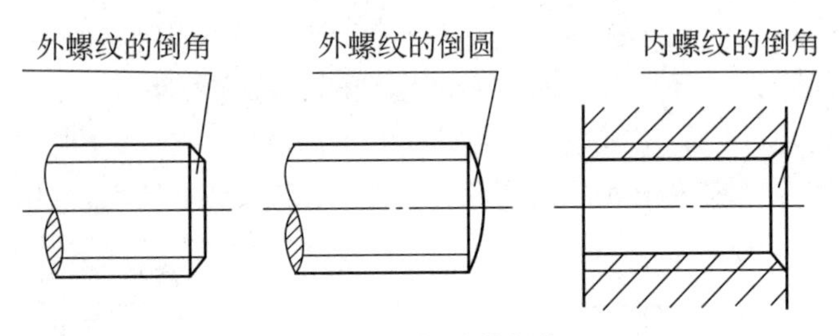

图 5－29　螺纹的倒角

■ 螺纹的收尾和退刀槽。

车削螺纹，刀具运动到螺纹末端时要逐渐退出切削，因此螺纹末尾部分的牙型是不完整的，这一段牙型不完整的部分称为螺纹的收尾，如图 5－30 所示。

在允许的情况下，为了避免产生螺尾，可以预先在螺纹末尾处加工出退刀槽，然后再车削螺纹，如图 5－31 所示。

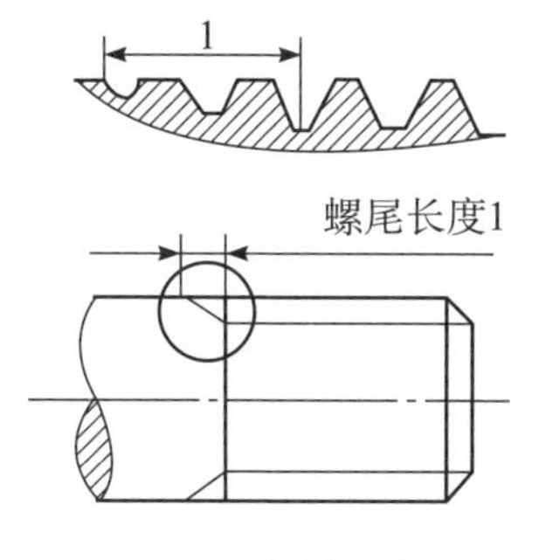

图 5－30　螺纹的收尾

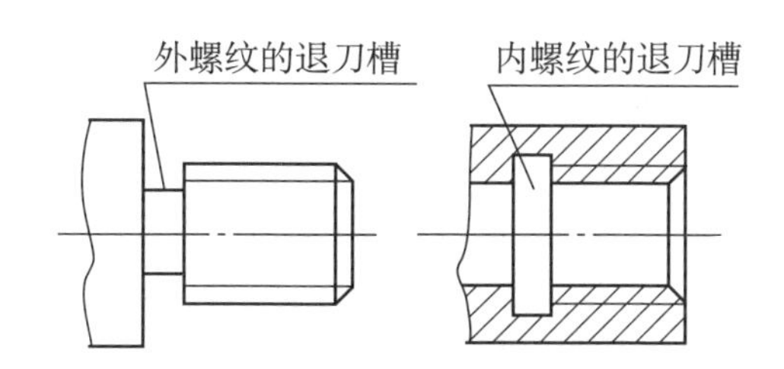

图 5－31　螺纹的退刀槽

2. 内外螺纹的绘制方法

（1）外螺纹的画法。

螺纹牙顶（大径）及螺纹终止线用粗实线表示；牙底（小径）用细实线表示（小径近似画成大径的 0.85 倍），并画出螺杆的倒角或倒圆部分。在垂直于螺纹轴线的投影面的视图中，表示牙底圆的细实线只画约 3/4 圈。此时轴与孔上的倒角投影不应画出，如图 5－32 所示。

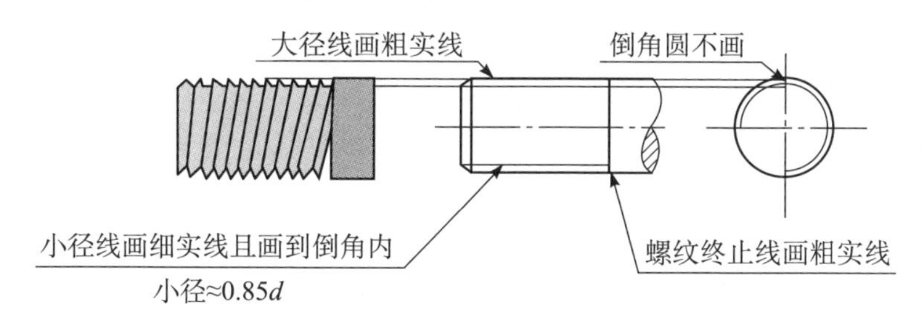

图 5－32　外螺纹的画法

（2）内螺纹的画法。

内螺纹一般画成剖视图，其牙顶（小径）及螺纹终止线用粗实线表示；牙底（大径）用细实线表示，剖面线画到粗实线为止。在垂直于螺纹轴线的投影面的视图中，小径圆用粗实线表示；大径圆用细实线表示，且只画 3/4 圈。此时，螺纹倒角或倒圆省略不画，如图 5－33 所示。

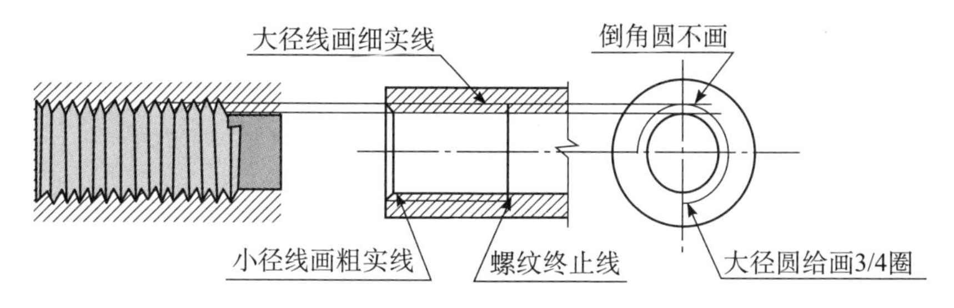

图 5－33　内螺纹的画法

(3) 螺纹连接的画法。

用剖视图表示一对内外螺纹连接时，连接部分按外螺纹绘制，其余部分仍按各自的规定画法绘制，如图 5 - 34 所示。

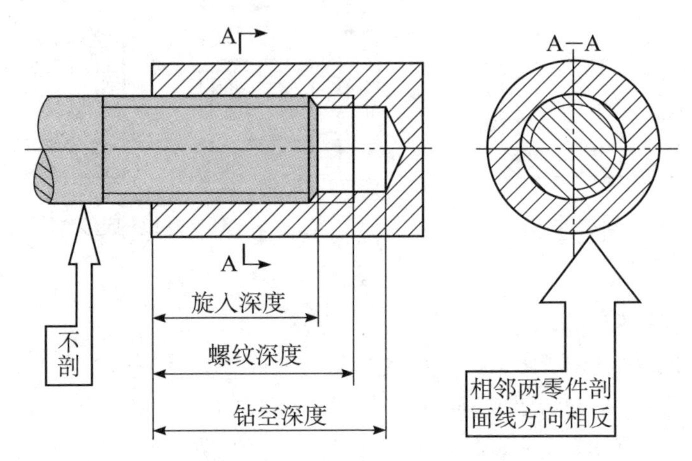

图 5 - 34 螺纹连接的画法

注意：大径线和大径线对齐；小径线和小径线对齐。

(4) 螺孔相贯线的画法。

螺孔与螺孔相贯或螺孔与光孔相贯时，其画法如图 5 - 35 所示。

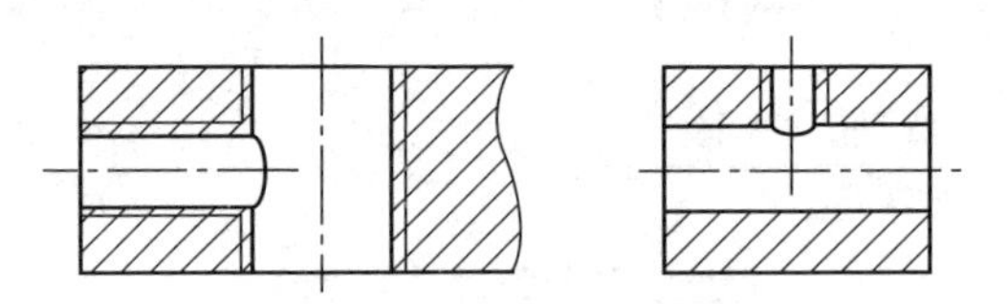

图 5 - 35 螺孔相贯线的画法

(5) 螺纹牙型的表示方法。

当需要表示螺纹的牙型时，可用局部剖视图和局部放大图表示，如图 5 - 36 所示。

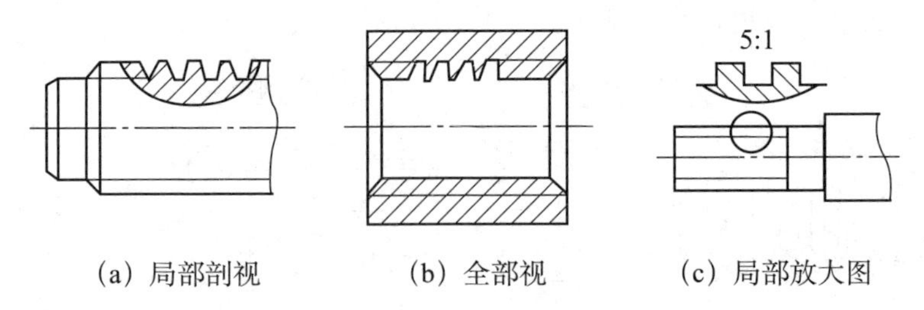

(a) 局部剖视　　(b) 全部视　　(c) 局部放大图

图 5 - 36 螺纹牙型的表示方法

3. 螺纹的标注

由于螺纹采用规定画法，因此各种螺纹的画法都是相同的。国家标准规定，标准螺纹应在图上注出相应标准所规定的螺纹标记。螺纹标记的标注形式一般为：

螺纹特征代号 公称直径×螺距（或导程/线数） 旋向—公差带代号—旋合长度代号

注意：

1）粗牙螺纹允许不标注螺距；

2）单线螺纹允许不标注导程与线数；

3）右旋螺纹省略“右”字，左旋时则标注 LH；

4）旋合长度为中等时，N 可省略。

上述形式的各项并不是每种螺纹都必须注全的，对于有些螺纹，某些项目可省略不注。具体注法如表 5－3 所示。

公称直径以 mm 为单位的螺纹，其标注应直接注在大径的尺寸线上或其引出线上。管螺纹，其标注应注在引出线上，引出线由大径处引出（如表 5－3 所示）。

表 5－3　标准螺纹的标准方法

螺纹类别	特征代号	标注示例	图例	说明
粗　牙 普通螺纹 GB197-81	M	H　10　−6g 公差带代号 公称直径 螺纹特征代号	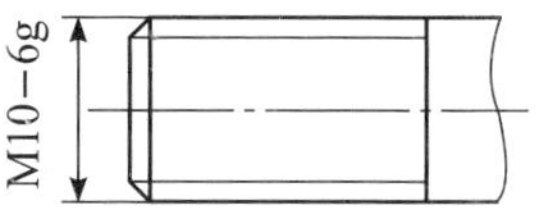 M10−6g	右旋不注旋向
细　牙 普通螺纹 GB197-81	M	M10×1　LH 旋向(左) 螺距 同上	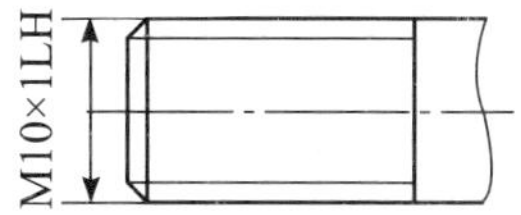 M10×1LH	1. 注螺距 2. 左旋应注旋向
梯形螺纹 GB5796.4-86	T_r	Tr　32　×12/2　LH 旋向(左) 导程/线数 公称直径 螺纹特征代号	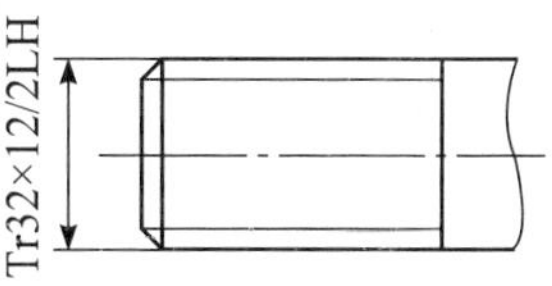 Tr32×12/2LH	1. 多线螺距注成导程/线数的形式 2. 左旋应注旋向
锯齿形螺纹 GB/T13576-92	B	B　40　×6　LH 旋向(左) 螺距 公称直径 螺纹特征代号	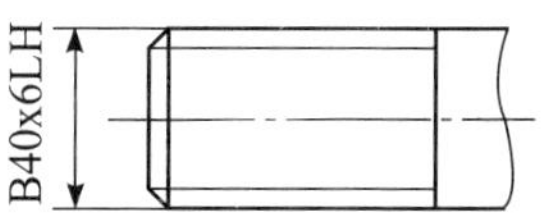 B40x6LH	单线注螺距

（续表）

螺纹类别	特征代号	标注示例	图例	说明
非螺纹密封的圆柱管螺纹 GB7307-87	G	G 1 A A——公差等级代号 1——公称直径 G——牙型特征代号	C11	右旋不注旋向
用螺纹密封的管螺纹 GB7306-87	R（圆锥外螺纹） R_c（圆锥内螺纹）	Rc 1/2 1/2——公称直径 Rc——螺纹特征代号	Rc1/2	同上

注：

①特征代号和公称直径都必须标注。公称直径一般指螺纹大径，但管螺纹的公称直径指带有外螺纹管子的孔径（单位为英寸）；

②粗牙普通螺纹和管螺纹的公称直径与螺距一一对应，因此规定不注螺距；

③细牙普通螺纹、梯形螺纹和锯齿形螺纹，由于同一公称直径可有几种不同的螺距，因此必须注出螺距；

④单线螺纹和右旋螺纹应用较多，规定不必注明线数和旋向；左旋螺纹应注 LH。

以上是标准螺纹的注法。

对于特殊螺纹，应在牙型符号前加注“特”字（如图 5－37 左图所示）；对于非标准螺纹，则应画出螺纹的牙型，并注出所需要的尺寸及有关要求（如图 5－37右图所示）。

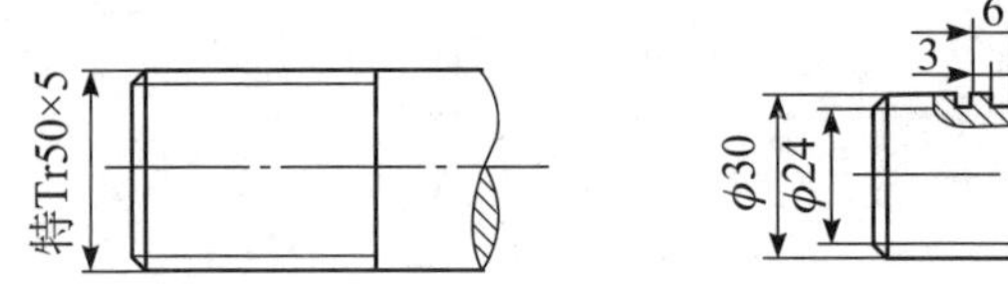

图 5－37　特殊螺纹的注法

4. 常用螺纹紧固件

螺纹连接通常可分为螺栓连接、双头螺柱连接和螺钉连接。

螺纹连接件的种类很多，其中最常见的如图 5－38 所示。这类零件一般都是标准件，即它们的结构尺寸均按其规定标记，可从相应的标准中查出。

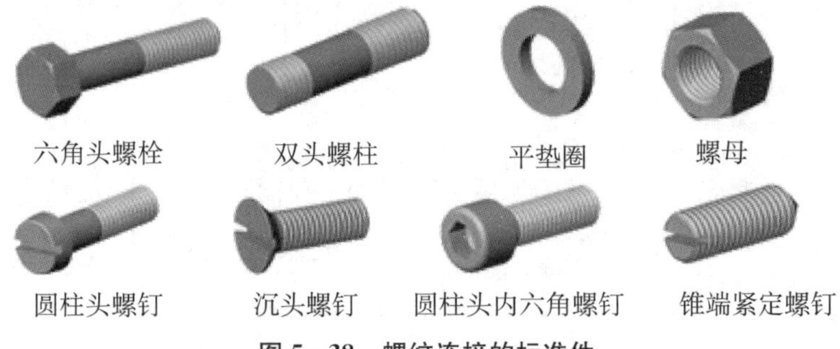

图 5－38　螺纹连接的标准件

常见螺纹连接件的标记如表 5－4 所示。

表 5－4　　螺纹连接件

名称	图例	标记形式及示例
螺栓	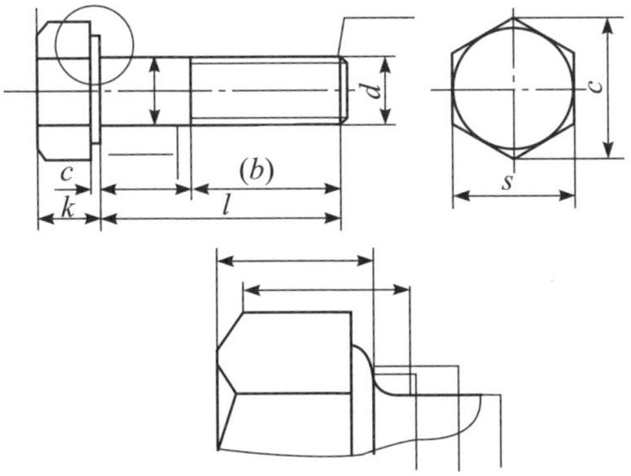 c (b) d c s k l	标记形式：名称　标准代码牙型代号公称直径×公称长度 标记示例：螺栓 GB5780-86-M12×80
双头螺柱	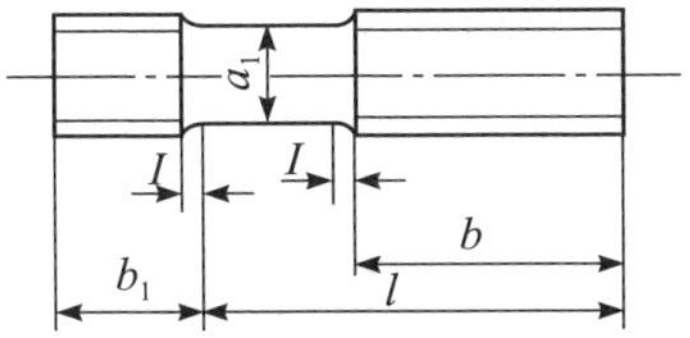 a_1 I I b b_1 l	标记形式：名称　标准代码牙型代号公称直径×公称长度 标记示例：螺柱 GB897-88 M10×80
螺母	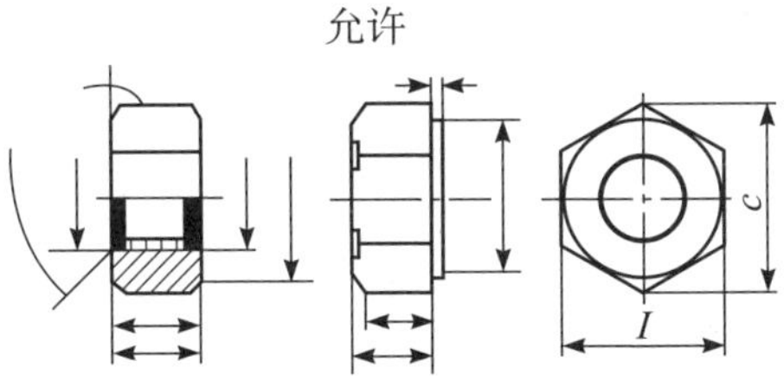 允许 c I	标记形式：名称　标准代码　牙型代号　公称直径 标记示例：螺母 GB6170-86-M12
垫圈	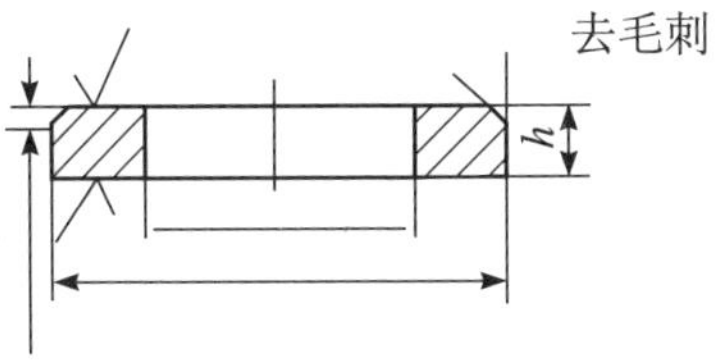 去毛刺 h	标记形式：名称　标准代码　公称直径 性能等级 标记示例：垫圈 GB97.2-85-8-140HV
螺钉	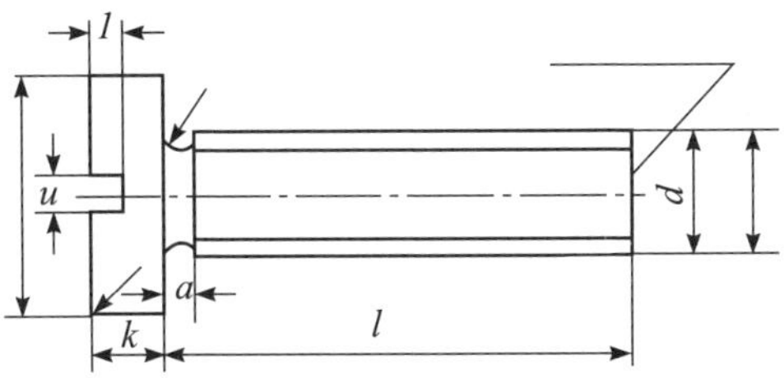 l u d a k l	标记形式：名称　标准代码　牙型代号公称直径×公称长度 标记示例：螺钉 GB67-85-M5×20

（续表）

名称	图例	标记形式及示例
螺钉	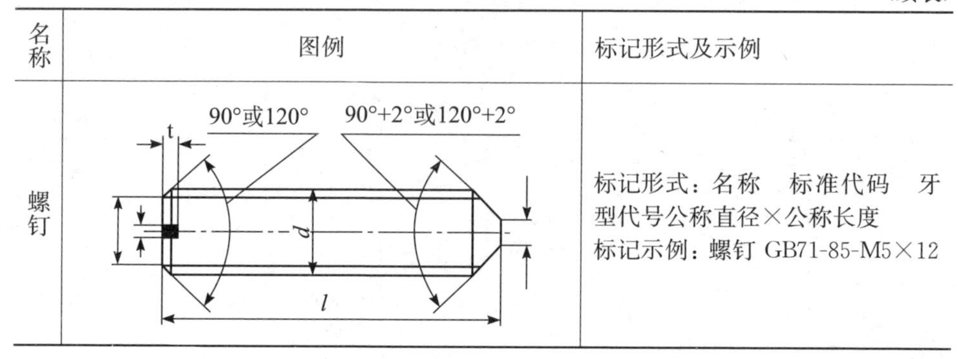	标记形式：名称　标准代码　牙型代号公称直径×公称长度 标记示例：螺钉 GB71-85-M5×12

（1）螺栓连接。

用螺栓、螺母和垫圈将两个都不太厚且能钻成通孔的零件连接在一起称为螺栓连接，如图 5－39 所示。

装配时，螺栓穿过被连接件的通孔（孔内无螺纹，为了便于装配，此通孔应稍大于螺栓杆的直径 d，约为 1.1d），在制有螺纹的一端装上垫圈，拧上螺母，如图 5－40 所示。

图 5－39　螺栓连接

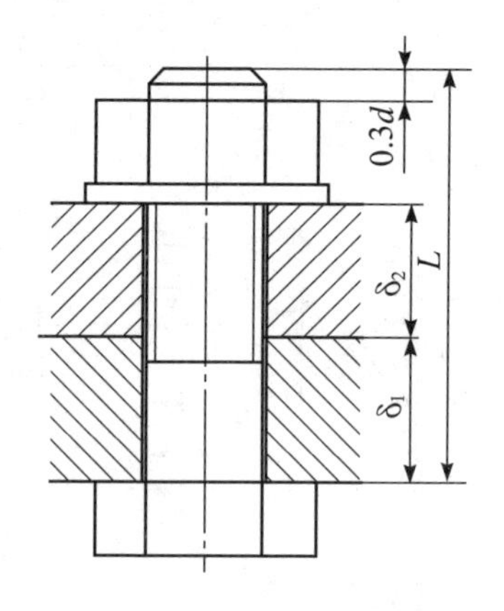

图 5－40　螺栓装配

■ 螺母、垫圈和螺栓的比例画法。

绘制螺纹连接图时，可按零件的规定标记，从有关标准中查出绘图所需的尺寸。但为了提高绘图速度，通常可采用比例画法，即图上各尺寸可不按标准中的数值画出，而都取成与螺纹大径 d 成一定比例来画图，如图 5－41 所示。

六角螺母（螺栓头）的作图步骤如下：

①画正六棱柱。先画俯视图，以 2d 为直径画图，并作为内接正六边形，然后画出正六棱柱的主视图和左视图。

②画双曲线的投影。制造六角螺母时，常做出 30°倒角，使 6 个棱面与圆

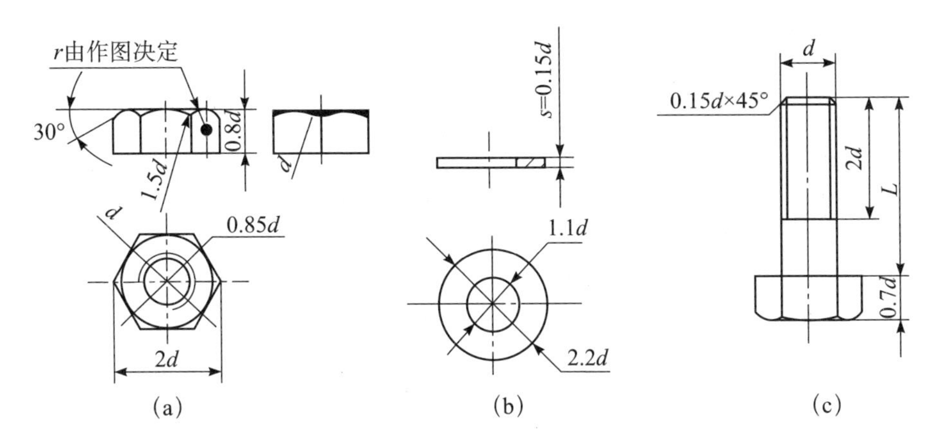

图 5－41　螺母、垫圈和螺栓的比例画法

锥面相交，因而在正六棱柱的侧面形成双曲线形状的截交线。作图时为了简便，可用圆弧代替双曲线。主视图中，作半径为 1.5d 的圆弧，且与上底中点相切，小圆弧的半径 r 由作图决定，并作 30°倒角与小圆弧相切。左视图中，以 d 为半径作圆弧与上底相切。

③画螺纹的大径和小径（小径一般取 0.85d），如图 5－41（a）所示。垫圈的比例画法如图 5－41（b）所示。六角头螺栓头部的画法除厚度不同外，其余和螺母画法相同，如图 5－41（c）所示。

■ 螺栓连接的装配画法。

在装配图中，螺栓、螺母和垫圈可采用比例画法绘制，也允许采用简化画法，如图 5－42 所示。

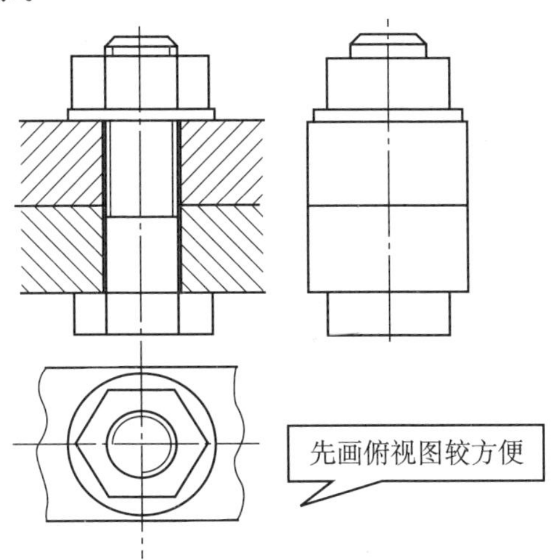

图 5－42　螺栓连接的装配画法

在画螺栓连接的装配图时，应该注意：

①两零件的接触面只画一条线，不应画成两条线或特意加粗。

②被连接件的孔径＝1.1d，螺栓的螺纹大径和被连接件光孔之间有两条轮廓线，所以它们的轮廓线应分别画出。

③装配图中，当剖切平面通过螺栓、螺母、垫圈的轴线时，螺栓、螺母、垫圈一般均按未剖切绘制。

④剖视图中，相邻零件的剖面线，其倾斜方向应相反，或方向一致而间隔不等。但同一零件在各个剖视图中的剖面线均应方向相同，间隔相等。

画螺栓连接图时常见的各种错误如图 5－43 所示。

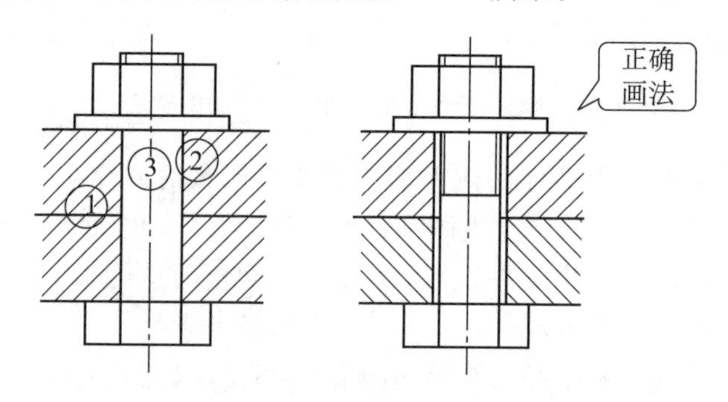

图 5－43　螺栓连接图的常见错误

①两相邻零件的剖面线方向应相反。

②螺栓与螺孔之间应画出间隙。

③应画出螺纹段及螺纹终止线。

（2）双头螺柱连接。

如图 5－44 所示，双头螺柱连接是用双头螺柱与螺母、垫圈配合使用，将两个零件连接在一起。双头螺柱连接常用于被连接件之一厚度较大，不便钻成通孔，或由于其他原因不便使用螺栓连接的场合。

图 5－44　双头螺柱连接

装配时，先将双头螺柱的旋入端拧入机件的螺纹孔中，另一端（紧固端）穿过被连接件上的通孔（孔径≈1.1d），再套上垫圈，并拧紧螺母。

画双头螺柱连接的装配图时，应注意以下几点：

①旋入端长度 L_1 与被连接件材料有关：

对于钢或青铜，$L_1=d$；

对于钢或青铜，$L_1=d$；

对于铸铁，$L_1=1.25d$ 或 $1.5d$；

对于铝合金，$L_1=1.5d$ 或 $2d$。

②旋入端的螺孔的螺纹深度 h 应大于旋入端的螺纹长度 b_m，可取 $h \approx L_1+0.5d$，而钻孔深度 $h1 \approx h+(0.2\sim0.5)d$。钻孔底部的锥顶角应画成 120°。在装配图中，允许不画出钻孔深度，只按螺纹深度画出螺孔，如图 5－45 所示。

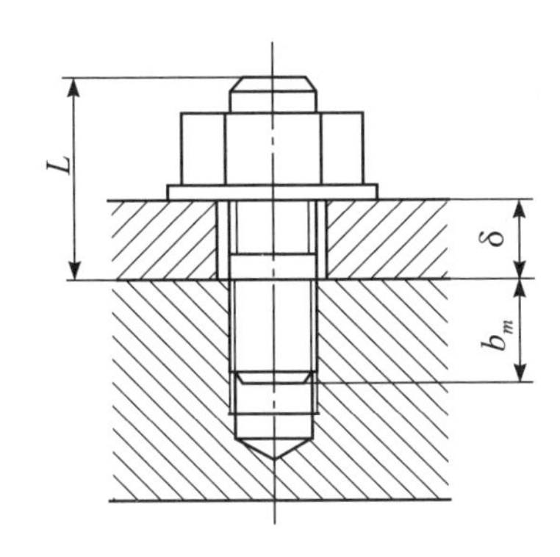

图 5－45　双头螺柱连接的装配

③旋入端必须全部拧入螺孔内，即旋入端的螺纹终止线必须与被连接件的接触面画成一条线，表示旋入端已足够地拧紧。

④双头螺柱的有效长度 $L=\delta+S+H+a$。式中：

δ 为图上有通孔的被连接件的厚度，一般为已知。

S 为垫圈厚度，H 为螺母厚度，均可从标准中查出。

a 为螺柱伸出螺母的长度，一般可取 $(0.2\sim0.3)d$。

用上式计算出 L 之后，查双头螺柱标准，从长度系列中选取大于 L 且与 L 相近的标准值作为 L。

⑤若用弹簧垫圈，可根据图 5－46 中说明作图。

图 5－47 所示为画螺孔底部时的正确画法和常见的错误画法。

①弹簧垫圈开口方向应向左斜。

②螺栓旋入端螺纹终止线与两被连接件接触面轮廓线平齐表示已拧紧。

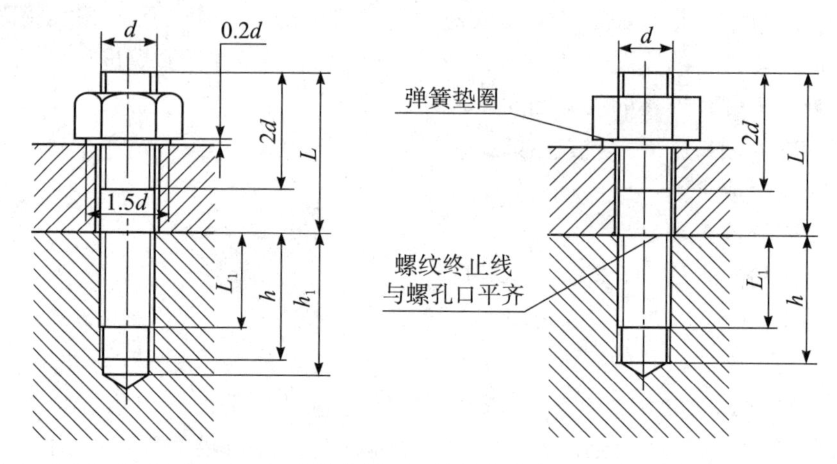

$h=L_1+0.5d$；$h_1=h+(0.2+0.5)d$；弹簧垫圈开口槽的宽度为$0.1d$；向左倾斜与水平线75。

图 5－46 用弹簧垫圈的双头螺柱连接装配

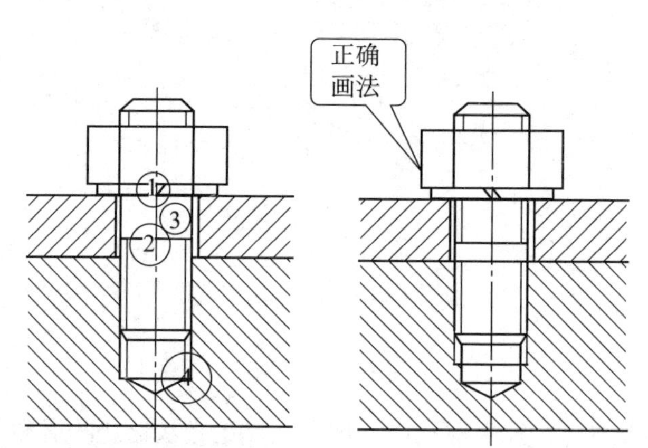

图 5－47 画螺孔底部时的正确画法和常见的错误画法

③紧固端螺纹终止线不应漏画。

④螺纹孔底部的画法应符合加工实际。

(3) 螺钉连接。

螺钉的种类很多，按其用途可分为连接螺钉和紧定螺钉两种。

■ 连接螺钉。

连接螺钉常用于受力不大又需经常拆卸的场合。

常见的连接螺钉有开槽圆柱头螺钉、开槽半圆头螺钉、开槽沉头螺钉、圆柱头内六角螺钉等。

螺钉连接的画法如图 5－48 所示。

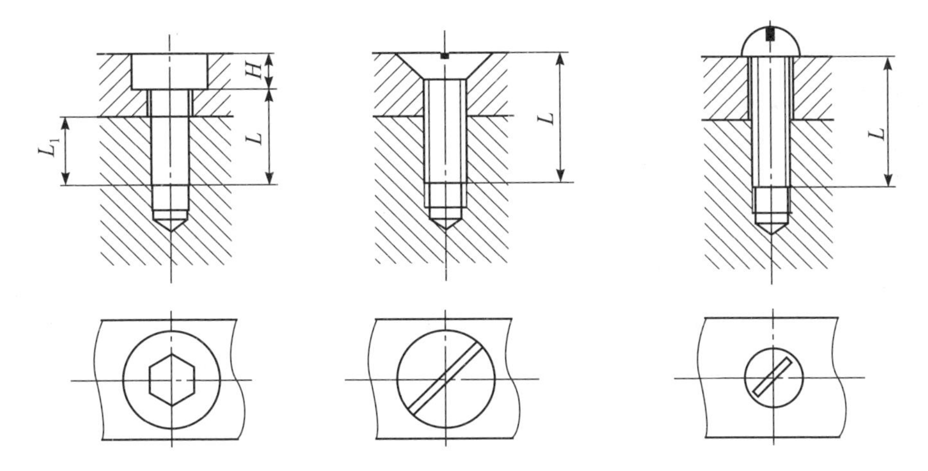

图 5-48　螺钉连接的画法

螺纹的旋入长度 L_1 也是根据被旋入件的材料决定的。螺钉头的槽口在主视图中被放正绘制，而在俯视图中规定画成与水平线成 45°，不和主视图保持投影关系。当槽口的宽度小于 2mm 时，槽口投影可涂黑。

■ 紧定螺钉。

紧定螺钉也是经常使用的一种螺钉，常用类型有内六角锥端、平端、圆柱端，开槽锥端和圆柱端等。

紧定螺钉主要用于防止两个零件的相对运动。图 5-49 表示用锥端紧定螺钉限制轮和轴的相对位置，使它们不能产生轴向相对运动。

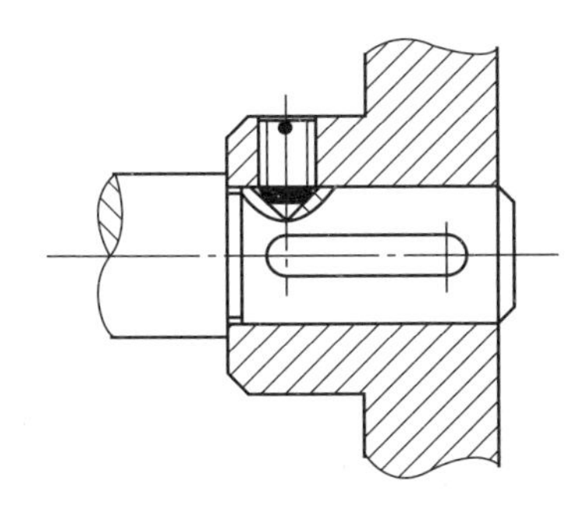

图 5-49　紧定螺钉

5.3.2 绘制图形

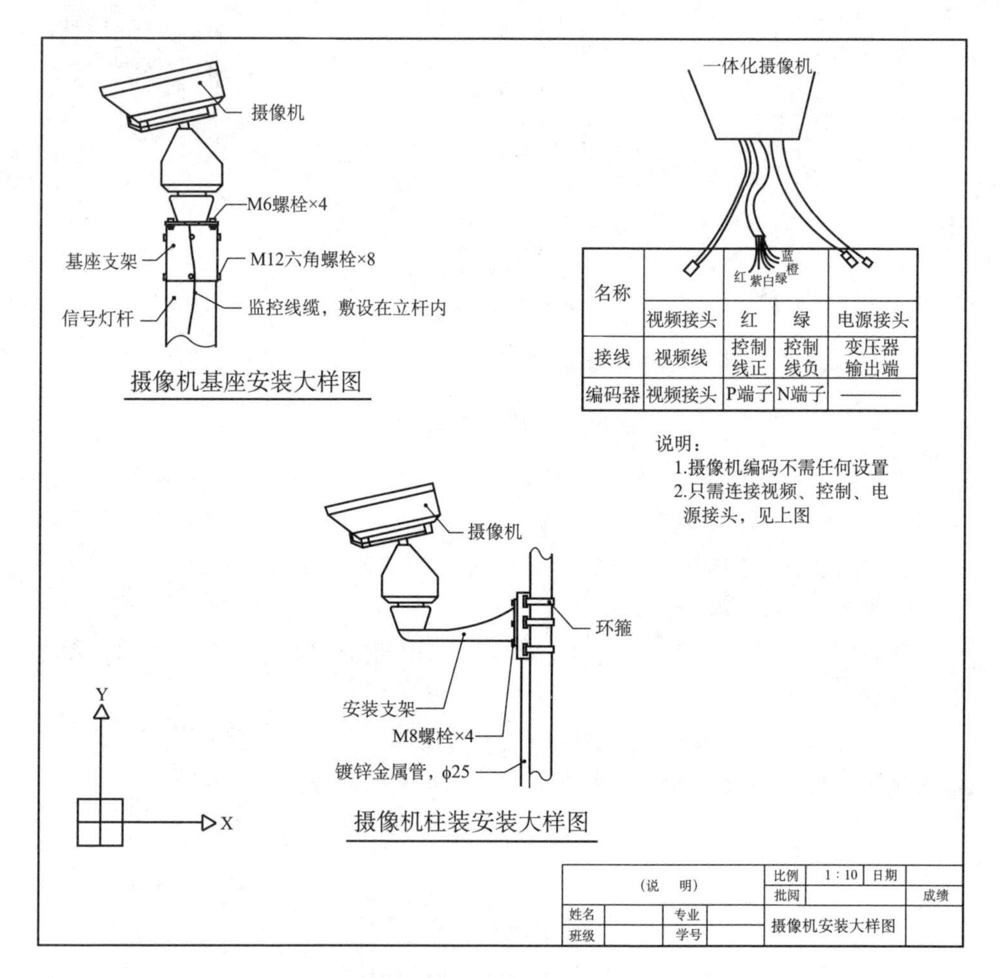

图 5－50　摄像机安装大样图

1. 绘制摄像机基座安装大样图

步骤 1：绘制信号灯杆与基座支架。在“图层特性管理器”右边的列表中选择“粗实线”图层为当前图层。按图 5－51 所示绘制信号灯杆与基座支架。

步骤 2：插入摄像机。单击“插入块”按钮，弹出“插入”对话框，在“名称”下拉列表中选择相应摄像机，单击“确定”按钮即可，如图5－51所示。

步骤 3：绘制螺栓。按图 5－51 所示绘制 M6 与 M12 螺栓，并绘制监控线缆。

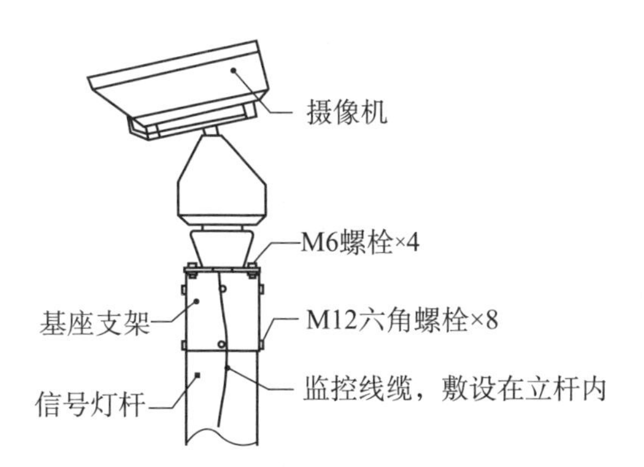

图 5-51　摄像机基座安装大样图

2. 绘制摄像机柱装安装大样图

步骤 1：绘制支架。在“图层特性管理器”右边的列表中选择“粗实线”图层为当前图层。按图 5-52 所示绘制安装支架与直径为 ϕ25mm 的镀锌金属管。

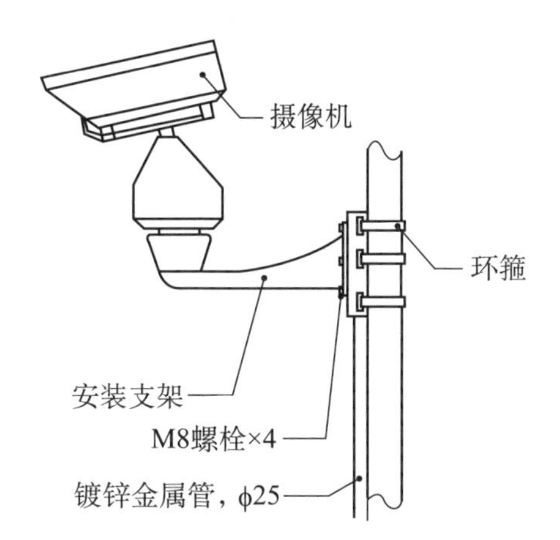

图 5-52　摄像机支架安装大样图

步骤 2：插入摄像机。单击“插入块”按钮，弹出“插入”对话框，在“名称”下拉列表中选择相应摄像机，单击“确定”按钮即可，如图5-52所示。

步骤 3：绘制螺栓。按图 5-52 所示绘制 M8 螺栓，并绘制环箍。

3. 绘制一体化摄像机接线图

步骤 1：插入一体化摄像机。单击“插入块”按钮，弹出“插入”对话框，在“名称”下拉列表中选择相应的一体化摄像机，单击“确定”按钮即可，如图 5-53 所示。

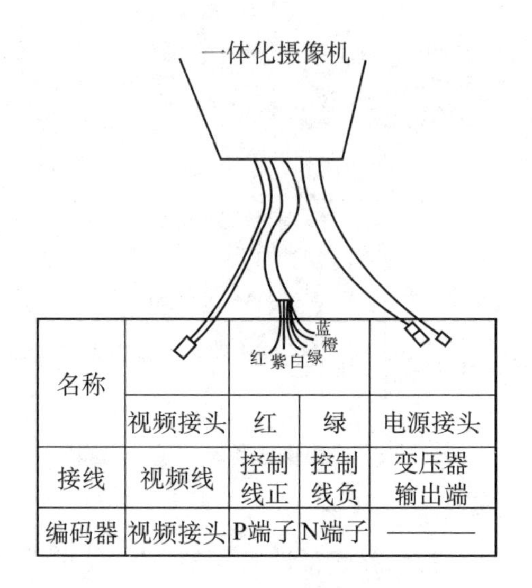

名称				
	视频接头	红	绿	电源接头
接线	视频线	控制线正	控制线负	变压器输出端
编码器	视频接头	P端子	N端子	———

图 5－53　一体化摄像机接线图

步骤 2：绘制表格。单击“绘图”工具栏中的“表格”按钮，插入所需表格，如图 5－53 所示。

步骤 3：编辑文字说明。单击“多行文字”按钮，在表格内分别输入相应文字说明，如图 5－53 所示。

情境 6　绘制某楼层布防平面图

学习重点：

1. 房屋建筑工程图的有关规定。
2. 建筑平面图的识读和绘制步骤。
3. 建筑平面图的尺寸标注。
4. 布防平面图要求和画法。
5. 多线工具。

任务 1　绘制简单的建筑平面图

安全防范工程设计中，现场勘察是工程技术设计的基础和依据。现场勘察一般是以建筑工程图为依据，对建筑规模、占地面积、建筑布局、环境条件、四邻情况、地形地貌、围墙、出入口、建筑结构、特点、房屋使用情况、各种设施等进行勘察，以便为工程设计提供依据、打好基础。为此，要求参加现场勘察的工程技术人员必须精于识图、绘图才行。然而从工程审核中发现，精于识图、绘图的人不多，因此，简要地介绍一些建筑工程图的基本常识是必要的。

本任务的绘制图形对象如图 6－1 所示。

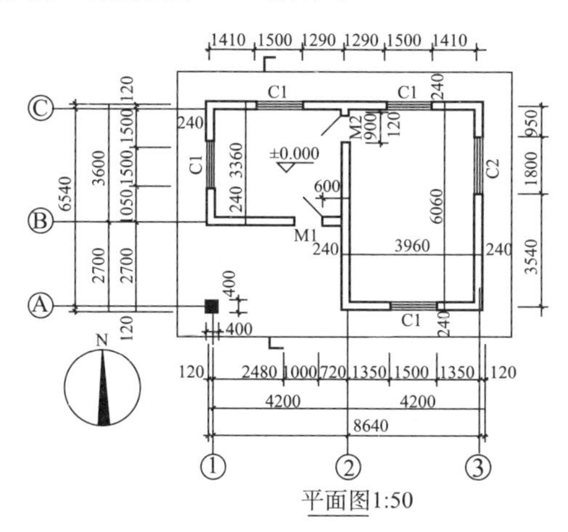

图 6－1　简单的建筑平面图

6.1.1 相关知识点

1. 安防工程图中建筑工程图的基础作用与要求

一个一级风险的大型安全防范工程，要设计的主要图纸有以下项目：

1. 总平面图和主要建筑的立面图（可利用原建筑图）；
2. 周界布防与监视区范围平面图；
3. 内周界布防平面图；
4. 防护区布防平面图；
5. 禁区布防平面图；
6. 重点要害部位布防平面图；
7. 中心控制设备布防平面图；
8. 分控室设备布防平面图；
9. 管线敷设平面图等。

以上各项，由于建设单位的不同，除总平面图、立面图外，每一项都需要绘制数量不等的若干张图纸。工程规模越大，绘制的图纸数量就越多，特别是入侵探测器、声音探测器、摄像机、紧急按钮、对讲电话、辅助光源、门禁、巡更等设备的布防设计，以及管线的敷设设计，都是在建筑平面图上绘制的，所以说建筑工程图是安全防范工程设计的基础、依托，是显而易见的。

在安全防范工程设计中，如何利用好这个基础条件，关键在于绘图的规范化、标准化。建筑平面图不仅要规范，符合国家标准，而且安全防范工程设计所用的图形符号也必须符合 GA/T74-2000《安全防范工程通用图型符号》的要求。

2. 房屋建筑工程图的有关规定

房屋建筑工程图应按《房屋建筑制图统一标准》(GB/T 50001—2001) 的有关规定绘制。

(1) 定位轴线。

定位轴线是确定建筑物或构筑物主要承重构件平面位置的重要依据。在施工图中，凡是承重的墙、柱子、大梁、屋架等主要承重构件，都要画出定位轴线来确定其位置。具体规定如下：

①定位轴线应用细单点长画线绘制。

②定位轴线一般应编号，编号应注写在轴线端部的圆内。圆应用细实线绘制，直径为 8～10mm。定位轴线圆的圆心应在定位轴线的延长线上。

③平面图上定位轴线的编号，宜标注在图样的下方与左侧。横向编号应用阿拉伯数字，从左到右顺序编号；竖向编号应用大写拉丁字母，从下自上顺序编写，拉丁字母的 I、O、Z 不得用做轴线编号，如图 6－2 所示。

(2) 索引符号、详图符号及引出线。

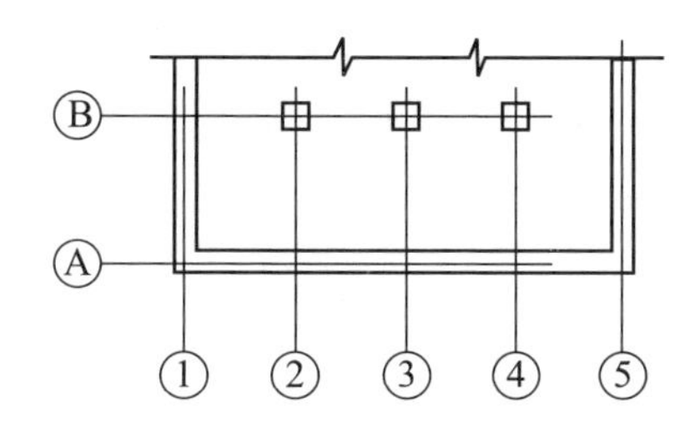

图 6 - 2　定位轴线的编号顺序

施工图中的部分图形或某一构件，由于比例较小或细部构造较复杂，而无法表示清楚时，通常要将这些图形和构件用较大的比例放大画出，这种放大后的图就称为“详图”。

■ 索引符号。

图样中的某一局部或构件，如需另见详图，应以索引符号索引，如图 6 - 3（a）所示。索引符号是由直径为 10mm 的圆和水平直径组成，圆及水平直径均以细实线绘制。索引符号应按下列规定编写：

①索引出的详图，如果与被索引的详图同在一张图纸内，应在索引符号的上半圆中用阿拉伯数字注明该详图的编号，并在下半圆中画一段水平细实线，如图 6 - 3（b）所示。

② 索引出的详图，如与被索引的详图不在同一张图纸内，应在索引符号的上半圆中用阿拉伯数字注明该详图的编号，在索引符号的下半圆中用阿拉伯数字注明该详图所在图纸的编号，如图 6 - 3（c）所示。数字较多时，可加文字标注。

③ 索引出的详图，如采用标准图，应在索引符号水平直径的延长线上加注该标准图册的编号，如图 6 - 3（d）所示。

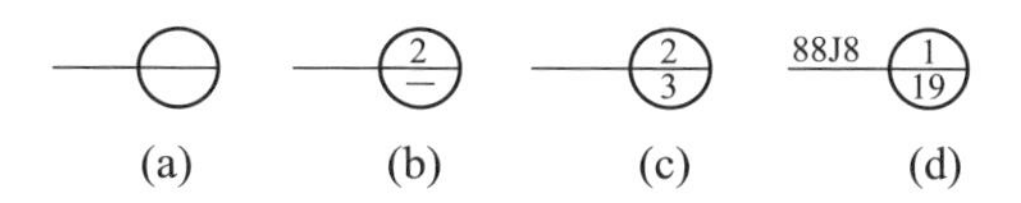

图 6 - 3　索引符号

④索引符号如用于索引剖视详图，应在被剖切的部位绘制剖切位置线，并以引出线引出索引符号，引出线所在的一侧应为投射方向，如图 6 - 4（a）、图 6 - 4（b）、图 6 - 4（c）和图 6 - 4（d）所示。

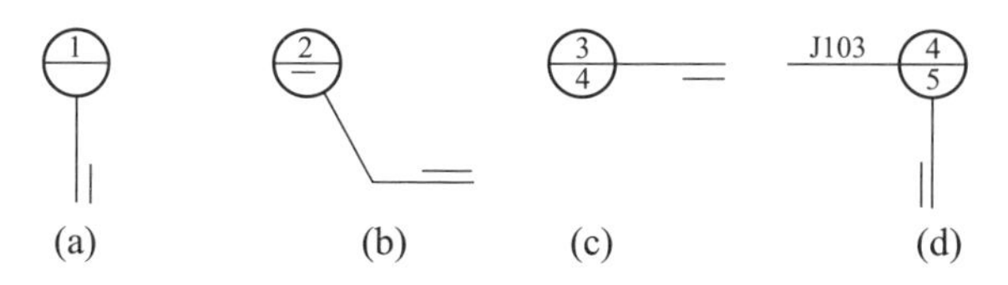

图 6 - 4　用于索引剖视详图的索引符号

■ 详图符号。

详图的位置和编号应以详图符号表示，详图符号的圆应以直径为 14mm 的粗实线绘制。

详图应按下列规定编写：

① 详图与被索引的图样在同一张图纸内时，应在详图符号内用阿拉伯数字注明详图的编号，如图 6－5 所示。

②详图与被索引图样不在同一张图纸内时，应用细实线在详图符号内画一水平直径，在上半圆中注明详图编号，在下半圆中注明被索引的图纸编号，如图 6－6 所示。

图 6－5　与被索引图样同在图纸内的详图符号　　**图 6－6　与被索引图样不在图纸内的详图符号**

■ 引出线。

引出线是对图样上某些部位引出文字说明、符号编号和尺寸标注等用的，其画法规定如下：

①引出线应以细实线绘制，宜采用水平方向的直线，与水平方向成 30°、45°、60°、90°的直线，或经上述角度再折为水平线：文字说明宜注写在水平线的上方，如图 6－7（a）所示；也可注写在水平线的端部，如图 6－7（b）所示；索引详图的引出线应与水平直径线相连接，如图 6－7（c）所示。

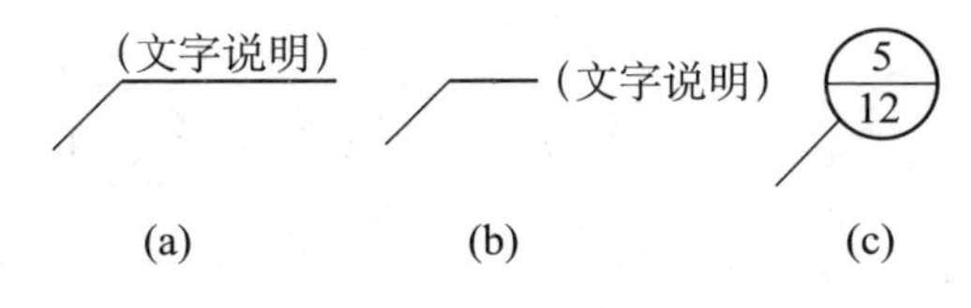

图 6－7　引出线

②同时引出几个相同部分的引出线，宜互相平行。如图 6－8（a）所示；也可画成集中于一点的放射线，如图 6－8（b）所示。

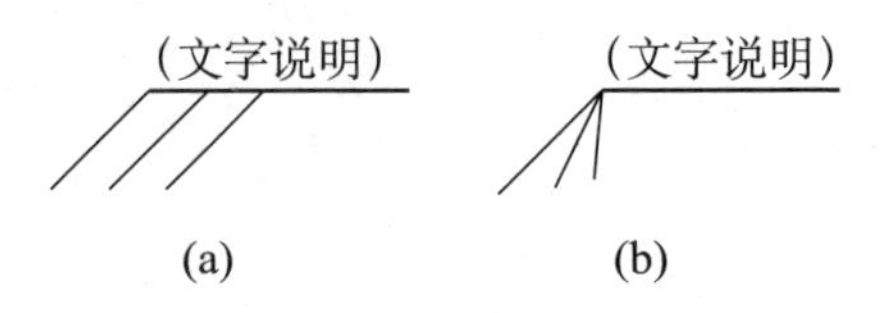

图 6－8　共用引出线

③多层构造或多层管道共用引出线，应通过被引出的各层。文字说明宜注

写在水平线的上方或注写在水平线的端部，说明的顺序应由上至下，并应与被说明的层次相互一致。如层次为横向排序，则由上至下的说明顺序应与由左至右的层次相互一致，如图 6－9 所示。

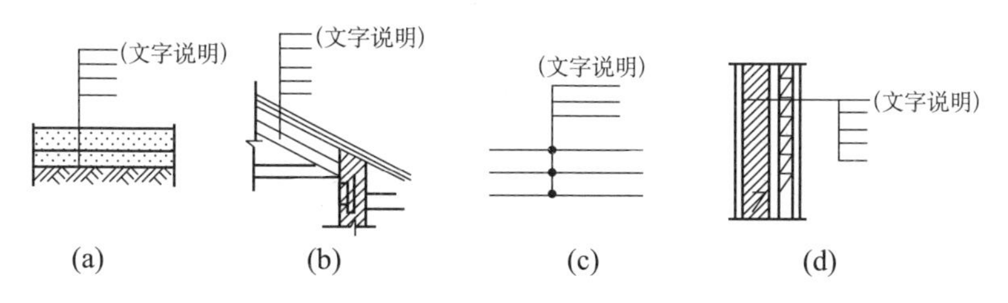

图 6－9　多层构造引出线

（3）标高。

建筑物各部分或各个位置的高度主要用标高来表示。房屋建筑制图统一标准中规定了它的标注方法。

①标高符号应以直角等腰三角形表示，按图 6－10（a）所示形式用细实线绘制。标高符号的具体画法如图 6－10（c）和图6－10（d）所示，图 6－10（a）和图 6－10（b）所示用于表示实形投影的标高。

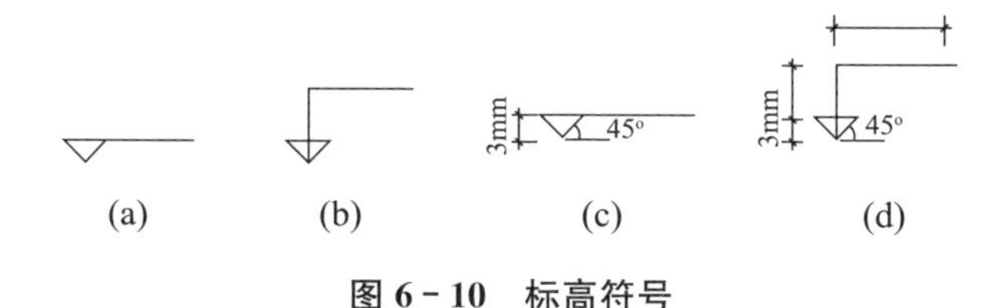

图 6－10　标高符号

l—取适当长度注写标高数字；h—根据需要取适当高度

②标高数字应以米为单位，注写到小数点以后第三位。在总平面图中，可注写到小数点以后第二位。

③零点标高应注写成±0.000。正数标高不注“＋”，负数标高应注“－”，例如 3.000、－0.600。

标高有绝对标高和相对标高之分。

● 绝对标高：我国是以青岛附近的黄海平均海平面为零点，以此为基准而设置的标高。

● 相对标高：标高的基准面（即±0.000）是根据工程需要而选定的，这类标高称为相对标高。在一般建筑中，通常取底层室内主要地面作为相对标高的基准面。

建筑标高和结构标高的区别。

● 建筑标高：是指构件包括粉刷在内的、装修完成后的标高。

● 结构标高：是指不包括构件表面的粉饰层厚度，构件在结构施工后完成面的标高。

（4）指北针。

指北针是用来指明建筑物朝向的符号。其形状如图6－11所示，圆的直径宜为24mm，用细实线绘制；指针尾部的宽度宜为3mm，针头部应注“北”或“N”字。需用较大直径绘制指北针时，指针尾部宽度宜为直径的1/8。

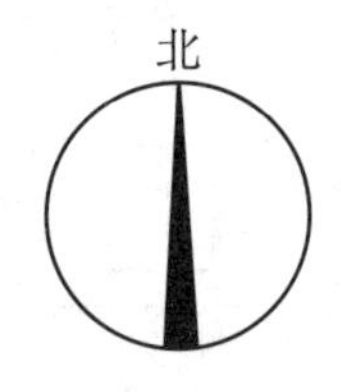

图6－11　指北针

3. 建筑平面图的形成

用一个假想的水平剖切平面沿房屋略高于窗台的部位剖切，移去上面部分，向下作剩余部分的正投影而得到的水平投影图称为建筑平面图，简称平面图。

建筑平面图实质上是房屋各层的水平剖面图。一般来说，房屋有几层，就应画出几个平面图，并在图形的下方注出相应的图名、比例等。沿房屋底层窗口剖切所得到的平面图称为底层平面图（或首层平面图），最上面一层的平面图称为顶层平面图。若中间各层平面布置相同，可只画一个平面图表示，称为标准层平面图。如图6－12所示。

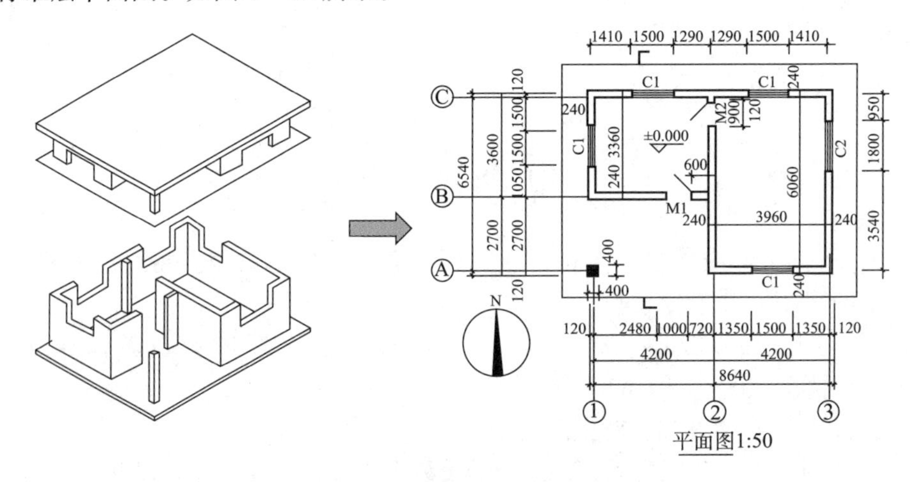

图6－12　建筑平面图的形成

此外还有屋顶平面图，它是在房屋的上方向下作屋顶外形的水平投影而得到的投影图。一般可适当缩小比例绘制。

4. 建筑平面图的图示内容

①承重和非承重墙、柱（壁柱）、轴线和轴线编号；内外门窗位置和编号；门的开启方向、注明房间名称或编号。

②柱距（开间）、跨度（进深）尺寸、墙身厚度、柱（壁柱）宽、深和与轴线关系尺寸。

③轴线间尺寸、门窗口尺寸、分段尺寸、外包总尺寸。

④变形缝位置尺寸。

⑤卫生器具、水池、台、橱、柜、隔断等位置。

⑥电梯（并注明规格）、楼梯位置和楼梯上下方向示意及主要尺寸。

⑦地下室、地沟、地坑、必要的机座、各种平台、夹层、人孔、墙上预留洞、重要设备位置尺寸与标高等。

⑧阳台、雨篷、台阶、坡道、散水、明沟、通风道、垃圾道、消防梯等位置及尺寸。

⑨室内外地面标高、楼层标高（底层地面为±0.000）。

⑩ 剖切线及编号（一般只注在底层平面）。

⑪ 有关平面节点详图或详图索引号。

⑫指北针（画在底层平面）。

⑬平面图尺寸和轴线，如系对称平面，可省略重复部分的分尺寸；楼层平面除开间、跨度等主要尺寸及轴线编号外，与底层相同的尺寸可省略；楼层标准层可共用一平面，但需注明层次范围及标高。

⑭ 根据工程性质及复杂程度，应绘制复杂部分的局部放大平面图。

⑮建筑平面较长、较大时，可分区绘制，但需在各分区底层平面上绘出组合示意图，并明显表示出分区编号。

⑯屋顶平面图一般内容有墙、檐口、天沟、坡度、坡向、雨水口、屋脊（分水线）、变形缝、水箱间、屋面上人孔、消防梯及其他构筑物详图索引号等。

以上所列内容可根据具体工程项目的实际情况进行取舍。

在平面图中常采用图例表示房屋的构造及配件，“国标”规定了各种常用构造及配件图例，如表 6－1 所示。

表 6－1　　常用构造及配件图例

序号	名称	图例	说明
1	墙体		应加注文字或填充图例表示墙体材料，在项目设计图纸说明中列材料图例表给予说明
2	隔断		(1) 包括板条抹灰、木制、石膏板、金属材料等隔断。 (2) 适用于到顶与不到顶隔断

（续表）

序号	名称	图例	说明
3	栏杆		
4	楼梯	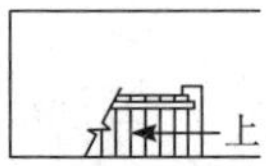	（1）图 4 为底层楼梯平面，图 5 为中间层楼梯平面，图 6 为顶层楼梯平面。 （2）楼梯及栏杆扶手的形式和梯段踏步数应按实际情况绘制
5		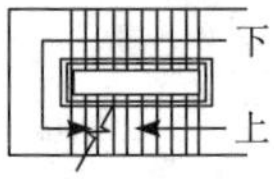	
6		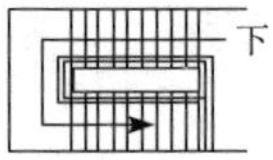	
7	坡道	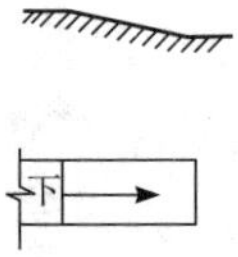	图 7 为长坡道，图 8 为门口坡道
8		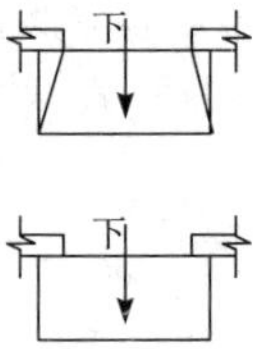	
9	墙预留槽	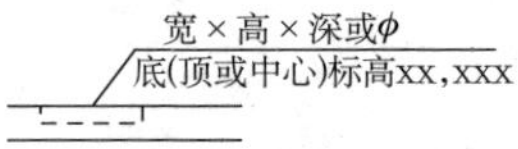 宽×高×深或φ 底(顶或中心)标高xx,xxx	（1）以洞中心或洞边定位。 （2）宜以涂色区别墙体和留洞位置
10	烟道	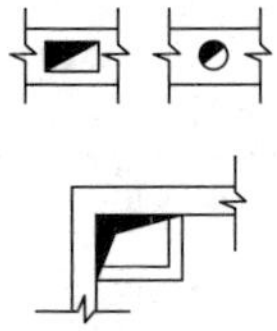	（1）阴影部分可以涂色代替。 （2）烟道与墙体为同一材料，其相接处墙身线应断开
11	通风道	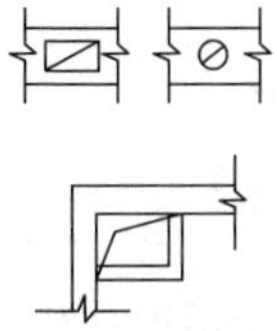	

（续表）

序号	名称	图例	说明
12	空门洞	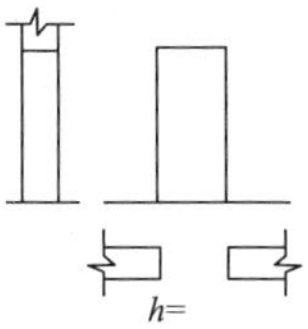 $h=$	h 为门洞高度
13	单扇门（包括平开或单面弹簧）	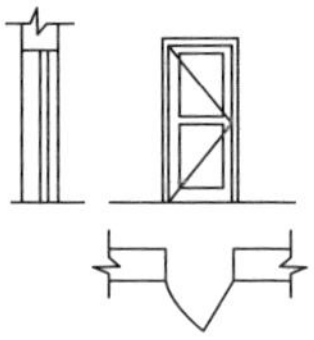	（1）门的名称代号用 M。 （2）图例中剖面图左为外、右为内，平面图下为外、上为内。 （3）立面图上开启方向线交角的一侧为安装合页的一侧，实线为外开，虚线为内开。 （4）平面图上的开启线应 90°或 45°开启，开启弧线宜绘出。 （5）立面图上的开启线在一般设计图中可不表示，在详图及室内设计图上应表示。 （6）立面形式应按实际情况绘制
14	双扇门（包括平开或单面弹簧）		
15	墙中双扇推拉门	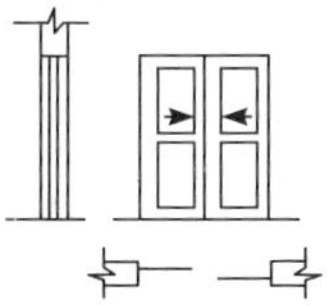	（1）门的名称代号用 M。 （2）图例中剖面图左为外、右为内，平面图下为外，上为内。 （3）立面形式应按实际情况绘制
16	墙外单扇推拉门		
17	墙外双扇推拉门		

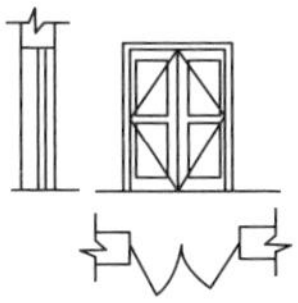

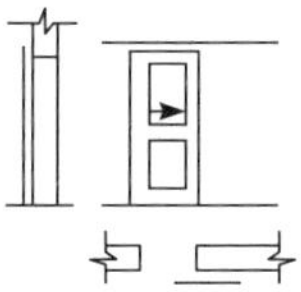

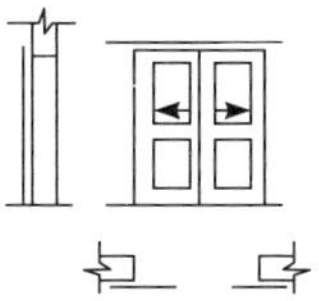

（续表）

序号	名称	图例	说明
18	单扇双面弹簧门	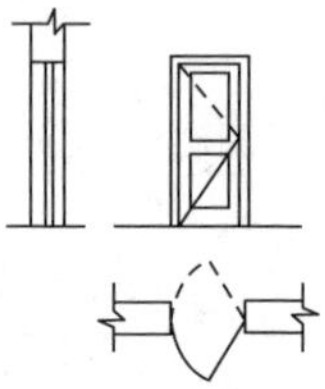	（1）门的名称代号用 M。 （2）图例中剖面图左为外、右为内，平面图下为外、上为内。 （3）立面图上开启方向线交角的一侧为安装合页的一侧，实线为外开，虚线为内开。 （4）平面图上的开启线在一般设计图上应表示。 （5）立面形式应按实际情况绘制
19	双扇双面弹簧门	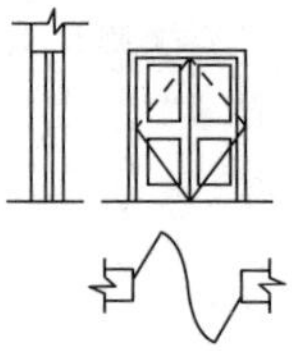	
20	单扇内外开双层门（包括平开或单面弹簧）	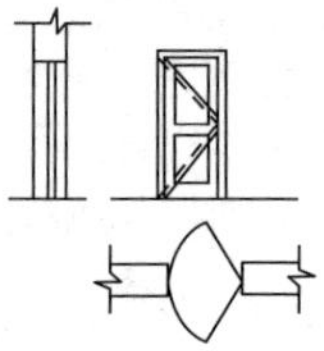	
21	转门	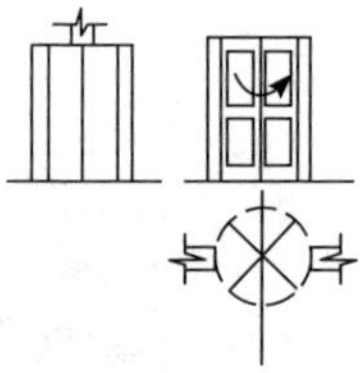	（1）门的名称代号用 M。 （2）图例中剖面图左为外、右为内，平面图下为外、上为内。 （3）平面图上门线应 90°或 45°开启，开启弧线宜绘出。 （4）立面图上的开启线在一般设计图中可不表示，在详图及室内设计图上应表示。 （5）立面形式应按实际情况绘制
22	竖向卷帘门	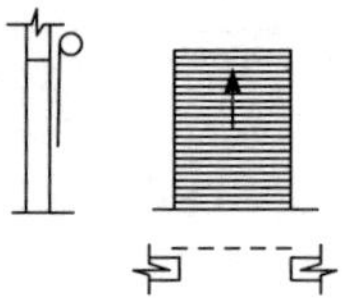	

（续表）

序号	名称	图例	说明
23	单层固定窗	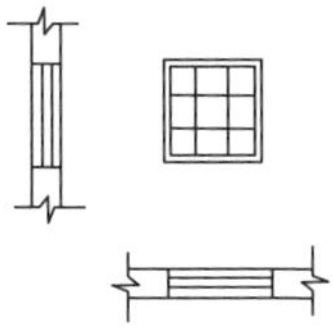	（1）窗的名称代号用 C 表示。 （2）立面图中的斜线表示窗的开启方向，实线为外开，虚线为内开。开启方向线交角的一侧为安装合页的一侧，一般设计图中可不表示。 （3）图例中剖面图左为外、右为内，平面图下为外、上为内。 （4）平面图和剖面图上的虚线仅说明开关方式，在设计图中不需要表示。 （5）窗的立面形式应按实际情况绘制。 （6）小比例绘图时，平、剖面的窗线可用单粗实线表示
24	单层外开平开窗	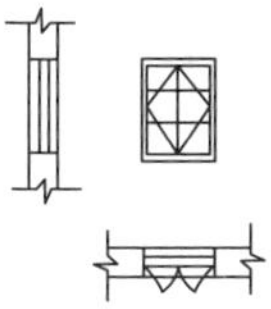	
25	单层内开平开窗	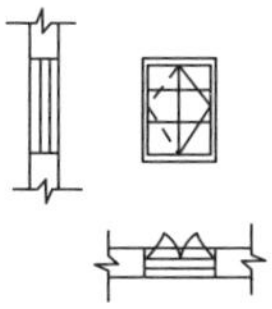	
26	双层内外开平开窗	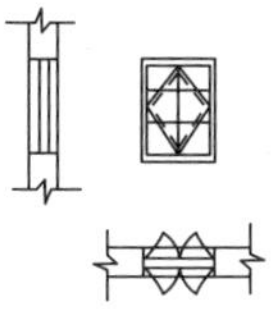	
27	推拉窗	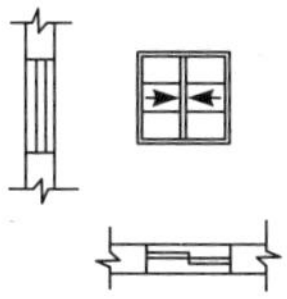	（1）窗的名称代号用 C 表示。 （2）图例中剖面图左为外、右为内，平面图下为外、上为内。 （3）窗的立面形式应按实际情况绘制。 （4）小比例绘图时，平、剖面的窗线可用单粗实线表示
28	百叶窗	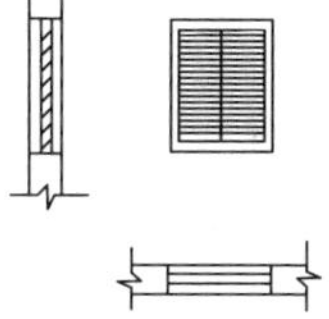	（1）窗的名称代号用 C 表示。 （2）立面图中的斜线表示窗的开启方向，实线为外开，虚线为内开。开启方向线交角的一侧为安装合页的一侧，一般设计图中可不表示。 （3）图例中剖面图左为外、右为内，平面图下为外、上为内。 （4）平面图和剖面图上的虚线仅说明开关方式，在设计图中不需表示。 （5）窗的立面形式应按实际情况绘制

（续表）

序号	名称	图例	说明
29	高窗	h=	(1) 窗的称代号用C表示。 (2) 立面图中的斜线表示窗的开启方向，实线为外开，虚为内开。开启方向线交角的一侧为安装合页的一侧，一般设计图中可不表示。 (3) 图例中剖面图左为外、右为内，平面图下为外、上为内。 (4) 平面图和剖面图上的虚线仅说明开关方式，在设计图中不需表示。 (5) 窗的立面形式应按实际情况绘制。 (6) h 为窗底距本层楼地面的高度

5. 建筑平面图的表示方法

①平面图上的线形粗细要分明，凡是被水平剖切过的墙、柱等断面轮廓线用粗实线表示，其余可见的轮廓线和尺寸线等均用细实线表示。

②平面图中的承重墙、柱必须绘制定位轴线，并进行编号，以便施工时定位和查阅图纸用。根据国家标准规定，定位轴线用细点划线表示。轴线编号的圆圈用细实线绘制，直径一般为 8mm，圆心应在定位轴线延长线上。平面图的横向编号用阿拉伯数字从左至右顺序注写，如①～⑨等；竖向编号用大写英文字母从下至上顺序注写，如 A～F 等。英文字母中的 I、O、Z 不能用在轴线上，以免与数字 1、0、2 混淆。对于一些与主要承重构件相联系的次要构件，它的定位轴线一般作为附加轴线，编号可用分数表示，如表示 2 号轴线以后附加的第一根轴线，表示 C 号轴线以后附加的第三根轴线。

③ 平面图中的门、窗用图例表示并写下代号。门的代号是 M，窗的代号是 C。在代号后面写上编号，编号表示不同类型的门窗。编写的写法各地不尽相同，应根据各地编绘的门窗标准进行识图。

6. 建筑平面图的尺寸标注

平面图中的尺寸分外部尺寸和内部尺寸两大类。

①外部尺寸。如果平面图的上下、左右是对称的，一般外部尺寸标准在平面图的下方及左侧。如果平面图不对称，则四周都要标注尺寸。外部尺寸一般分为三道标准：最外面一道是外包尺寸，表示房屋的总长度、总宽度；中间的一道尺寸表示定位轴线的距离，说明房间的开间及进深的尺寸；最里面一道尺寸表示门窗洞口、墙垛、墙厚等细部尺寸。底层平面图还应标注室外台阶、花台和散水等尺寸。三道尺寸之间应留有适当距离（7～10mm），以便注写数字。

②内部尺寸。为了说明室内的门、窗、孔洞、墙厚和固定设备（如厕所、工作台和搁板等）的大小与位置，以及室内楼地面等，都应注写出内部尺寸。

标注标高尺寸，必须画标高符号。标高符号用细实线画出。画法：楼地面标高是表示各房间的楼地面对标高零点相对高度。一般将底层中主要房间的地面定为标高的零点，如果低于零点标高的，标高的数字前应加“－”号。标高数字应以米为单位，并注小数点以后第三位。

此外，平面图上还应有方位的标示，一般采用图例符号来表示。图例的直径为 24mm，指针底部的宽度为直径的 1/5 或 1/6。

尺寸用来确定建筑物的大小，是工程中的一项重要内容。建筑工程图中的尺寸标注必须符合建筑制图的标准。Auto CAD 是一个通用的绘图软件包，它允许用户根据需要自行创建标注样式。标注样式具有 4 要素，分别为尺寸界线、尺寸线、尺寸起止符号和尺寸数字，应根据标准设置其外观。

● 尺寸线和尺寸界线。尺寸界线应用细实线绘制，一般应与被注长度垂直，其一端应离开图样轮廓线不小于 2～3mm。图样轮廓线可用做尺寸界线。尺寸线应用细实线绘制，应与被注长度平行。图样本身的任何图线均不得用做尺寸线。平行排列的尺寸线间距宜为 7～10mm，并应保持一致。具体设置如图 6－13 所示。

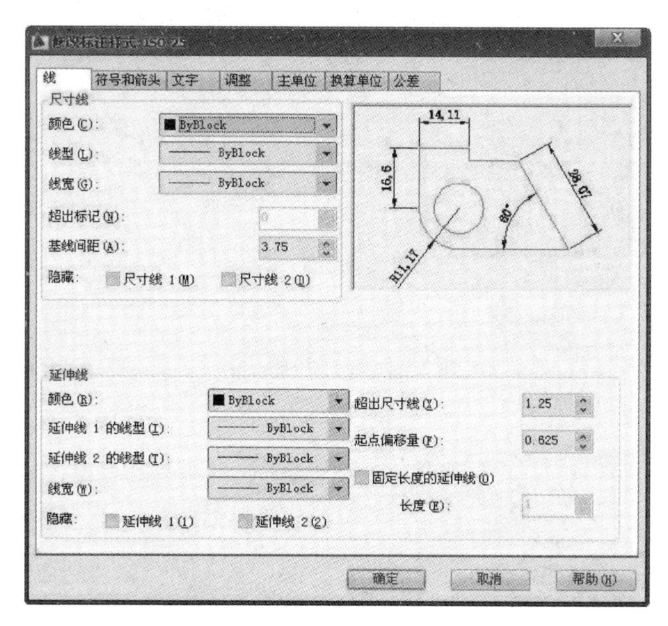

图 6－13　尺寸线与尺寸界线设置

● 尺寸起止符号。建筑图中尺寸起止符号一般用中粗斜短线绘制，其倾斜方向应与尺寸界线成顺时针 45°角，长度宜为 2～3mm。设置如图 6－14 所示。

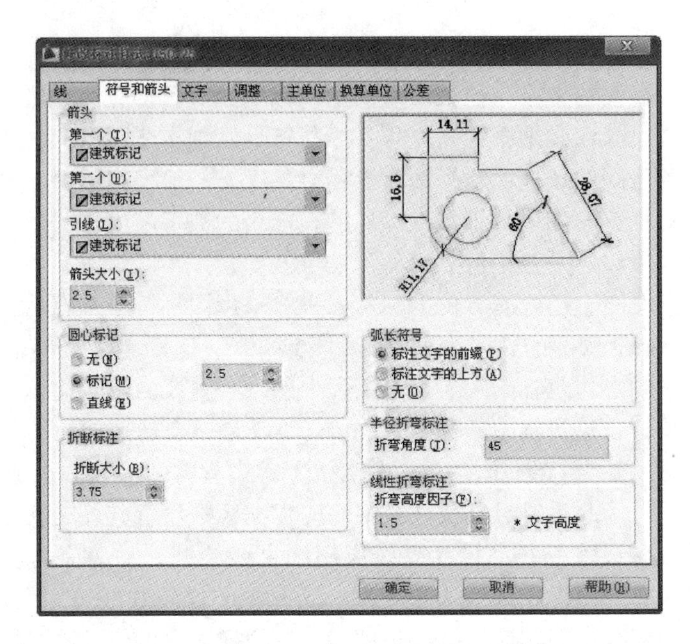

图 6-14　尺寸起止符号设置

● 尺寸数字。标注的文字应该是文字样式设置好的数字和字母样式，不是工程中的汉字样式。尺寸数字的方向应按规定注写。尺寸数字一般应依据其方向注写在靠近尺寸线的上方中部。设置如图 6-15 所示。

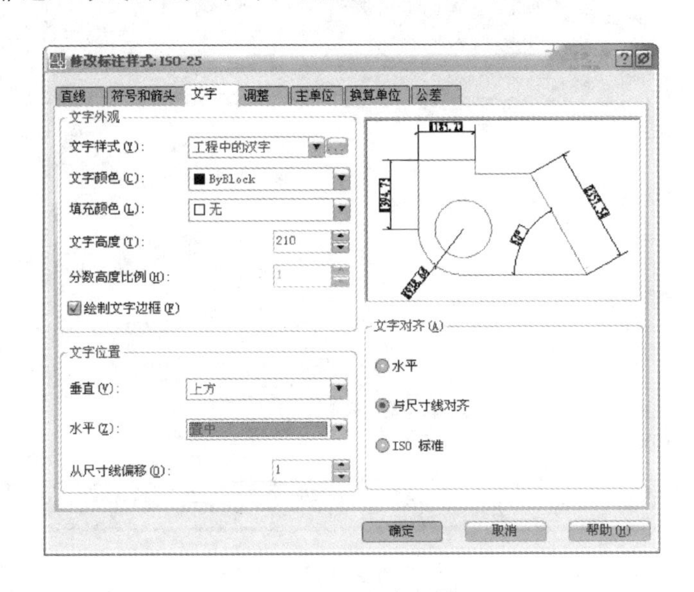

图 6-15　文字设置

● 在尺寸线间如果没有足够的注写文字或尺寸起止符号位置，最外边的数字可注写在尺寸界线的外侧中间，相邻的尺寸数字可错开注写，设置如图6－16所示。

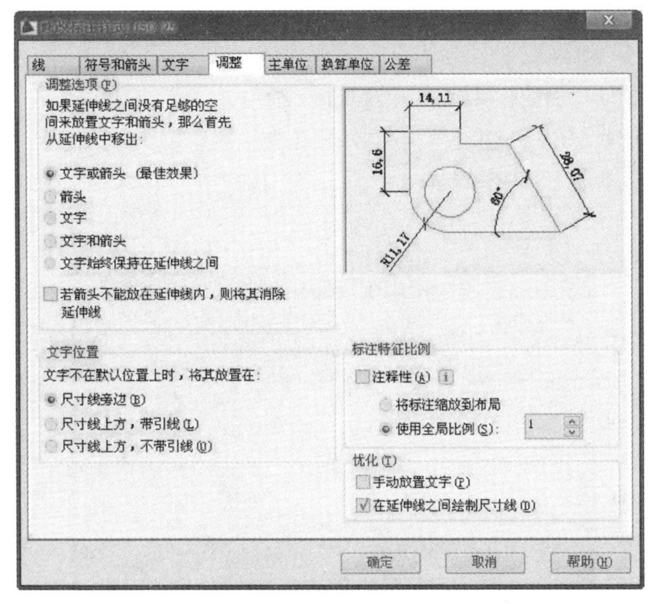

图 6－16　调整设置

在工程绘图时，一般采用缩小的比例绘图，而在图上标注的是实际大小，不是测量大小，因此需要给出比例的倍数，标出所要求的尺寸。

7. 建筑平面图的绘制步骤

①画定位轴线、墙、柱轮廓线。

②定门窗的位置，画细部，如楼梯、台阶、盥洗室、厕所、散水和花池等。

③经检查无误后，擦去多余的图线，按规定线型加深。标注轴线编号、标高尺寸、内外部尺寸、门窗编号、索引符号以及书写其他文字说明。在底层平面图中，应画剖切位置线以及在图外适当的位置画上指北针图例，以表明方位。最后，在平面图下方写出图名及比例等。

8. 多线工具

多线由 1～ 16 条平行线组成，这些平行线称为元素，如图 6－17 所示。

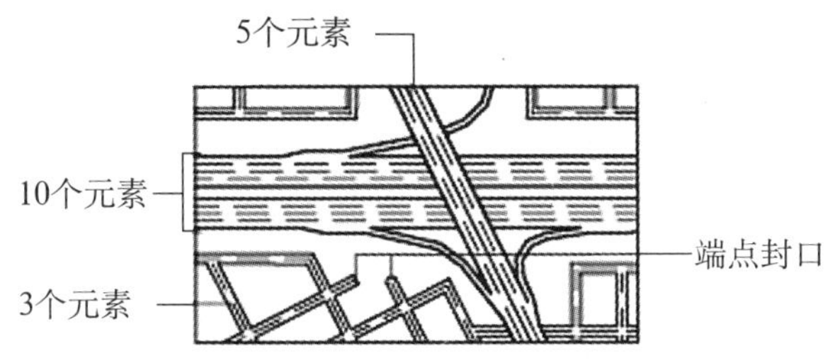

图 6－17　多线例子

带有正偏移的元素出现在多线段中间的一条线的一侧，带有负偏移的元素出现在这条线的另一侧。

(1) 设置多线样式。

本文以画窗户为例来讲解多线样式的设置。

步骤 1：依次选择“格式” | “多线样式”命令。

步骤 2：在打开的“多线样式”对话框中单击“新建”按钮，如图 6－18 所示。

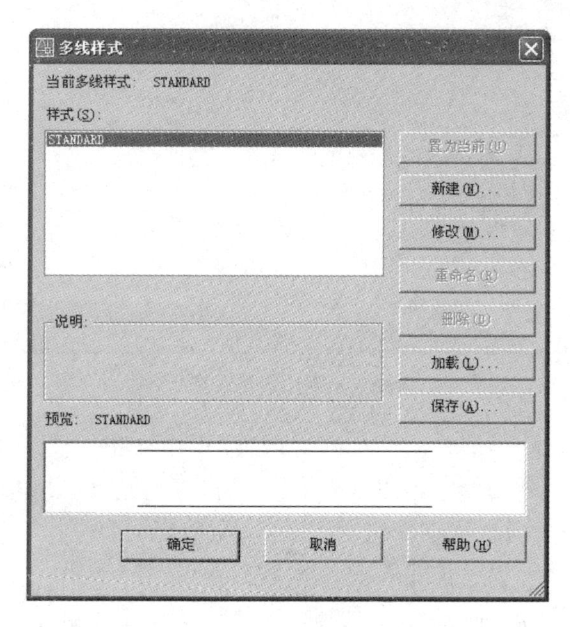

图 6－18　“多线样式”对话框

步骤 3：在打开的“创建新的多线样式”对话框中输入多线样式的名称，并选择开始绘制的多线样式，单击“继续”按钮，如图 6－19 所示。

图 6－19　输入多线样式的名称

步骤 4：在“修改多线样式”对话框中选择多线样式的参数，也可以输入说明，如图 6－20 所示。说明是可选的，最多可以输入 255 个字符，包括空格。

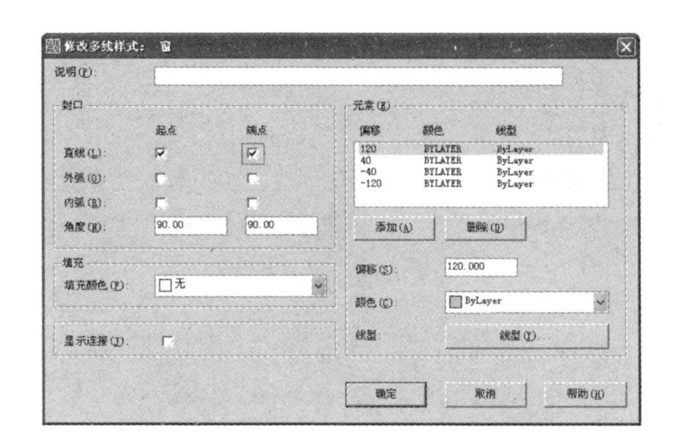

图 6-20　选择多线样式的参数

步骤 5：单击“确定”按钮。

步骤 6：在“多线样式”对话框中单击“保存”按钮将多线样式保存到文件（默认文件为 acad. mln）。可以将多个多线样式保存到同一个文件中，如图 6-21 所示。

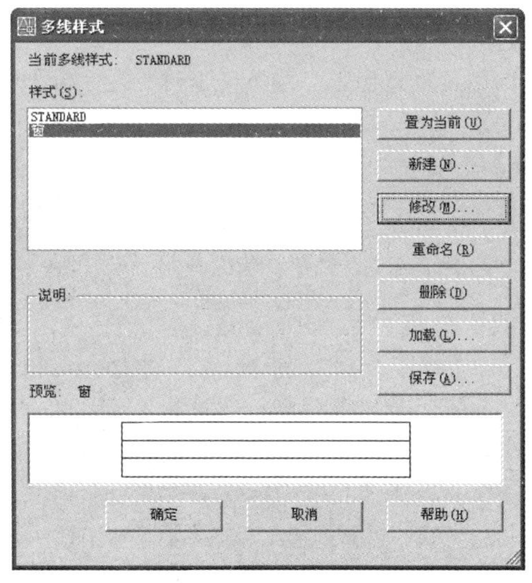

图 6-21　保存新建的多线样式

如果要创建多个多线样式，则在创建新样式之前保存当前样式，否则将丢失对当前样式所做的修改。

（2）绘制多线。

步骤 1：依次选择“绘图”｜“多线”命令。

步骤 2：在命令提示下输入“ st”，选择一种样式。

步骤 3：要列出可用样式，则输入样式名称或输入。如输入刚建立的“窗”样式，命令行如图 6-22 所示。

```
命令:
命令: _mline
当前设置: 对正 = 上, 比例 = 20.00, 样式 = STANDARD
指定起点或 [对正(J)/比例(S)/样式(ST)]:  st
输入多线样式名或 [?]:  窗
当前设置: 对正 = 上, 比例 = 20.00, 样式 = 窗
指定起点或 [对正(J)/比例(S)/样式(ST)]:  j
输入对正类型 [上(T)/无(Z)/下(B)] <上>:  z
命令:
```

图 6 - 22　选择样式

步骤 4：要对正多线，则输入“j”并选择“上对正”、“无对正”或“下对正”。

步骤 5：要修改多线的比例，则输入“s”并输入新的比例。开始绘制多线，命令行如图 6 - 23 所示。

```
输入对正类型 [上(T)/无(Z)/下(B)] <上>:  z
当前设置: 对正 = 无, 比例 = 20.00, 样式 = 窗
指定起点或 [对正(J)/比例(S)/样式(ST)]:  s
输入多线比例 <20.00>:  1
当前设置: 对正 = 无, 比例 = 1.00, 样式 = 窗
指定起点或 [对正(J)/比例(S)/样式(ST)]:  *取消*
命令:
```

图 6 - 23　选择“无对正”，输入比例

步骤 6：指定起点，打开正交，输入窗的长度，如 1800mm，按 Enter 键即可。如图 6 - 24 所示。

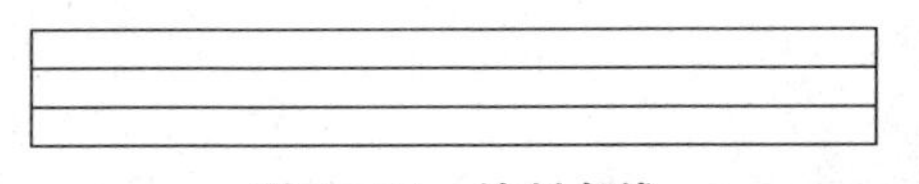

图 6 - 24　绘制多线

(3) 多线编辑工具。

使用多线编辑工具可对多线进行修改，命令为 mledit；或者选择“修改”|“对象”|“多线”命令，出现图 6 - 25 所示对话框。

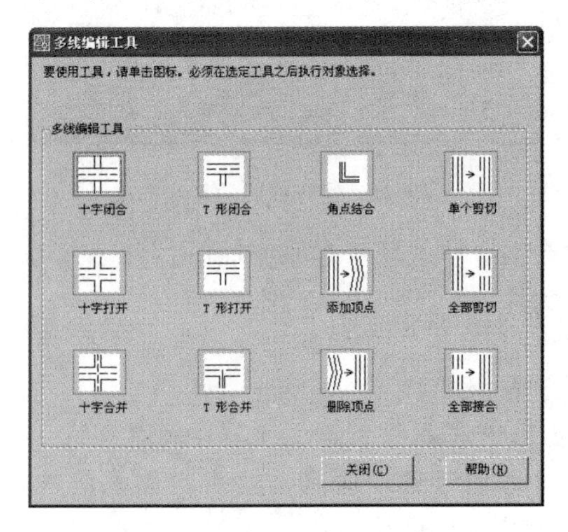

图 6 - 25　“多线编辑工具”对话框

图 6－26 所示的多线经过“角点结合”和“T 形打开”修改后的结果如图 6－27所示。

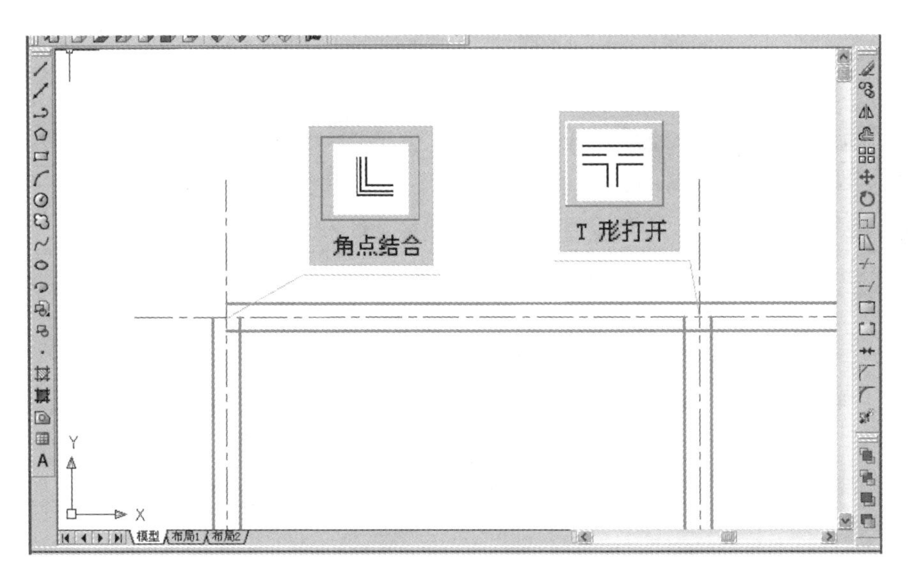

图 6－26　多线编辑的选择

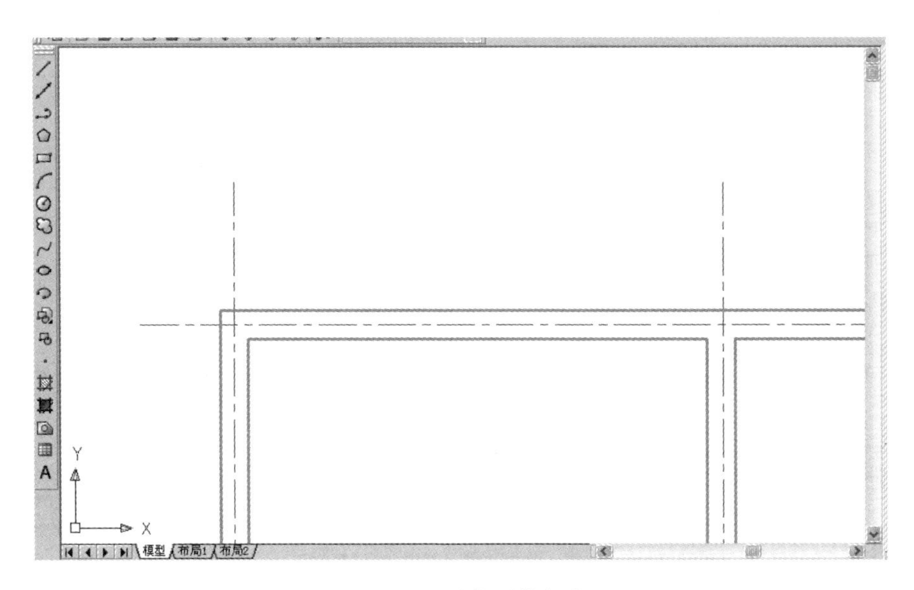

图 6－27　编辑后的多线

6.1.2 绘制建筑平面图

建筑平面图一般按 1∶1 绘制，单位为 mm。当所画对象超过图纸区域时，选择“视图” | “缩放” | “全部”命令可显示所有对象。

1. 创建图层

打开图层特性管理器，分别建立轴线、墙体、门窗、文字和标注等图层，具体要求如表 6－2 所示。

表 6－2　　建筑平面图图层设置参考

图层名称	线型	线宽	颜色
轴线	CENTER	0.25*b*	自定义，最好各图层颜色不同
墙体	Continuous	*b*	自定义，最好各图层颜色不同
窗	Continuous	0.25*b*	自定义，最好各图层颜色不同
门	Continuous	0.5*b*	自定义，最好各图层颜色不同
文字和字母	Continuous	系统默认	自定义，最好各图层颜色不同
标注	Continuous	0.25*b*	自定义，最好各图层颜色不同
细虚线	HIDDEN	0.25*b*	自定义，最好各图层颜色不同
细实线	Continuous	0.25*b*	未指定的非特殊对象用细实线绘制
其他	…	…	…

注：

其中 *b* 从表 6－3 中选取。本文一般不作特殊说明，*b* 取 0.35，即粗线为 0.35，中线为 0.18，细线为 0.09，符合图线的粗中细的比例 4∶2∶1。

按《房屋建筑统一标准》（GB/T50001—2001）的规定，图线的宽度 *b* 宜从下列线宽系列中选取：2.0mm、1.4mm、1.0mm、0.7mm、0.5mm、0.35mm。每个图样，应该根据复杂程序与比例大小，先选定基本线宽 *b*，再选用表 6－3 中相应的线宽组。

表 6－3　　线宽组

线宽比	线宽组（mm）					
b	2.0	1.4	1.0	0.7	0.5	0.35
0.5*b*	1.0	0.7	0.5	0.35	0.25	0.18
0.25*b*	0.5	0.35	0.25	0.18	—	—

注：

（1）需要微缩的图纸，不宜采用 0.18mm 及更细的线宽。

（2）同一张图纸内，各不同线宽中的细线可统一采用较细的线宽组的细线。

本文以建立“墙体”图层为例来说明如何通过对话框实现对图层的设置。

（1）新建图层。

在“图层特性管理器”对话框中单击“新建图层”按钮，创建“图层

1”，“图层 1”的默认特性如图 6－28 所示。

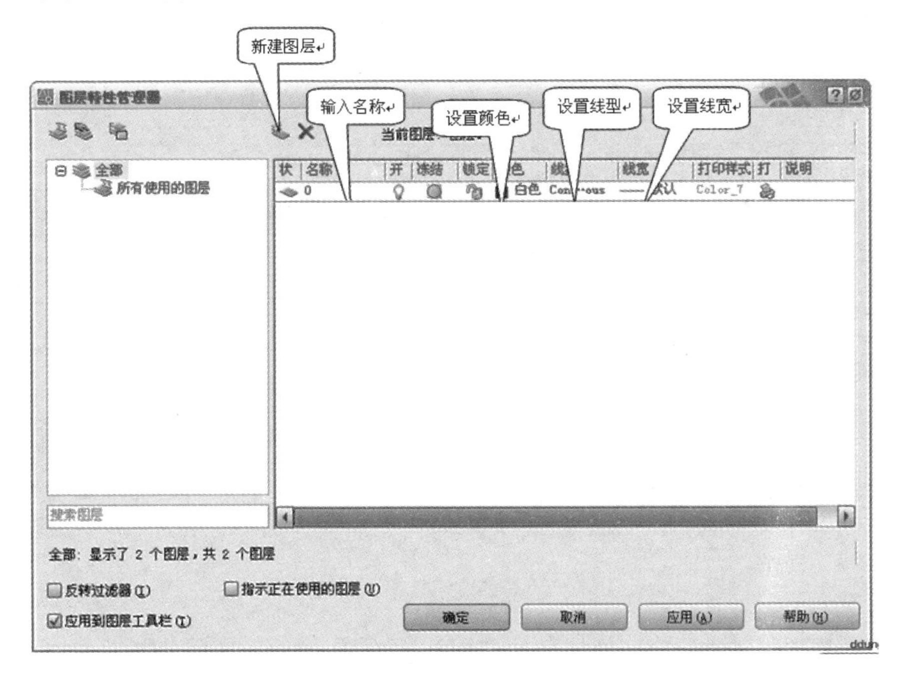

图 6－28　新建图层

（2）设置“墙体”的图层属性。

根据表 6－2，将新建图层名修改为“墙体”，将线宽修改为 0.35，颜色自定义，线型为 Continuous，如图 6－29 所示。

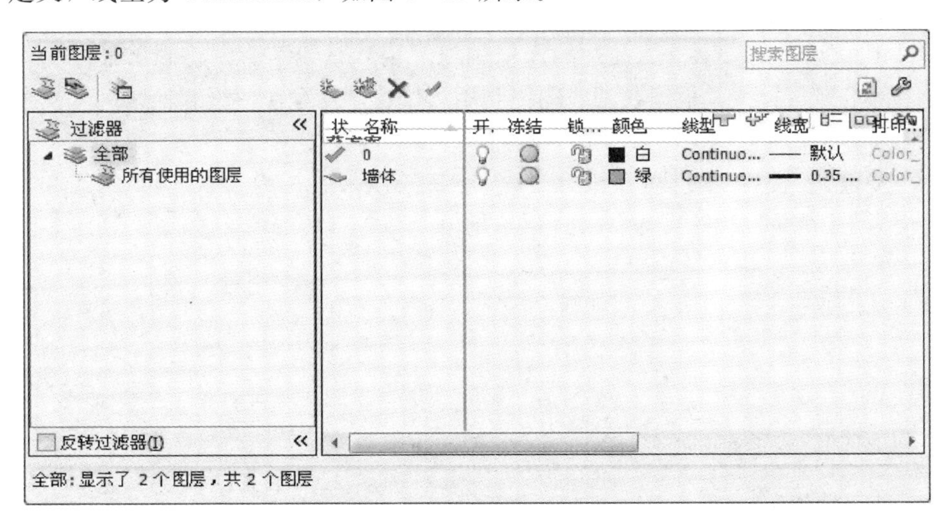

图 6－29　完成对“墙体”图层设置

参照上述图层“墙体”的设置，根据标准和工程实际情况，设置其他图层的名称、颜色、线型和线宽，如图 6 - 30 所示。

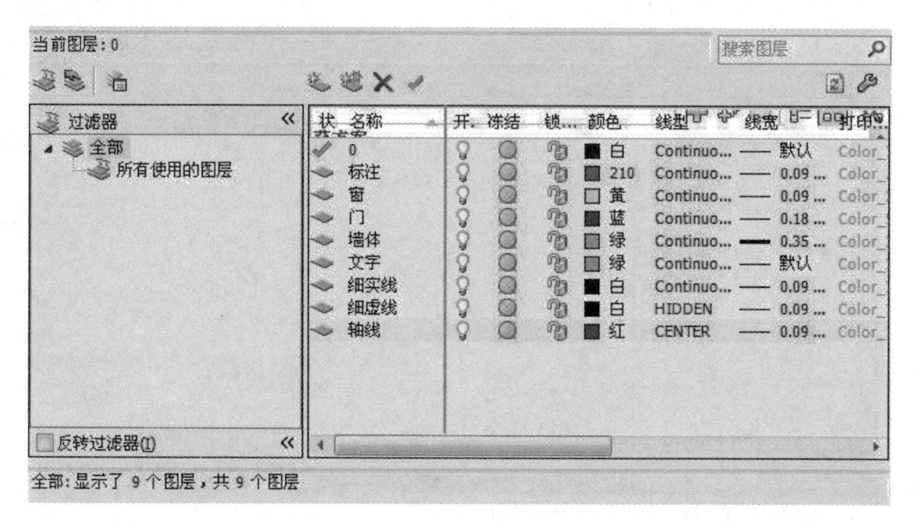

图 6 - 30　创建建筑平面图图层

建好图层之后，将文件保存为“建筑平面图 . dwt”图形样板文件，方便以后使用。

2. 绘制主墙体中轴线

根据建筑物的开间绘制墙和柱子的定位轴线，定位轴线应用细点画线绘制。

将“定位轴线”图层设置为当前图层，采用“直线”工具和“偏移”命令 1∶1 比例绘制所有承重墙及柱的定位轴线。用“直线”命令绘制出最左侧和最上部的定位轴线，根据各轴线间距利用“偏移”命令快速绘制轴线网。

步骤 1：将创建的图纸设置为当前层。

步骤 2：使用“直线”命令 LINE（L）绘制一条长为 8000 的铅垂线和一条长为 10000 的水平线，效果如图 6 - 31 所示。

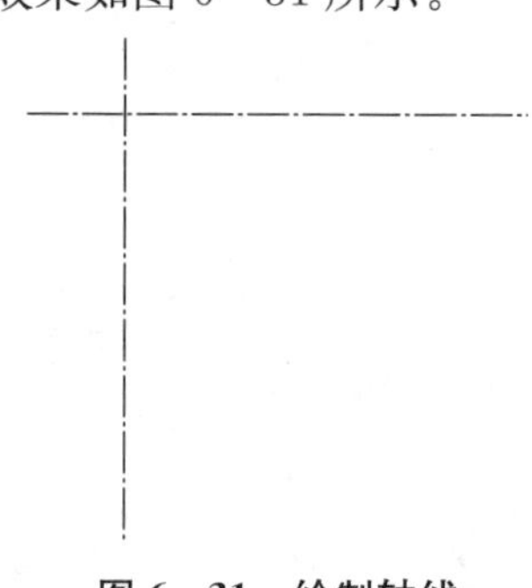

图 6 - 31　绘制轴线

具体操作如下：

```
命令: 1
LINE 指定第一点:
指定下一点或 [放弃(U)]:8000
指定下一点或 [闭合(C)/放弃(U)]:
命令: 1
LINE 指定第一点:〈对象捕捉 开〉
指定下一点或 [放弃(U)]: 10000
指定下一点或 [放弃(U)]:
```

步骤 3：使用“偏移”命令 OFFSET（O）将图 6－31 所示的垂直线段向右偏移 4200，4200，如图 3－32 所示。具体操作步骤如下：

```
命令: o
OFFSET
指定偏移距离或 [通过(T)/删除(E)/图层(L)] 〈6000.00〉: 4200
选择要偏移的对象,或 [退出(E)/放弃(U)] 〈退出〉:
指定要偏移的那一侧上的点,或 [退出(E)/多个(M)/放弃(U)] 〈退出〉:
```

步骤 4：使用“偏移”命令 OFFSET（O）将图 6－31 所示的水平线段向下依次偏移 3600，2700，最后结果如图 6－32 所示。

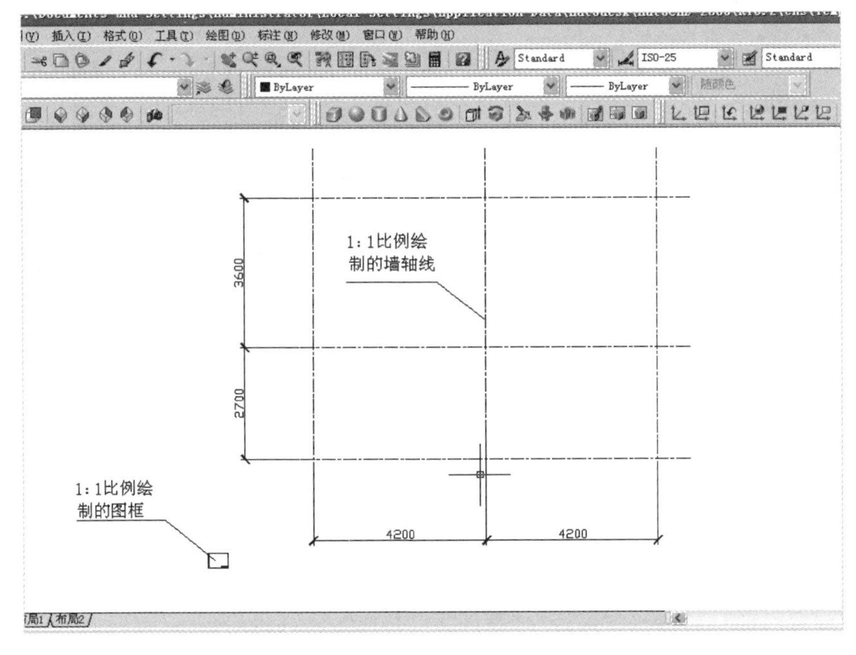

图 6－32　绘制中轴线

3. 绘制墙体轮廓线

暂时不考虑门窗口，先画出全部墙线。墙宽为 240，用 STANDARD 多线样式，在比例为 240，对正方式为“无（ZERO)”的状态下绘制所有宽度为 240mm 的墙体轮廓线。

Mine 命令按当前多线样式指定的线型、条数、比例及端口形式绘制多条平行线段。最外两线的间距可在该命令中重新指定。用 Mine 命令画建筑平面图中的墙体十分方便。绘图步骤为：

步骤 1： 将“墙体”设为当前层。

步骤 2： 用 STANDARD 多线样式，在比例为 240 ，对正方式为“无（ZERO)”的状态下绘制所有宽度为 240mm 的墙体轮廓线。

步骤 3： 用多线编辑工具对图中多线进行编辑，结果如图 6 - 33 所示。

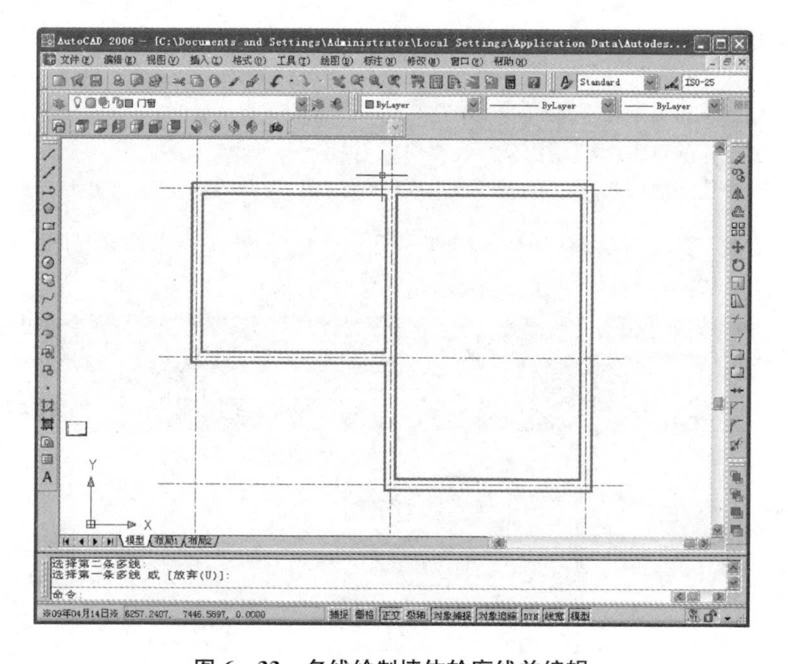

图 6 - 33　多线绘制墙体轮廓线并编辑

从菜单中执行“绘图”→“多线”命令，命令行提示与输入操作过程如下：

```
命令: mline
当前设置: 对正 = 无,比例 = 1,样式 = STANDARD
指定起点或[对正(J)/比例(S)/样式(ST)]: J
输入对正类型[上(T)/无(Z)/下(B)]〈无〉: Z
当前设置: 对正 = 无,比例 =1,样式 = STANDARD
指定起点或[对正(J)/比例(S)/样式(ST)]: S
```

输入多线比例〈1〉: 240

当前设置: 对正 = 无,比例 = 240,样式 = STANDARD

指定起点或 [对正(J)/比例(S)/样式(ST)]:(根据墙体的定位轴线)

指定下一点或[放弃(U)]:(直到完成所有的墙体)

4. 在墙体轮廓线上开门洞、窗洞

步骤 1: 单击“修改”工具条中的“分解”按钮，对所绘的墙体轮廓线进行“分解”。

步骤 2: 根据尺寸，在正确的位置开门洞、窗洞。具体方法很多，这里建议通过将对应的中轴线作“偏移”，并通过“修剪”的方式在相应的位置上“修剪”出门洞、窗洞。结果如图 6－34 所示。

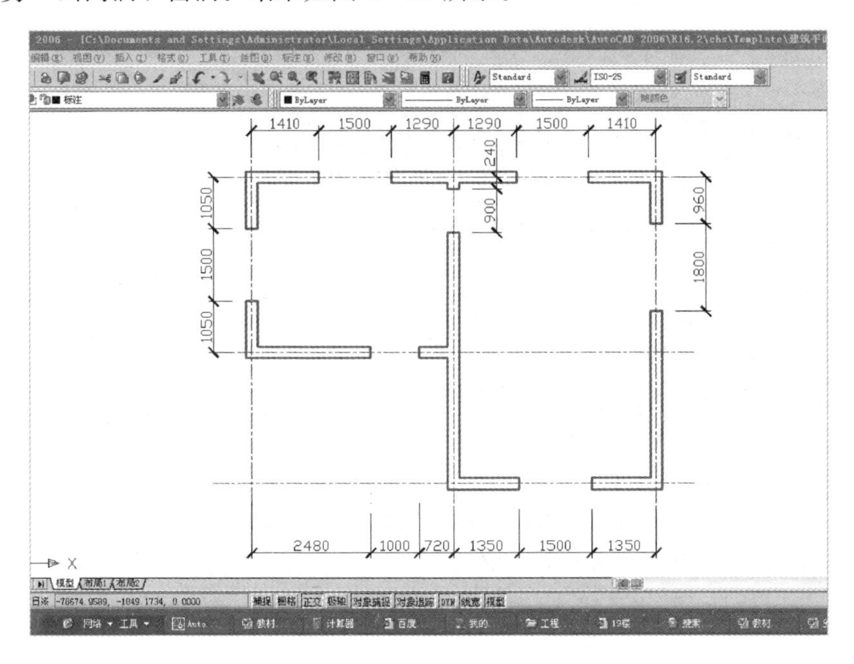

图 6－34　在墙体轮廓上开门洞和窗洞

用同样的方法完成对其他所有门窗洞的绘制。

5. 绘制门和窗

绘图步骤为:

步骤 1: 将“窗”设为当前层。

步骤 2: 采用多线绘制窗，“窗 ”多线的设置以及绘制详见 6.1.1 节中的“8. 多线工具”。在比例为 1 ，对正方式为“无”状态下绘制窗线。

步骤 3: 将“门”设为当前层。

步骤 4: 绘制建筑平面图中的门。如图 6－35 所示。

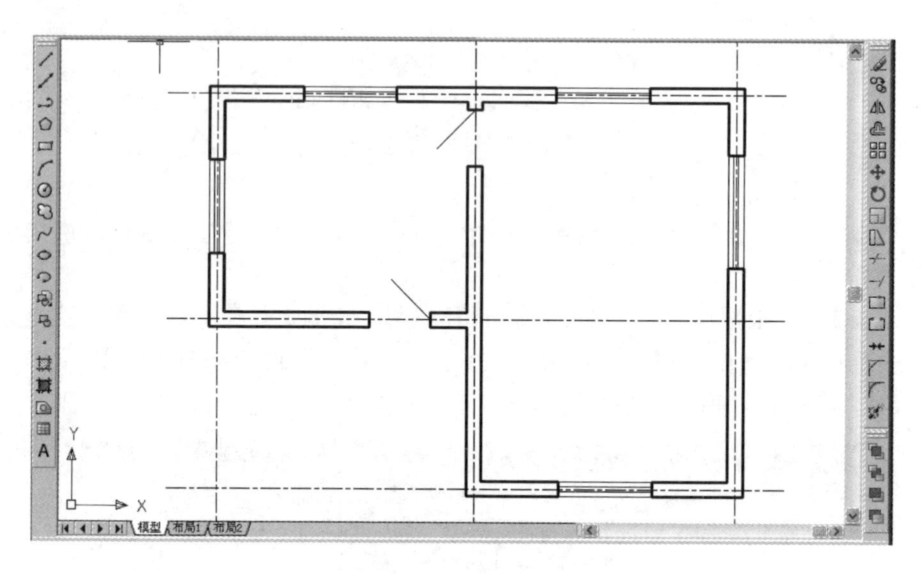

图 6-35　绘制门和窗

6. 绘制柱子

(1) 平面图中柱子的画法。

柱子是承重的构件，本建筑采用了两种断面型的柱子，柱子的外轮廓是粗实线，断面应该是填充，根据建筑制图国家标准，对断面较小，比例小于1∶50的构件，不绘制剖面符号，只涂黑。采用粗实线，并分别应用"直线"、"矩形"和"圆"命令来绘制，按照平面图画出柱子断面外形轮廓。因为柱子的绘制较简单，不再讲解详细的绘制步骤，柱子如图6-36所示。

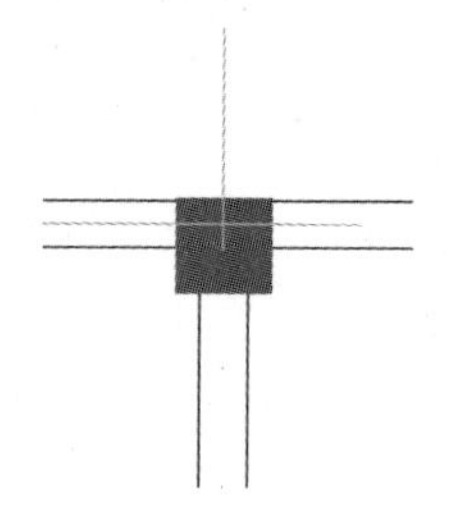

图 6-36　绘制柱子

(2) 柱子的图案填充。

图案填充主要是断面材料符号的填充以及一些必要的图例填充。本图主要是柱子的填充，使用BHATCH命令可方便地定义剖面线的边界，可以选择或自定义所需的剖面线，还可进行预览及进行一些相关的设定。建筑制图标准给出了常用建筑图例的示例和绘制要求，大家在对断面和剖面视图进行填充时，一定要遵循规范要求，绘制符合制图标准规范要求的图例。

在"绘图"工具栏上单击"图案填充"工具，弹出"填充图案选项板"对话框。切换到"其他预定义"选项卡，用SOLID对柱子进行填充，如图6-37所示。

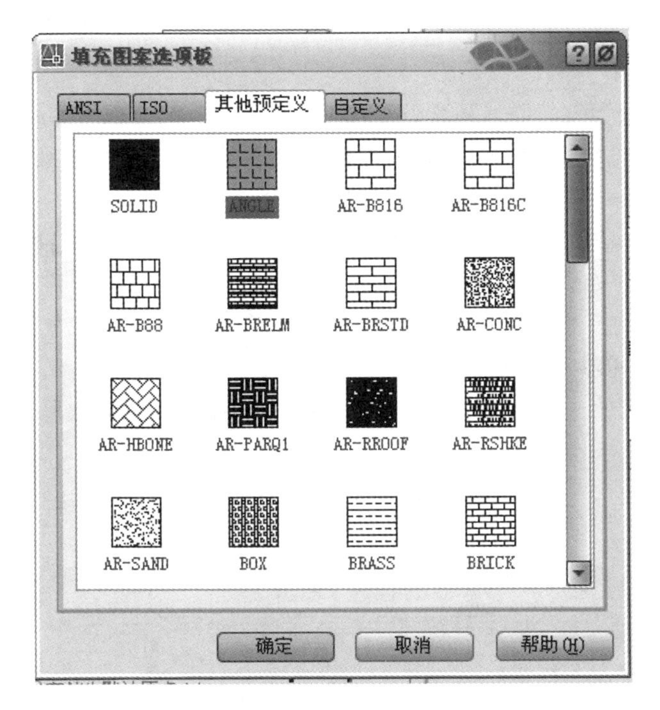

图 6-37　用“SOLID”对柱子进行填充

对矩形断面柱子进行填充，填充过程比较简单，效果如图 6-38 所示。

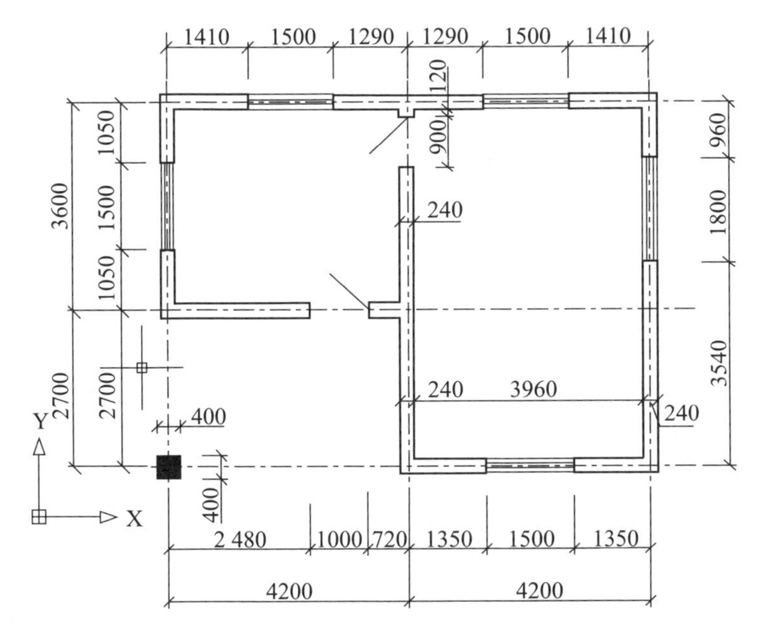

图 6-38　对平面图进行尺寸标注

7. 标注尺寸

(1) 设置标注样式。

全局比例改为50，符号和箭头改为“建筑标记”，尺寸界限中起点偏移量设为5。具体操作详见本任务中的知识点“建筑平面图的尺寸标注样式的创建与设置”。

(2) 对平面图进行标注。

最好采用“连续标注”，先标注门窗等细部尺寸，再标注轴线间尺寸，最后标注总尺寸。如图6－38所示。

至此，建筑平面图在1∶1情况下所要进行的工作已经完成了。

8. 将平面图移入图框

将A3图框放大50倍，将1∶1绘制的平面图移入到放大后的A3图框中，如图6－39所示。

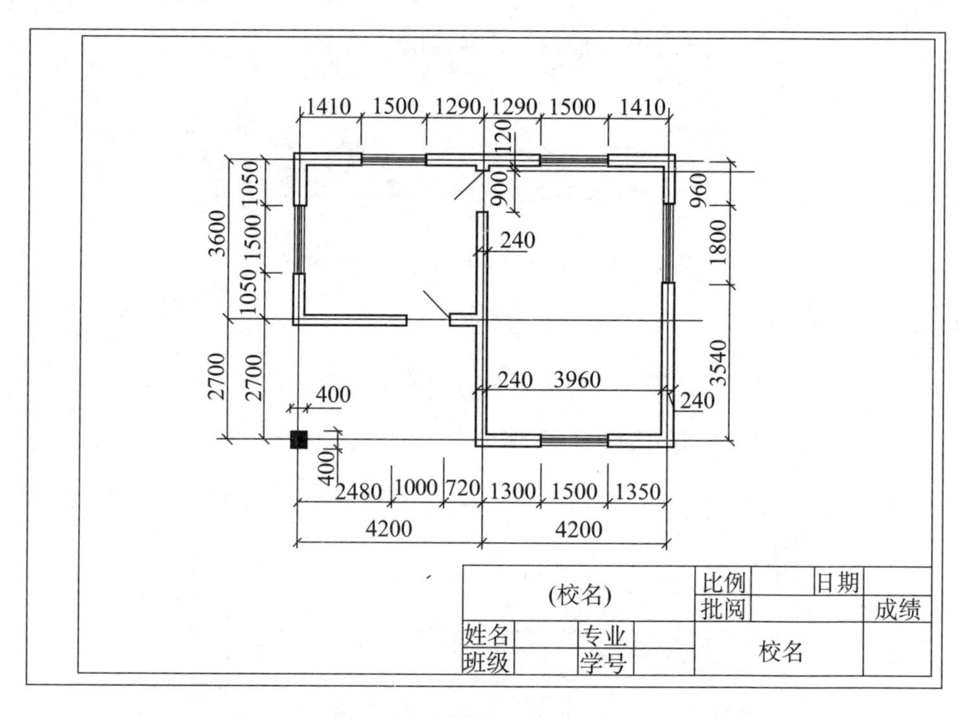

图6－39 将平面图移入图框中

9. 注写文字说明，插入“编号圆”、“指北针”和“标高”图块

(1) 绘制定位轴线编号。

定位轴线应编号，编号注写在轴线端部的圆内。圆应用细实线绘制，直径为8～10mm。定位轴线圆的圆心应在定位轴线的延长线上。平面图上定位轴线的编号宜标注在图样的下方与左侧。横向编号应用阿拉伯数字，按从左到右的顺序编写；竖向编号应用大写阿拉伯字母，从下到上编号。

采用创建属性快的方法可实现对轴线编号的快速插入。插入点的选择很关键，在创建块的过程中要注意。图 6－40 所示的插入点是定在圆周的四分点上，选择时应把“捕捉”功能打开，以准确定位。

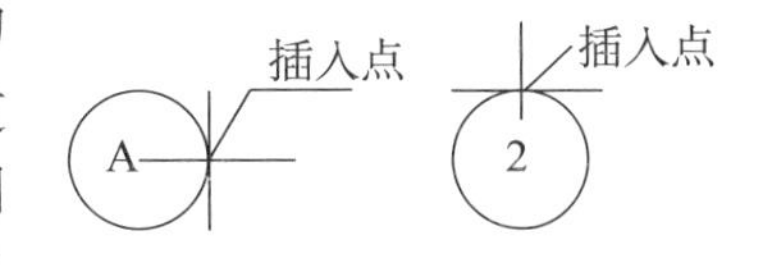

图 6－40　插入点

步骤 1： 在“轴线编号与圆”图层用“Circle”命令绘制直径为 8mm 的圆。

步骤 2： 在菜单中执行“绘图”→“块”→“定义属性”命令，弹出“属性定义”对话框。

步骤 3： 在“属性定义”对话框中设置属性模式并输入标记信息、位置和文字选项。为使轴线编号中心位于定位轴线圆的圆心，在“文字设置”选项区域中的“对正”下拉列表中选择“中间”对正方式，内容设置如图 6－41 所示。单击“确定”按钮，在屏幕上指定文字的插入点时，利用“捕捉”功能指定定位轴线圆的圆心。

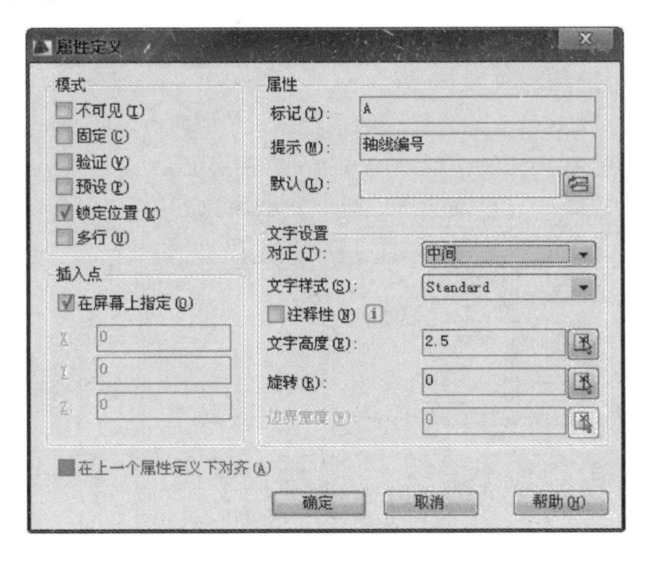

图 6－41　定义轴线编号的属性

步骤 4： 选取“绘图”工具栏中的“创建块”工具，创建“创建编号”块。

步骤 5： 选取“绘图”工具栏中的“插入块”工具，在“插入”对话框的“名称”中选择已经定义的“轴线编号”。

如果需要使用定点设备指定插入点、比例和旋转角度，则选择“在屏幕上指定”复选框；否则，在“插入点”、“缩放比例”和“旋转”文本框中分别输入值。命令如下：

命令：insert

指定插入点或［基点(B)/比例(S)/X/Y/Z/旋转(R)/预览比例(PS)/PX/PY/PZ/预览旋转(PR)]:

输入 X 比例因子〈1〉:50

输入 Y 比例因子：50

指定旋转角度〈0〉:

输入属性值

输入轴线编号：A

（重复插入，完成对所有定位轴线编号的插入）

(2) 绘制指北针。

详见 6.1.1 节相关知识点“2. 房屋建筑工程图的有关规定”中指北针的画法，根据本文情况相应放大 50 倍。

(3) 绘制标高。

详见 6.1.1 节相关知识点“2. 房屋建筑工程图的有关规定”中标高的画法，根据本文情况相应放大 50 倍。

(4) 最后填写图名、标题栏，结果如图 6－42 所示。

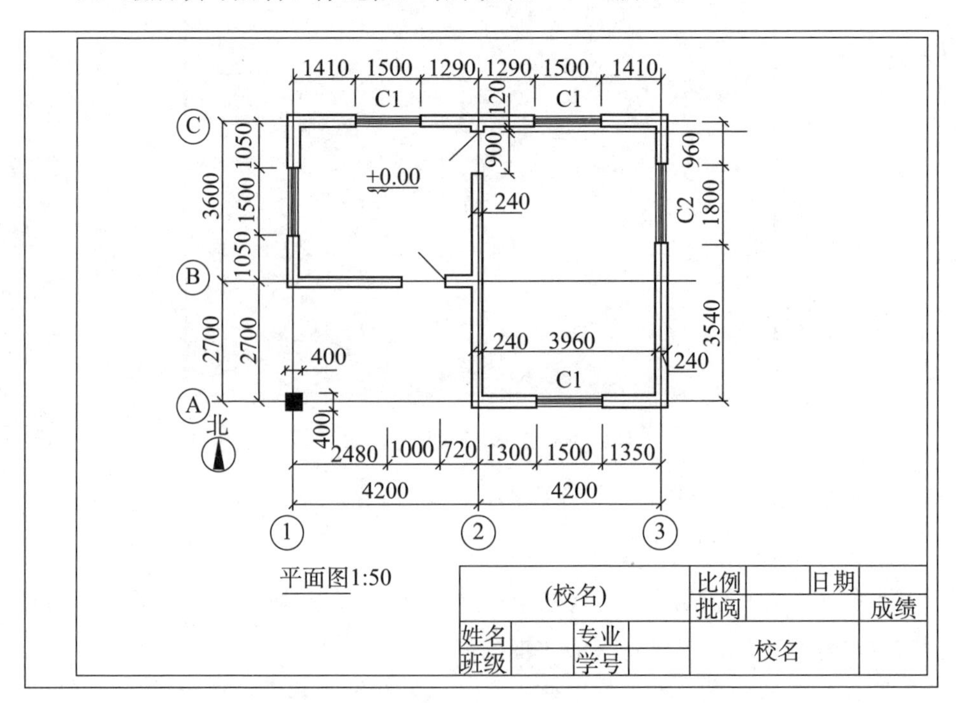

图 6－42 完成后的图纸

任务 2　绘制某楼层布防平面图

本任务的绘制图形对象如图 6 - 43 所示。

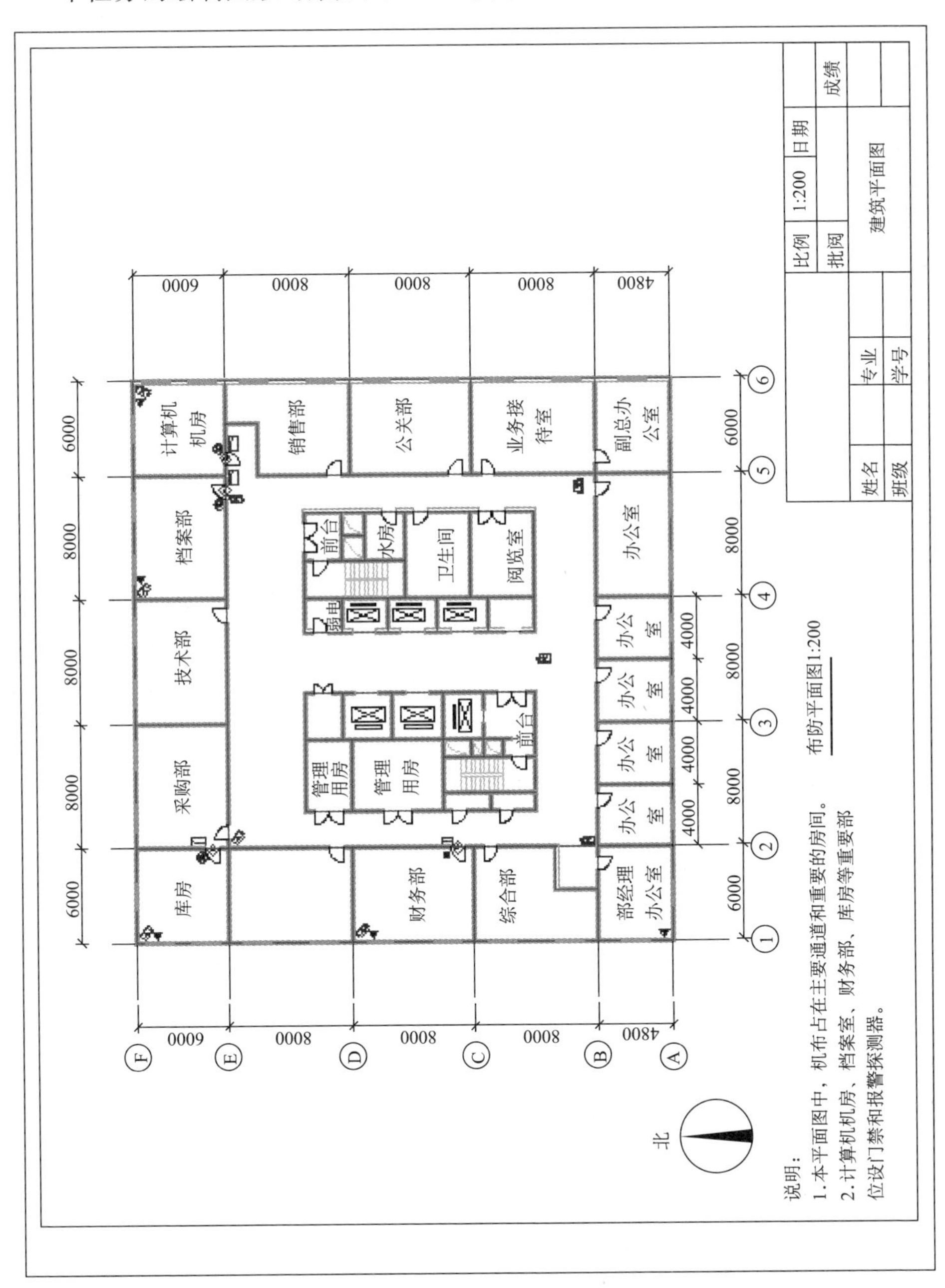

图 6 - 43　布防平面图

6.2.1 相关知识点

1. 布防平面图要求

在安全防范工程设计中，建筑平面图不仅要规范，符合国家标准，而且安全防范工程设计所用的图形符号也必须符合 GA/T 74—2000《安全防范工程通用图型符号》的要求。

绘制图纸要求主次分明，应突出线路敷设，电器元件等为中实线，建筑轮廓为细实线，凡建筑平面的主要房间，应标示房间名称，轴线要标号。

相同的平面，相同的防范要求，可只绘制一层或平面；局部不同时，应按轴线绘制局部平面图。

比例尺的规定：凡在平面图上绘制多种设备，而数量又较多时，宜采用 1∶100。但面积很大，设备又较少，能表达清楚的话，可采用 1∶200。

另外，还要使以下方面符合规范要求：

①图纸的比例应恰当，过小看不清楚图形符号和文字说明，过大使用不方便。

②要根据实际选择图幅。图幅需要大则大，需要小则小，要与国家规定的图幅标准一致。一套完整的设计图纸，根据需要，图幅大小不一致是正常的，不应强求不恰当的图幅大小一致。

③复制的建筑平面图不能走样。因为安全防范工程设计是以建筑平面图所反映出的建筑结构、特点，房屋面积的大小，标高、门窗结构、数量，内部设施等情况，各部位的风险等级，建筑物实体存在的薄弱环节以及四邻情况等为设计参考依据，如果复制的建筑平面图走了样，就无法全面反映建筑物的实际情况，就会使设计脱离实际，其后果不言而喻。

④复制平面图必须规范，符合国家标准。特别是绘图的线型要规范，该粗则粗，该细则细。切不可千篇一律，都用一种线型，很难分清哪个是轮廓线、哪个是尺寸线等，看起来很吃力，既浪费了时间，又使设计容易出现错误。

⑤图形符号的大小要与图纸的比例相谐调。既要使图形符号突出明显，又不要过大或过小，或大小不一，看起来不美观，不谐调。

⑥探测器、声音复核、图像复核等前端设备布防平面图，不能只绘制探测器的布点，还要在同一幅面上绘制器材、设备明细表和本局部的电路图，使每张图都具有可进行分析研究和审核的依据。

⑦每张图纸都应有符合国家标准规定的标题栏。标题栏内的各项，如设计、制图、审核、校对和批准等，都应有负责人签字，并有比例、日期和图号等内容，都要填写清楚，否则为无效图纸。

2. 建筑工程图的复制与取舍

建筑工程图的复制与取舍是根据安全防范工作设计的需要而对建筑平面图进行的复制、取舍，因为建筑平面图是根据房屋建筑的需要设计绘制的，是用以指导施工的图纸。它将一栋拟建房屋的内部形状、大小，各部分的尺寸、技术要求等，都用图例和不同粗细的线条以图示法详细地表示出来，并以文字加以注释。这些都是指导房屋建设必不可少的内容。而这些内容中，有许多细部尺寸、符号、标记和文字说明等都是安全防范工程设计不需要的东西。为了突出和表达清楚安全防范工程的设计内容，需要对原始的建筑平面图进行复制、取舍。

所谓复制，就是把原图的内外形状的图形、大小、各部分的结构、装饰、设施以及外部尺寸丝毫不走样地绘制出来，达到与原图一模一样。所谓取舍，就是保留安全防范工程设计所需要的上述部分，舍去前述（细部尺寸、符号和标记等）的不需要部分，使图纸的幅面达到整洁。否则，会造成安全防范工程在平面图上设计的图形符号与建筑平面图上原有的细部尺寸、符号、标记等重叠，而造成图幅画面的杂乱无章，给识图、审核造成困难，而且也不符合规范要求，所以应对原始的建筑平面图进行复制、取舍。

3. 楼梯详图

楼梯是楼房上下层之间的主要交通构件，一般由楼梯段、休息平台和栏板（栏杆）等组成。

楼梯详图主要反映楼梯的类型、结构形式、各部位的尺寸及踏步、栏板等装修做法，是楼梯施工放样的主要依据。

楼梯详图一般包括楼梯平面图、剖面图和节点详图。

（1）楼梯平面图。

■ 楼梯平面图的形成。

用一个假想的水平剖切平面，通过每层向上的第一个梯段的中部（休息平台下）削切后，向下作正投影所得到的投影图称为楼梯平面图。楼梯平面图实际上是房屋各层建筑平面图中楼梯间的局部放大图。

一般每一层都要画一楼梯平面图。三层以上的房屋，若中间各层的楼梯位置及其梯段数、踏步数和大小都相同时，通常只画出底层、中间层（标准层）和顶层三个平面图。

■ 楼梯平面图的图示内容。

①在楼梯平面图中，要注出楼梯间的开间、进深尺寸、楼地面和平台面处的标高以及各细部的详细尺寸。通常，把梯段的水平投影长度尺寸与踏步数、踏步宽的尺寸合并写在一起。

②各层平面图中应注出该楼梯间的定位轴线；底层平面图中还应注明楼梯剖面图的剖切位置。

■ 楼梯平面图的图示方法。

①楼梯平面图一般采用1∶50的比例绘制。

②按“国标”规定，各层被剖切到的梯段均在平面图中以45°细折断线表示。在每一梯段处画有带箭头的指示线，在指示线尾部注写“上”或“下”字样及踏步数，表示从该层楼地面到达上（或下）一层楼地面的方向和步级数。

③楼梯平面图的线型与建筑平面图一样。

④通常，楼梯平面图画在同一张图纸内，并互相对齐。这样，既便于识读，又可省略标注一些重复尺寸。

■ 楼梯平面图的识读。

现以某学院学生公寓中的楼梯平面图为例，如图6-44所示，说明楼梯平面图的识读方法。

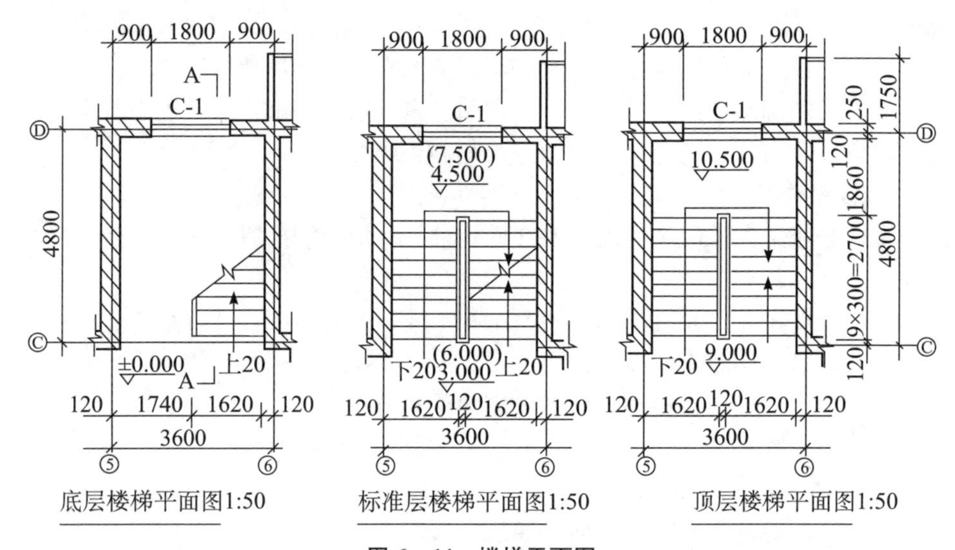

图6-44 楼梯平面图

①了解楼梯在建筑平面图中的位置、开间、进深及墙体的厚度。

对照底层平面图可知，此楼梯位于横向⑤～⑥、纵向Ⓒ～Ⓓ之间。开间为3600mm、进深为4800mm，墙的厚度为370mm。

②了解楼梯段及梯井的宽度。

图6-44中，楼梯段的宽度为1620mm，梯井的宽度为120mm。

③了解楼梯的走向及起步位置。

由各层平面图上的指示线可以看出楼梯的走向。第一个梯段踏步的起步位置分别距Ⓒ轴120 mm。

④了解休息平台的宽度、楼梯段长度、踏面宽和数量。

图6-44中，休息平台的宽度为1860mm。楼梯段长度尺寸为9×300＝

2700mm，表示该梯段有 9 个踏面，每一踏面宽为 300mm。

⑤了解各部位的标高。

各部位的标高在图中均已标出。

⑥了解楼梯剖面图的剖切位置及编号。

在底层楼梯平面图中，应标注剖切位置及编号，如 A-A。

■ 楼梯平面图的绘制。

现以图 6－45 所示的标准层楼梯平面图为例，说明楼梯平面图的绘制步骤。

①首先画出楼梯间的定位轴线和墙厚、门窗洞位置，确定平台宽度、梯段宽度和长度，如图 6－45（a）所示。

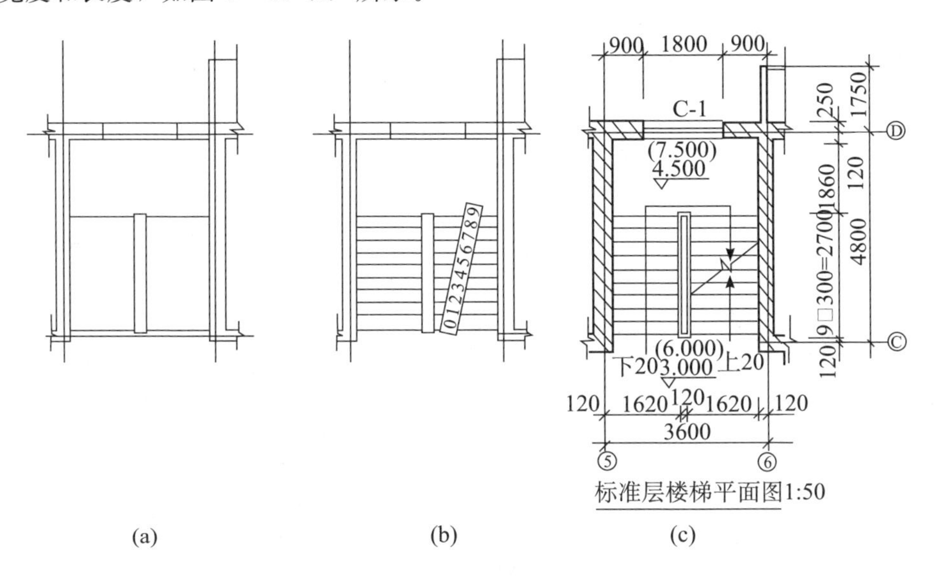

图 6－45　楼梯平面图的绘制步骤

②采用两平行线间距任意等分的方法划分踏步，如图 6－45（b）所示。

③画栏板（栏杆），上下行箭头，检查无误后加深图线，注写标高、尺寸、剖切符号、图名、比例及有关文字说明等。

完成后的楼梯平面图如图 6－45（c）所示。

（2）楼梯剖面图。

■ 楼梯剖面图的形成。

用一个假想的铅垂剖切平面，通过各层的一个梯段和门窗洞将楼梯剖开后，向另一未剖到的梯段方向作投影所得到的投影图称为楼梯剖面图。

■ 楼梯剖面图的图示内容。

①在楼梯剖面图中，要注明地面、楼面、平台面等处的标高，以及梯段、栏板（栏杆）、窗洞等的高度尺寸。

②表示出房屋的层数、楼梯的段数、踏步数、类型及其结构形式。

③表示出各梯段、平台、栏板（栏杆）等的构造及它们的相互关系等情况。

■ 楼梯剖面图的图示方法。

①楼梯剖面图一般采用1∶50、1∶30等比例绘制。

②楼梯剖面图一般和其平面图画在同一张图纸上。若楼梯间屋面没有特殊之处，可省略不画。

③楼梯剖面图的线型与建筑剖面图一样。

④在多层房屋中，若中间各层楼梯构造相同，通常采用折断画法（与外墙身剖面详图处理方法相同）。

■ 楼梯剖面图的识读。

现以某学院学生公寓中的楼梯剖面图为例，如图6-46所示，说明楼梯剖面图的识读方法。

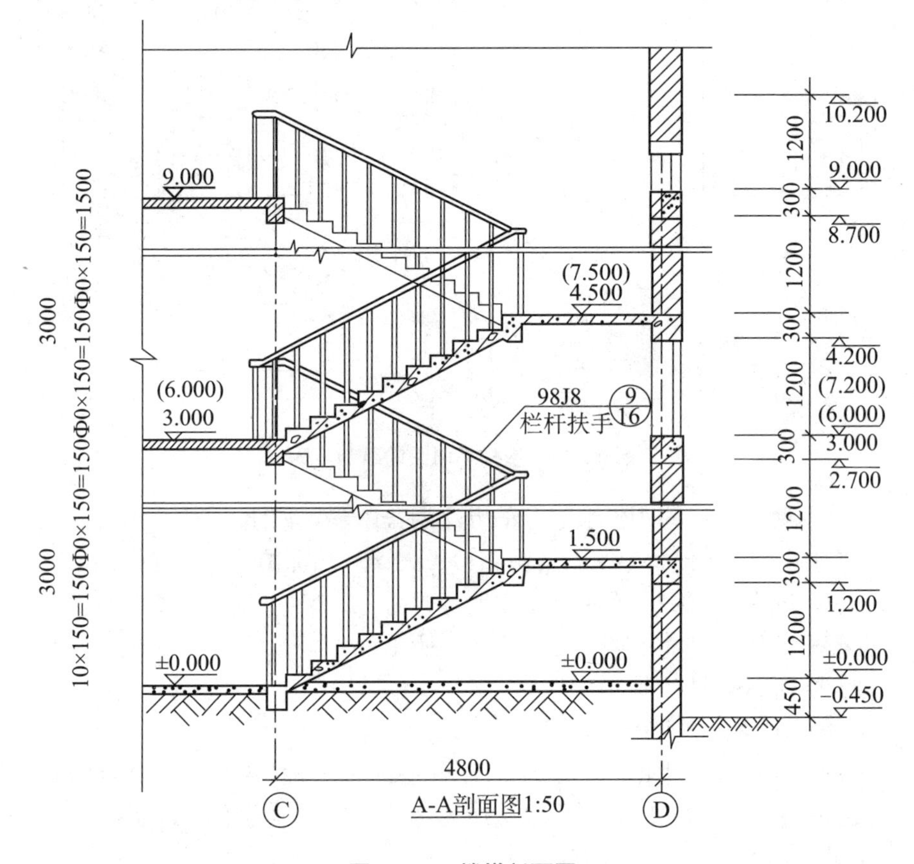

图6-46 楼梯剖面图

①与楼梯平面图对照，搞清楚剖切位置及投影方向。

由 A-A 剖面图，可在底层楼梯平面图中找到相应的剖切位置，该剖面图是从右往左作投影而形成的。

②了解轴线编号及尺寸。

该剖面图墙体轴线编号为Ⓒ和Ⓓ，其轴线尺寸为 4800mm。

③了解房屋的层数、楼梯梯段数、踏步数。

该公寓楼有 4 层，每层的梯段数和踏步数，如图 6－46 所示。

④了解楼梯的竖向尺寸和各处标高。

A-A 剖面图的左侧注有每个梯段高，如 10×150＝1500mm，其中 10 表示踏步数，150mm 表示踏步高。

⑤了解扶手、栏板（栏杆）、踏步等的详图索引符号。从图 6－46 中的索引符号知，扶手、栏板（栏杆）采用标准图集 98J8。

■ 楼梯剖面图的绘制。

现以某学院学生公寓中的楼梯剖面图为例，如图 6－46 所示，说明楼梯剖面图的绘制步骤，如图 6－47 所示。

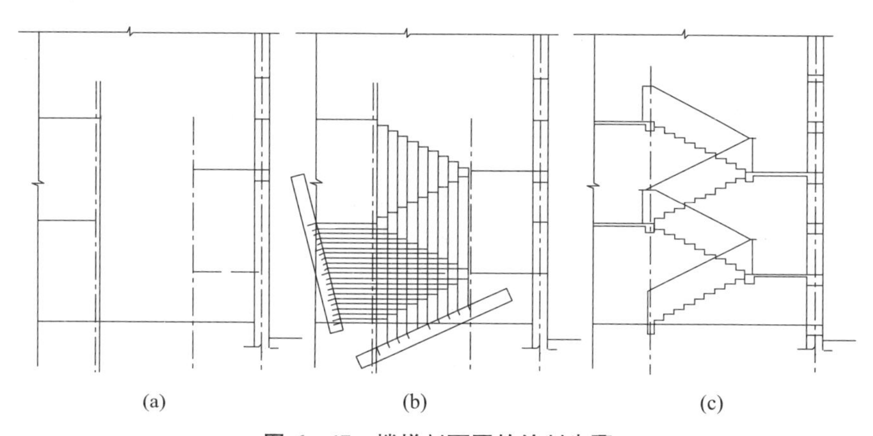

图 6－47　楼梯剖面图的绘制步骤

①画轴线，定室内外地面、楼面、平台位置及墙身、楼（地）面厚度，如图 6－47（a）所示。

②用等分两平行线间距离的方法划分踏步的宽度、步数和高度级数，如图 6－47（b）所示。

③ 画楼梯段、门窗、平台梁及栏杆等细部，如图 6－47（c）所示。

④ 检查无误后加深图线，在剖切到的轮廓范围内画上材料图例，注写标高和高度尺寸，最后在图下方写上图名及比例等。

完成后的楼梯剖面图如图 6－46 所示。

（3）楼梯节点详图。

楼梯平、剖面图只表达了楼梯的基本形状和主要尺寸，还需要详图表达各节点的构造和细部尺寸。

楼梯节点详图主要包括楼梯踏步、扶手、栏板（栏杆）等详图。通常选用建筑构造通用图集，以表明它们的断面形式、细部尺寸、用料、构造连接及面层装修做法等。

6.2.2 绘制布防平面图

1. 打开样板文件

打开“任务一”中 6.1.1 节制作的“建筑平面图 .dwt”图形样板文件。根据布防平面图的要求“电器元件等为中实线，建筑轮廓为细实线”，将图层“墙线”的线宽由 0.35 修改为 0.09。

2. 绘制主墙体中轴线

将“轴线”设为当前层，采用“直线”工具和“偏移”命令，按图 6－48 所示尺寸 1∶1 比例绘制所有墙的轴线（图中的尺寸不用标）。

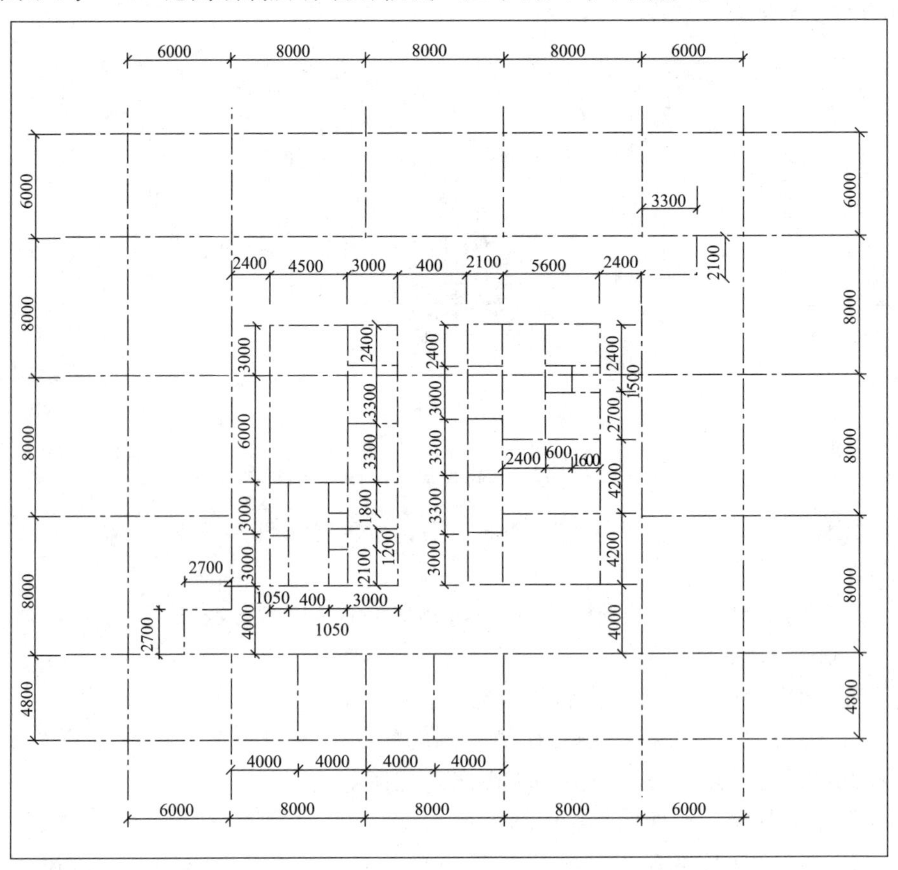

图 6－48 绘制中轴线

具体操作参照本情境“任务一”中绘制建筑平面图的“轴线”绘制方法。

3. 绘制墙体轮廓线

墙宽为 240，用 STANDARD 多线样式，在比例为 240 ，对正方式为“无（ZERO）”的状态下绘制所有宽度为 240mm 的墙体轮廓线。用多线编辑工具对图中多线进行编辑，结果如图 6－49 所示。

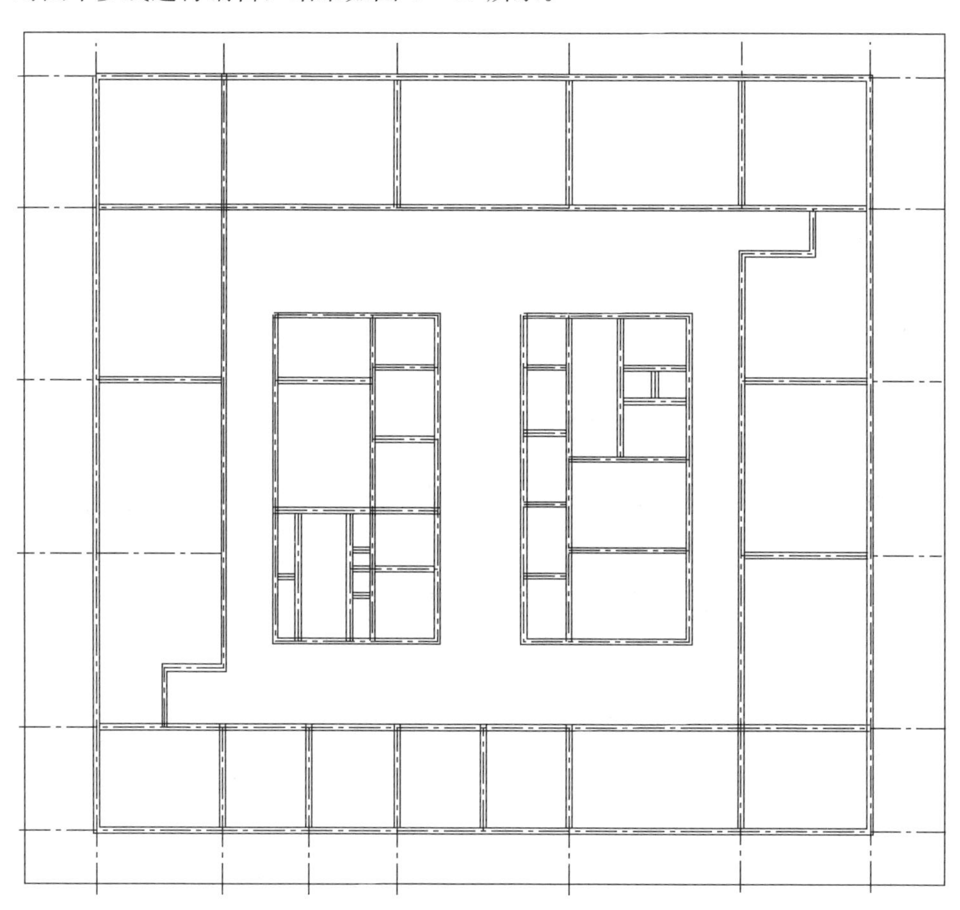

图 6－49　多线绘制墙体轮廓线并编辑

具体操作参照本情境“任务一”中绘制建筑平面图的“墙体轮廓线”绘制方法。

4. 在墙体轮廓线上开门洞、窗洞

单击“分解”按钮，对所绘的墙体轮廓线进行“分解”。根据图 6－50 所示尺寸，在正确的位置开门洞、窗洞。对称的门洞、窗洞可使用“镜像”工具。结果如图 6－50 所示（图中的尺寸不用标）。

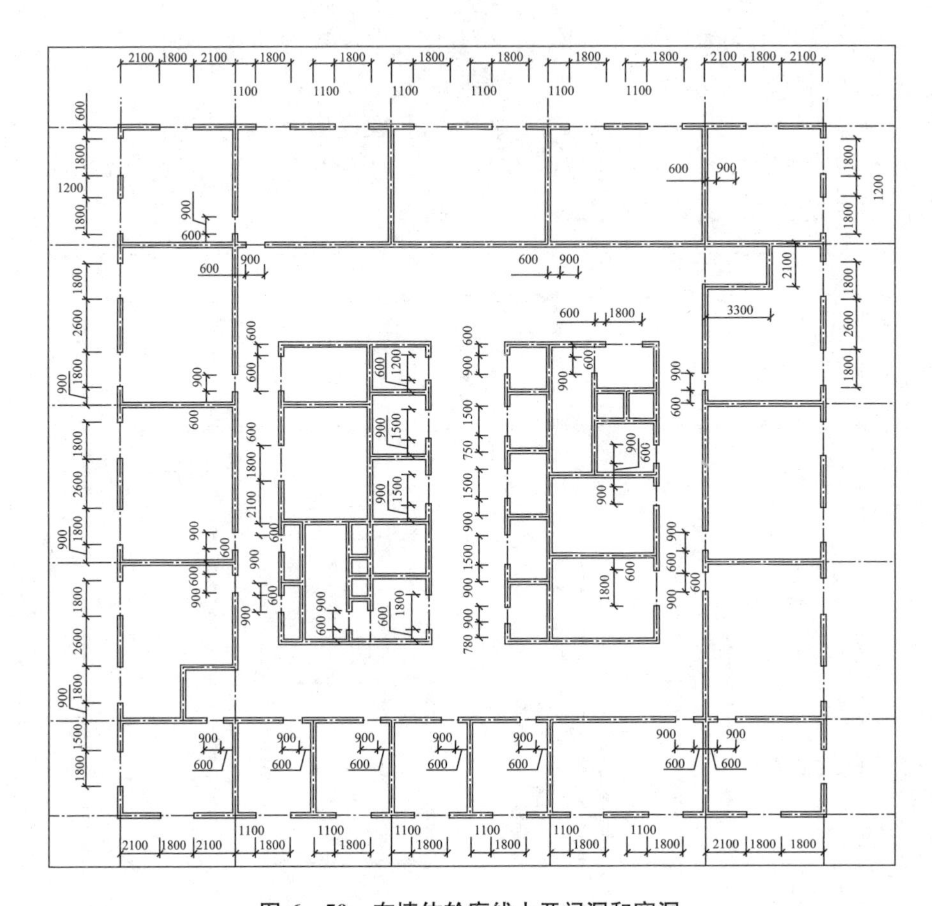

图 6-50　在墙体轮廓线上开门洞和窗洞

具体操作参照本情境“任务一”中绘制建筑平面图的“开门洞、窗洞”绘制方法。

5. 绘制门和窗

将“窗”设为当前层，用设置好的“窗 ”多线，在比例为 1 ，对正方式为“无”状态下绘制窗线。将“门”设为当前层。绘制建筑平面图中的门，对于相同大小的门可采用“复制”或者“镜像”工具，可简化操作。

■ 窗的绘制。

具体操作参照本情境“任务一”中知识点“多线”和绘制建筑平面图中“窗”绘制方法。

■ 门的绘制。

用中粗线绘制门宽为 800mm 的 M-3 图例，定义块属性，创建“门”块。插入门块时要注意门的大小、位置和方向，如图 6-51 所示给出了不同参数下门的方向和位置，需要根据门的具体大小、位置和方向调整参数。

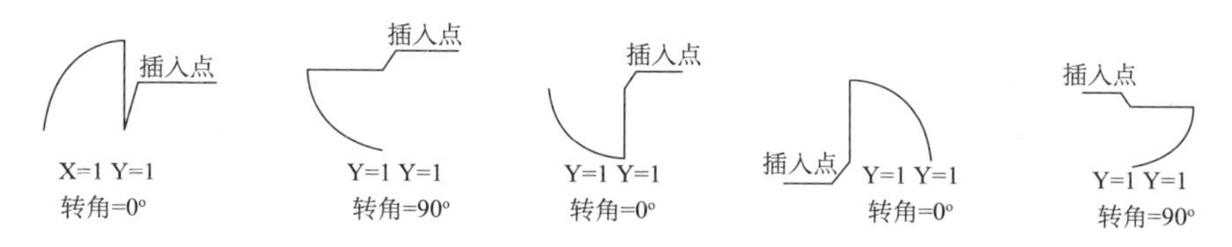

图 6 - 51　"门"块的不同参数

本文以左侧办公室门 M-2 为例，插入过程如下：

命令：insert

指定插入点或 [基点(B)/比例(S)/X/Y/Z/旋转(R)/预览比例(PS)/PX/PY/PZ/预览旋转(PR)]:(选择在屏幕上指定的插入点)

输入 X 比例因子,指定对角点,或 [角点(C)/XYZ] 〈1〉: 9/8

输入 Y 比例因子或〈使用 X 比例因子〉: 9/8

指定旋转角度〈0〉:

输入属性值

DOOR:M-2

绘制完门窗，关闭"轴线"图层，结果如图 6 - 52 所示。

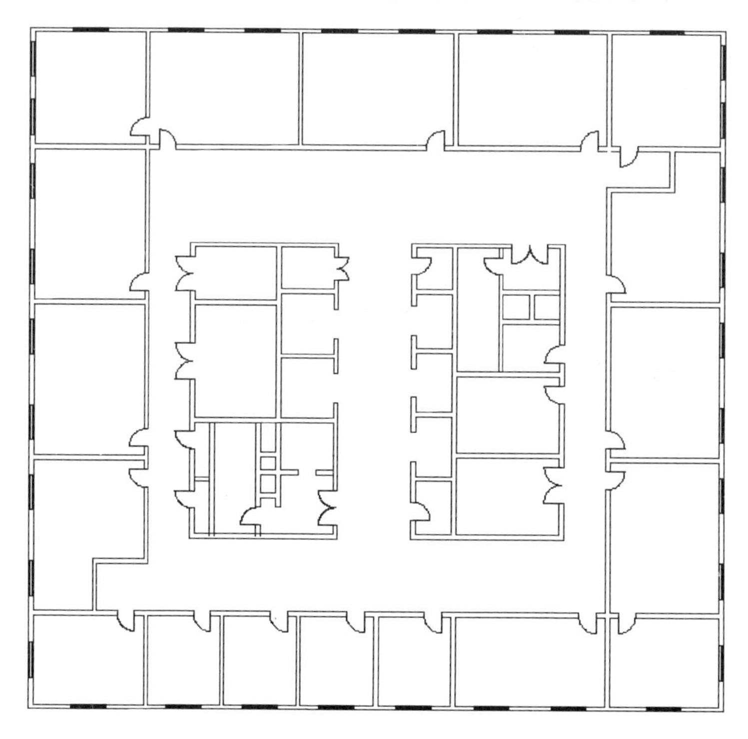

图 6 - 52　绘制门和窗

6. 绘制楼梯、电梯和洞口

楼梯参照本情境 6.2.1 节中楼梯详图的画法。如图 6－53 所示。

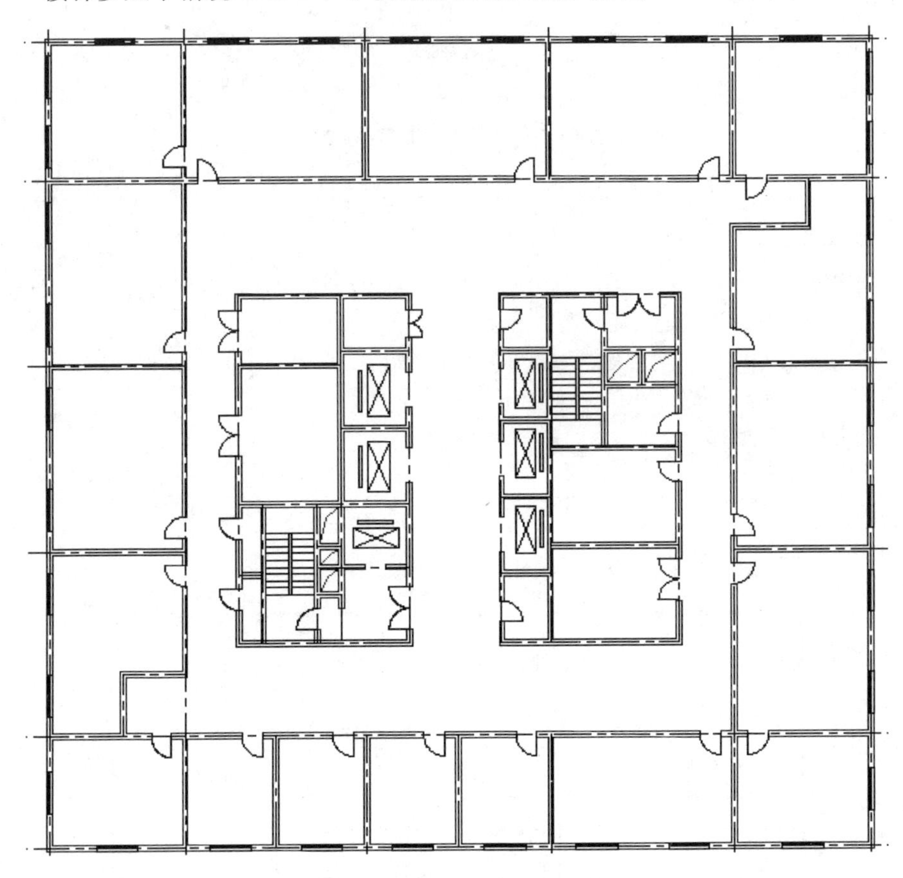

图 6－53　绘制楼梯、电梯和洞口

7. 标注尺寸

设置标注样式：全局比例改为 200，符号和箭头改为“建筑标记”，尺寸界限中起点偏移量设为 5。对平面图进行标注，最好采用“连续标注”，先标注轴线间尺寸，最后标注总尺寸。由于是布防平面图，因此门窗等细部尺寸可不标注。如图 6－54 所示。

具体操作参照本情境“任务一”中绘制建筑平面图的“标注尺寸”绘制方法。

8. 将平面图移入图框

将 A3 图框放大 200 倍，将绘制的平面图移入图框中，如图 6－55 所示。

9. 插入安防图块

新建图层“安防设备”，线宽为 0.18，颜色自定义，线型为 Continuous.

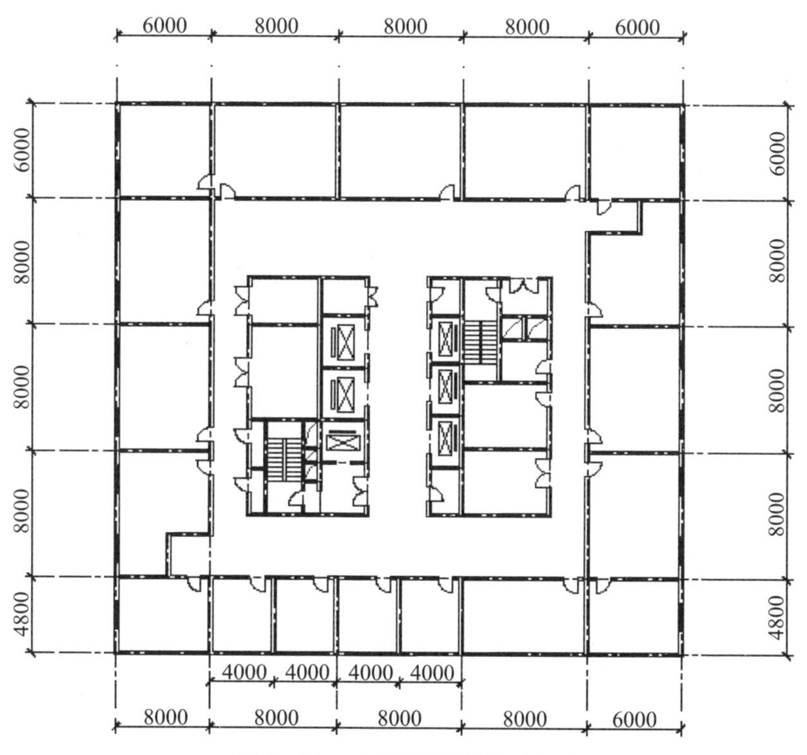

图 6 - 54　对平面图进行尺寸标注

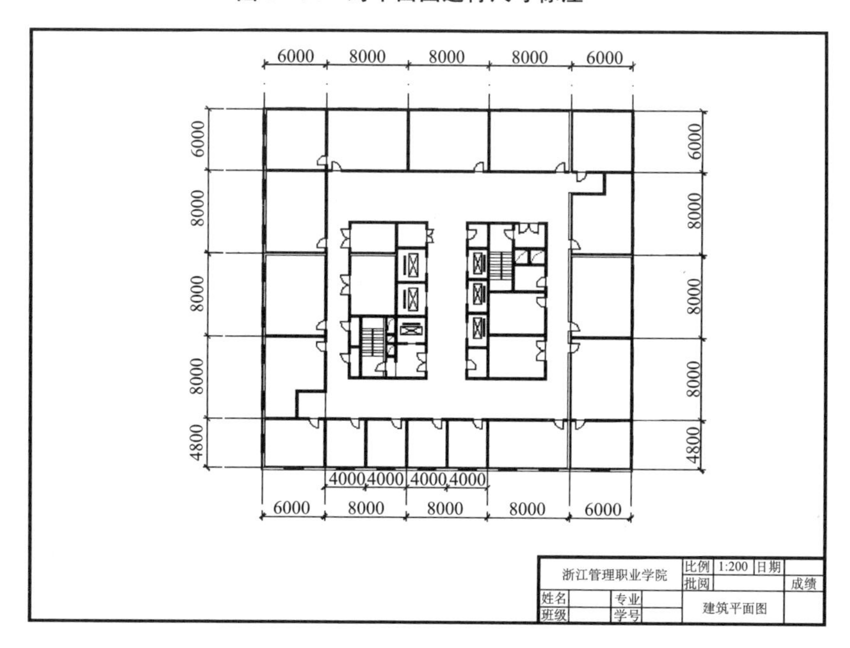

图 6 - 55　将平面图移入图框中

安防图块在情境一中已讲解过，不再重复。

10. 注写文字说明和轴线编号，插入“编号圆”、“指北针”和“标高”图块，填写标题栏

具体操作详见本情境“任务一”中的第 9 步操作。

最后结果如图 6-56 所示。

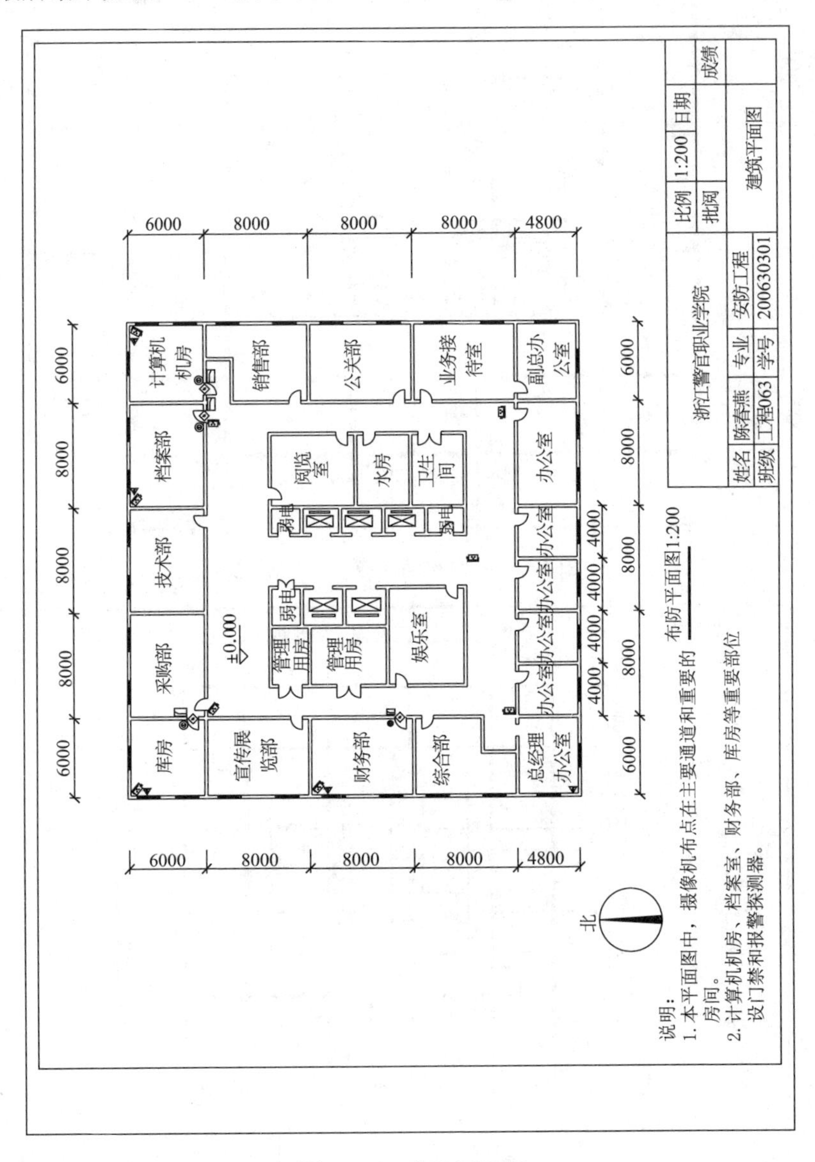

图 6-56　布防平面图

情境 7　绘制安防主控室三维示意图

学习重点：

1. 简单三维图形的绘制方法。
2. 三维实体的绘制和编辑。
3. 实体并集、差集和交集。
4. 三维图形的标注。
5. 材质编辑和渲染。

任务 1　绘制电视墙示意图

本任务的绘制图形对象如图 7－1 所示。

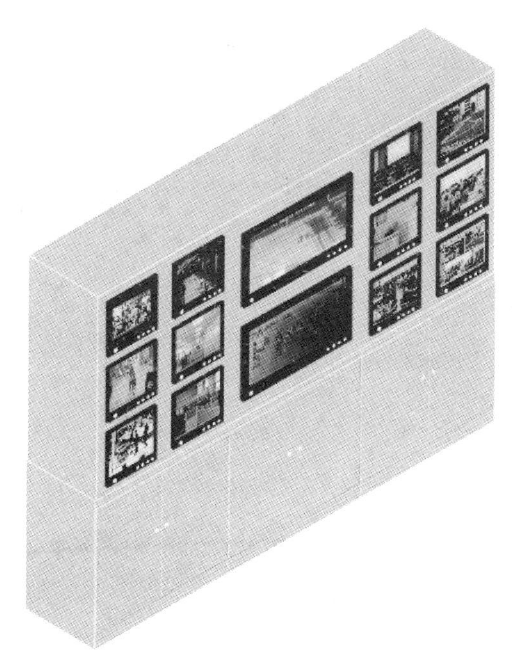

图 7－1　电视墙示意图

7.1.1 相关知识点

1. 三维视图

(1) 建立用户坐标系。

在三维坐标系下，同样可以使用直角坐标或极坐标方法来定义点。此外，在绘制三维图形时，还可使用柱坐标和球坐标来定义点。柱坐标系如图 7－2 所示，球坐标系如图 7－3 所示。

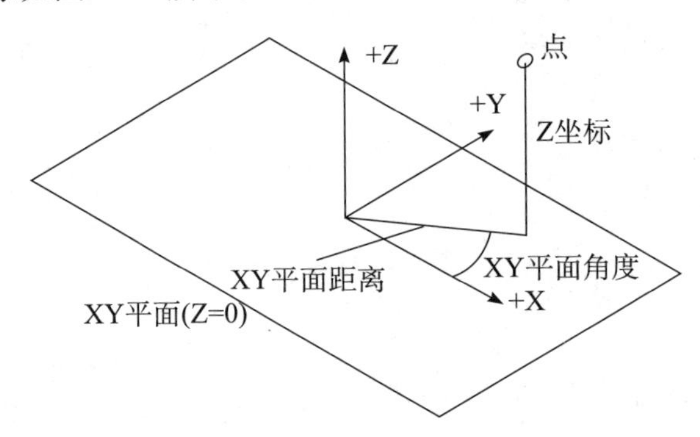

图 7－2 柱坐标系

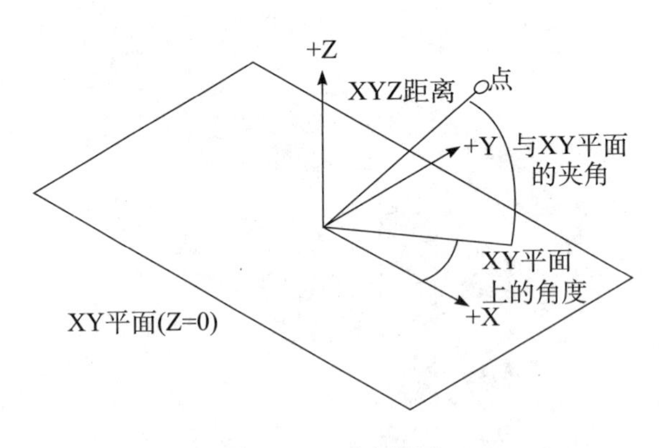

图 7－3 球坐标系

- 柱坐标系：使用 XY 平面的角和沿 *Z* 轴的距离来表示，其格式如下。

XY 平面距离<XY 平面角度,Z 坐标(绝对坐标)

@XY 平面距离<XY 平面角度,Z 坐标(相对坐标)

- 球坐标系：具有点到原点的距离、在 XY 平面上的角度及和 XY 平面的夹角三个参数，其格式如下。

XYZ 距离<XY 平面角度<和 XY 平面的夹角(绝对坐标)

@XYZ 距离<XY 平面角度<和 XY 平面的夹角(相对坐标)

（2）使用“三维视图”菜单设置视点。

选择“视图”｜“三维视图”子菜单中的“俯视”、“仰视”、“左视”、“右视”、“主视”、“后视”、“西南等轴测”、“东南等轴测”、“东北等轴测”和“西北等轴测”命令，从多个方向来观察图形。如图 7-4 的所示。

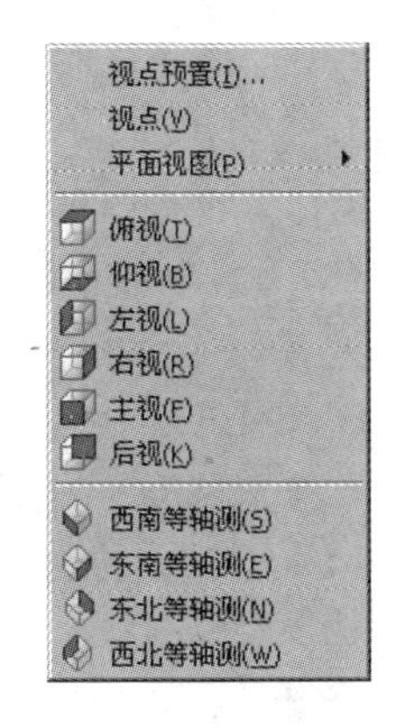

图 7-4　“三维视图”菜单

2. 简单图形的绘制方法

（1）绘制三维点。

选择“绘图”｜“点”命令，或在“绘图”工具栏中单击“点”按钮，然后在命令行中直接输入三维坐标即可绘制三维点。

由于三维图形对象上的一些特殊点，如交点、中点等不能通过输入坐标的方法来实现，可以采用三维坐标下的目标捕捉法来拾取点。

二维图形方式下的所有目标捕捉方式在三维图形环境中可以继续使用。不同之处在于，在三维环境下只能捕捉三维对象的顶面和底面的一些特殊点，而不能捕捉柱体等实体侧面的特殊点，即在柱状体侧面竖线上无法捕捉目标点，因为主体的侧面上的竖线只是帮助显示的模拟曲线。在三维对象的平面视图中也不能捕捉目标点，因为在顶面上的任意一点都对应着底面上的一点，此时的系统无法辨别所选的点究竟在哪个面上。

（2）绘制三维直线和样条曲线。

两点决定一条直线。当在三维空间中指定两个点，如点（0，0，0）和点（1，1，1）后，这两个点之间的连线即是一条 3D 直线。

同样，在三维坐标系下，使用“绘图”｜“样条曲线”命令可以绘制复杂 3D 样条曲线，这时定义样条曲线的点不是共面点。例如，经过点（0，0，0）、（10，10，10）、（0，0，20）、（−10，−10，30）、（0，0，40）、（10，10，50）和（0，0，60）绘制的样条曲线。如图 7-5 所示。

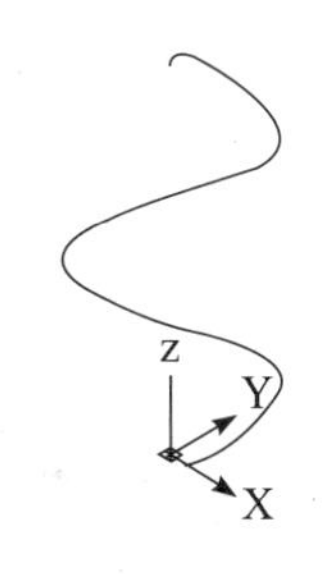

图 7-5　样条曲线

3. 实体的绘制

（1）绘制长方体。

选择“绘图”｜“建模”｜“长方体”命令（BOX），可以绘制长方体。长方体的底面总与当前 UCS 的 *XY* 平面平行。如图 7-6 所示。

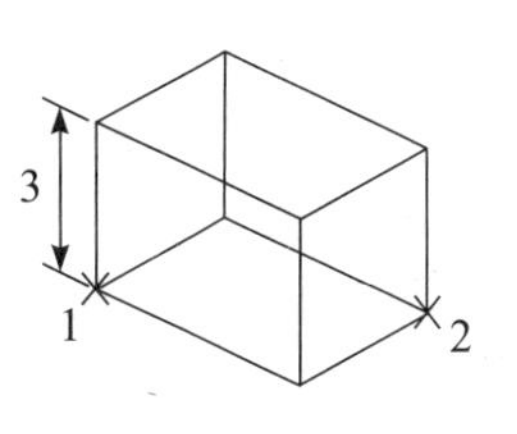

图 7-6　长方体

（2）绘制楔体。

在 AutoCAD 中，虽然创建“长方体”和“楔体”的命令不同，但创建方法却相同，因为楔体是长方体沿对角线切成两半后的结果。选择“绘图”|“建模”|“楔体”命令（WEDGE），如图 7－7 所示。

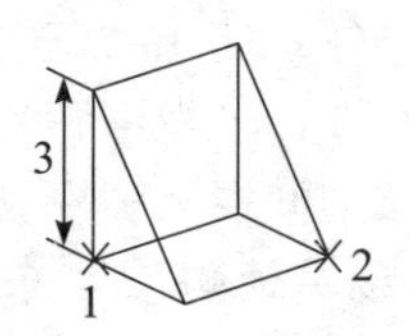

图 7－7　楔体

(3) 绘制圆柱体。

选择”绘图”|“建模”|“圆柱体”命令（CYLINDER），可以绘制圆柱体或椭圆柱体。圆柱的底面位于当前 UCS 的 *XY* 平面上。如图 7－8 所示。

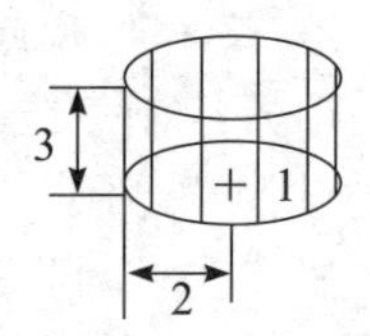

图 7－8　圆柱体

(4) 绘制圆锥体。

选择“绘图”|“建模”|“圆锥体”命令（CONE），即可绘制圆锥体或椭圆形锥体。圆锥体是由圆或椭圆底面以及顶点所定义的。默认情况下，圆锥体的底面位于当前 UCS 的 *XY* 平面上。高度可为正值或负值，且平行于 *Z* 轴。顶点确定圆锥体的高度和方向。如图 7－9 所示。

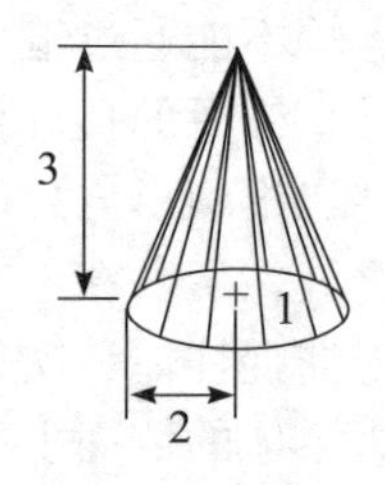

图 7－9　圆锥体

(5) 绘制球体。

选择“绘图”|“建模”|“球体”命令（SPHERE），可以绘制球体。这时只需要在命令行的“指定中心点或［三点（3P）/两点（2P）/相切、相切、半径（T）］：”提示信息下指定球体的球心位置，在命令行的“指定半径或［直径（D）］：”提示信息下指定球体的半径或直径就可以了。

绘制球体时可以通过改变 ISOLINES 变量来确定每个面上的线框密度。如图 7－10 所示。

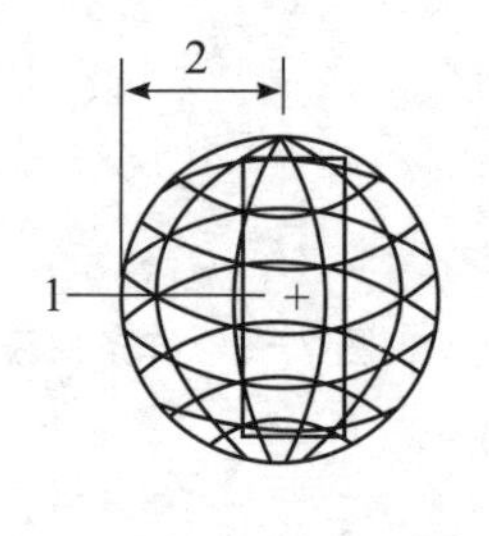

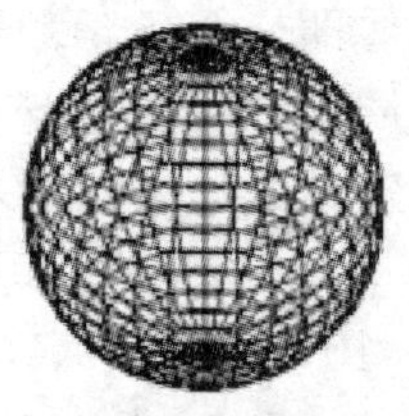

图 7－10　球体

(6) 绘制圆环体。

选择“绘图”|“建模”|“圆环体”命令（TORUS），可以绘制圆环实体。圆环体与当前 UCS 的 *XY* 平面平行且被该平面平分。圆环体由两个半径值定义，一个是圆管的半径，另一个是从圆环体中心到圆管中心的距离。如图 7－11 所示。

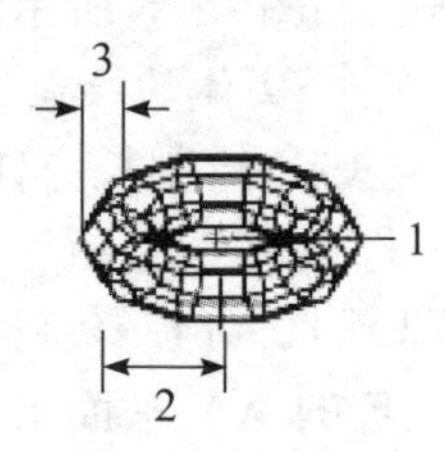

图 7－11　圆环体

4. 三维操作

(1) 三维移动。

MOVE 命令可以移动三维对象。首先需要指定一个基点，然后指定第二点即可移动三维对象。如图 7 - 12 所示。

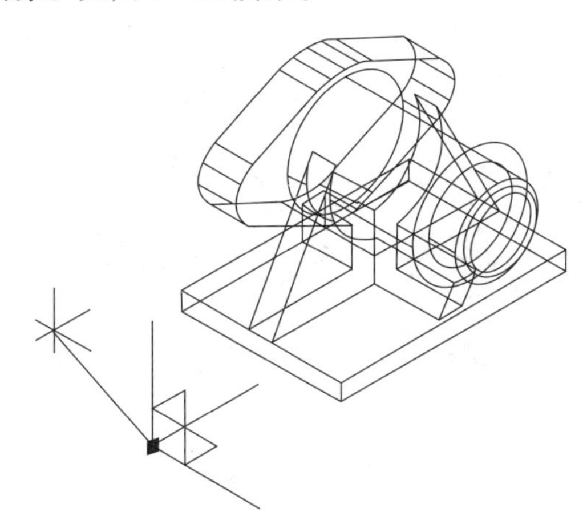

图 7 - 12　三维移动

(2) 三维旋转。

选择“修改”|“三维操作”|“三维旋转”命令（ROTATE3D），可以使对象绕三维空间中任意轴（X 轴、Y 轴或 Z 轴）、视图、对象或两点旋转。

绕轴旋转三维对象的步骤如下：

步骤 1：选择要旋转的对象“1”。

步骤 2：指定对象旋转轴的起点和端点“2 ”和“3”。从起点到端点的方向为正方向，并按右手定则旋转。

步骤 3：指定旋转角度。

如图 7 - 13 所示。

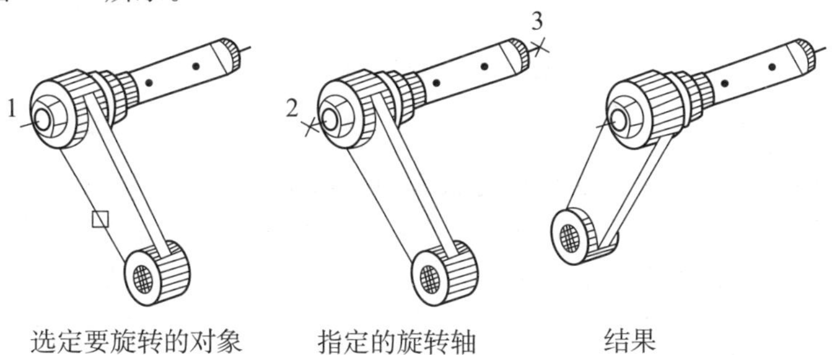

选定要旋转的对象　　指定的旋转轴　　结果

图 7 - 13　三维旋转

(3) 三维镜像。

选择“修改”|“三维操作”|“三维镜像”命令(MIRROR3D),可以在三维空间中将指定对象相对于某一平面镜像。执行该命令并选择需要进行镜像的对象,然后指定镜像面。镜像面可以通过三点确定,也可以是对象、最近定义的面、Z 轴、视图、XY 平面、YZ 平面和 ZX 平面 。如图 7-14 所示。

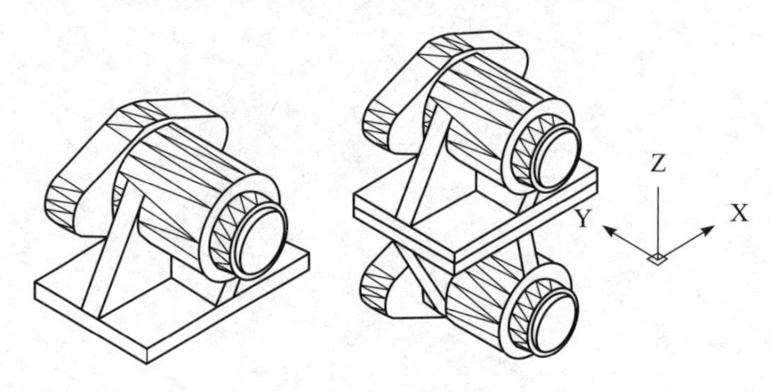

图 7-14 三维镜像

(4) 三维阵列。

选择“修改”|“三维操作”|“三维阵列”命令(3DARRAY)。输入阵列类型[矩形(R)/环形(P)]〈R〉:输入选项或按 Enter 键。如图 7-15 所示。

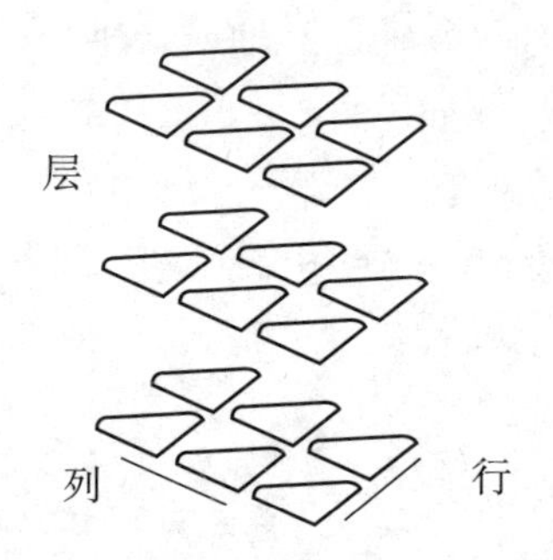

图 7-15 矩形阵列中的行、列、层

(5) 对齐位置。

可以通过移动、旋转或倾斜对象来使该对象与另一个对象对齐。在下例中,使用窗口选择框选择要对齐的对象来对齐管道段。通过端点对象捕捉精确地对齐管道段。如图 7-16 所示。

选择“修改”|“三维操作”|“对齐”命令(ALIGN),可以对齐对象。首先选择源对象,在命令行“指定基点或[复制(C)]:”提示下输入第 1 个点,在命令行“指定第二个点或[继续(C)]〈C〉:”提示下输入第 2 个点,在

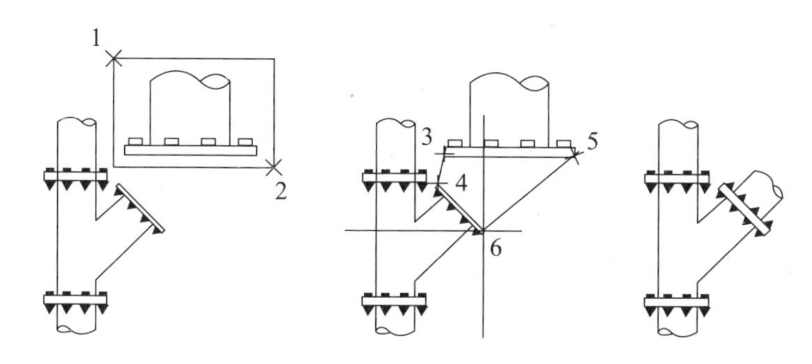

使用窗口选择选定的对象　　源点和目标点　　使用缩放选项的结果

图 7 - 16　对齐位置

命令行"指定第三个点或［继续（C）］〈C〉:"提示下输入第 3 个点，在目标对象同样需要确定 3 个点，与源对象的 3 个点一一对应 。如图 7 - 17 所示。

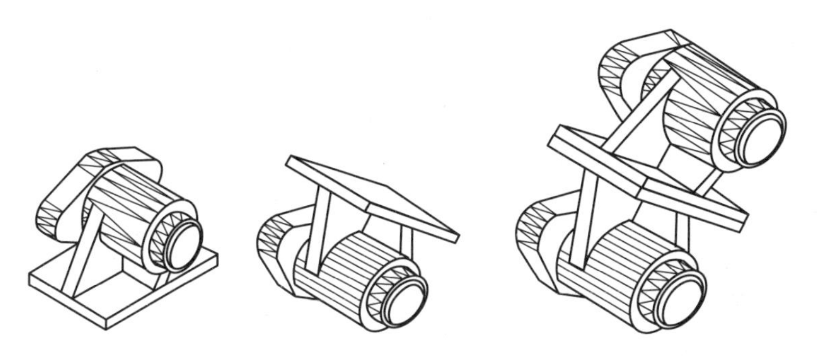

图 7 - 17　对齐例子

5. 三维实体的布尔运算

（1）并集运算。

选择"修改"｜"实体编辑"｜"并集"命令（UNION），或在"实体编辑"工具栏中单击"并集"按钮，就可以通过组合多个实体生成一个新实体。该命令主要用于将多个相交或相接触的对象组合在一起。当组合一些不相交的实体时，其显示效果看起来还是多个实体，但实际上却被当作一个对象。在使用该命令时，只需要依次选择待合并的对象即可。如图 7 - 18 所示。

图 7 - 18　并集运算

（2）差集运算。

选择"修改"｜"实体编辑"｜"差集"命令（SUBTRACT），或在"实体编辑”工具栏中单击“差集”按钮，即可从一些实体中去掉部分实体，从而得到一个新的实体。如图 7－19 所示。

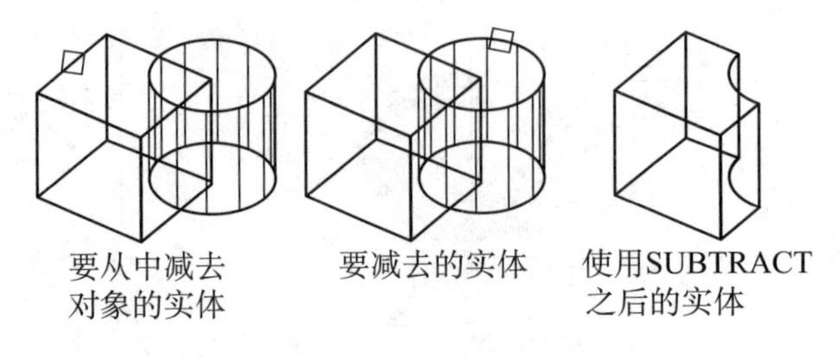

图 7－19　差集运算

（3）交集运算。

INTERSECT 计算两个或多个现有面域的重叠面积和两个或多个现有实体的公用部分的体积。选择“修改”｜“实体编辑”｜“交集”命令（INTERSECT），或在“实体编辑”工具栏中单击“交集”按钮，就可以利用各实体的公共部分创建新实体。如图 7－20所示。

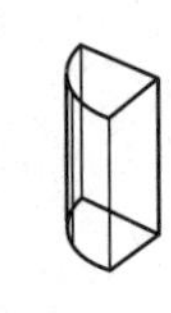

图 7－20　交集运算

6. 材质和渲染

渲染基于三维场景来创建二维图像。它使用已设置的光源、已应用的材质和环境设置（例如背景和雾化）为场景的几何图形着色。如图 7－21 所示。

图 7－21　三维渲染

在渲染之前，用户要先选择对应的材质附着在三维实体上。

单击 AutoCAD 工作界面右下方的“切换工作空间”按钮，从“AutoCAD 经典模型”切换为“三维建模”。如图7－22所示。

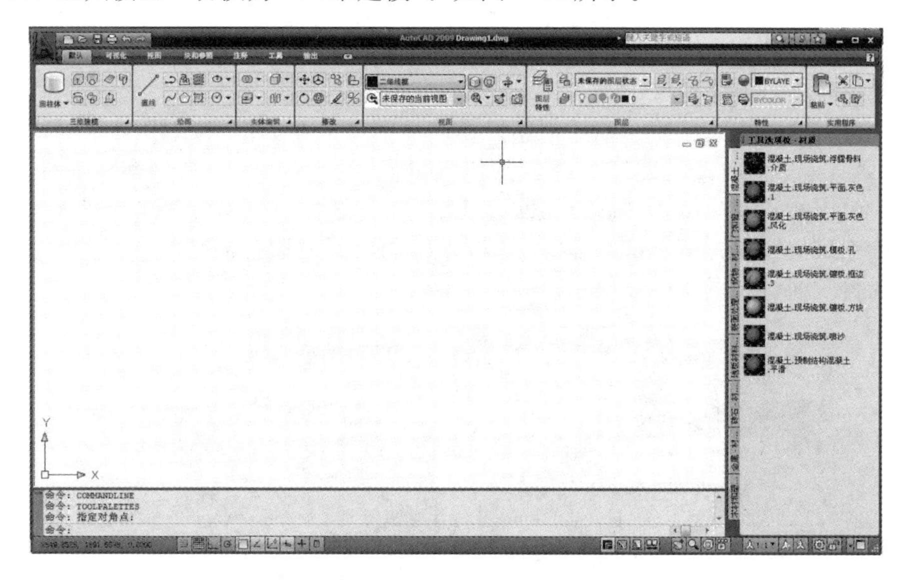

图 7－22　“三维建模”界面

在 AutoCAD 三维建模工作界面的右方有“工具选项板”窗口，如图 7－22 所示。“工具选项板”窗口中的单个材质选项板均包含可以应用到场景中的对象的材质。

若此“工具选项板”窗口关闭，则选择“工具”｜→“选项板”→“工具选项板”命令打开。

下面以制作青花瓷为例来讲解材质和渲染的过程。

首先将盘子渲染为白色瓷盘，怎么设置呢?

要渲染陶瓷品，宜在材质中采用：类型：真实；样板：瓷砖，釉面；颜色：白色；反光度 90 左右；折射：1.4 左右。如图 7－23 所示。

图 7－23　白色瓷盘

执行“渲染”命令，就可渲染出如图 7－23 所示的白色瓷盘。

要渲染为青花瓷盘，需要将青花图片直接附着在盘子上。

首先，要在材质面板中单击“创建新材质”按钮，可命名为“青花”。接着在“漫射贴图”中浏览和选择想要的青花图片文件。

其次，在“材质编辑器”中选择类型：真实；样板：瓷砖，釉面。其他参数仿白色磁盘设置即可。

最后，赋给的材质（图片）还需要调整图位，在 2007 以上版本中，单击“材质”板上“纹理贴图”右边的按钮就可设置：在“放缩与平衡”面板上，一般采用的比例单位是“适合物件”，U、V 平铺取 1.0，如果不如意就调整下面的比例值或偏移值，这些都要反复调试才行，没有固定的参数或模式。设置后的材质面板如图 7－24 所示。

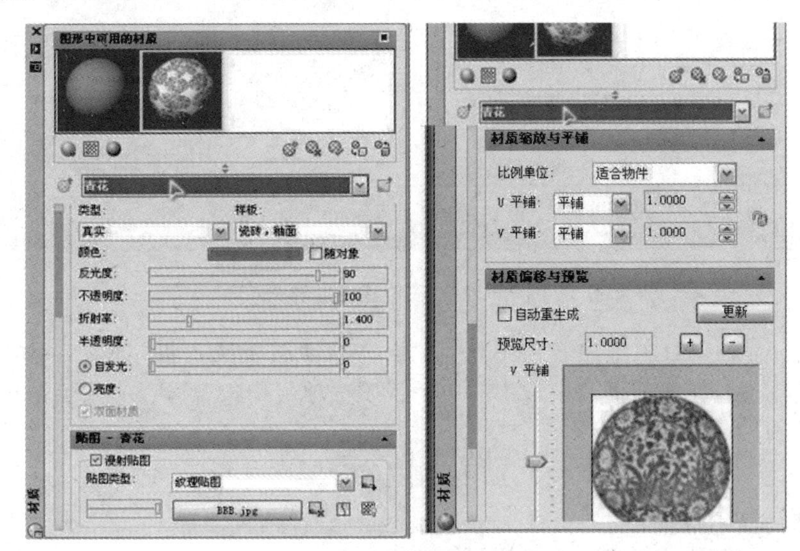

图 7－24　青花瓷材质的设置

这时青花图片即可附着在盘子上了，但是赋给整个三维体的材质，有时并不如意，这里的盘子被赋给图片后，图形是零乱的（如图 7－25 左图所示）。

图 7－25　图片赋予给盘子

用“贴图”功能可以调整青花的位置。在“贴图”功能中有平面贴图、长方体贴图、柱面贴图和球体贴图 4 种，根据对象适当采用“贴图”方法来调整已经贴上的材质图片，特别是对于曲面和圆形的三维体，很难使图片贴到位，有时需用“长方体贴图”或“球体贴图”功能反复多次调整，而这些“贴图”功能又很难掌握，一动鼠标就会跑得很远，这要很有耐心地调整才能到位。

就这个盘子而言，如要对盘底的图案调整到位，就选择“贴图”中的“平面贴图”功能，并按住 Ctrl 键激活盘底线圈，就可看到四角带“▲”形的缩放框，将其框住盘底，图案就归正了（如图 7 - 25 右图所示）。接着，再对盘身图案调整到位，方法相同，归正的图示如图 7 - 26 左图所示。最后，对盘上边的圆环图案也调整到位（如图 7 - 26 右图所示）。

图 7 - 26　调整盘上边的圆环图案

如果盘子的边和盘子的背面不需要附图案，而使之成为本色时，则按住 Ctrl 键并激活相关的线圈后，再单击材质面板的“从选定的对象中删除材质”按钮即可（如图 7 - 27 中箭头指示处）。

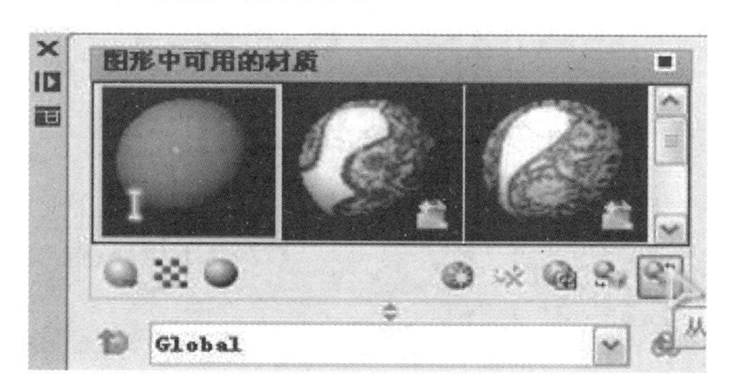

图 7 - 27　从选定的对象中删除材质

再执行“渲染”命令，就可渲染出青花瓷盘的效果图，如图 7-28 所示。

图 7-28　附着图片后的青花瓷盘

7.1.2　绘制图形

1. 设置绘图环境

启动 AutoCAD2009，新建一个 CAD 文件，在“三维建模”的空间模式下将“默认”选项卡下的“视图”面板中的视觉样式调整为“真实”，视图方向调整为“西南等轴测图”，单击“ViewClube 显示”按钮，如图 7-29 所示。

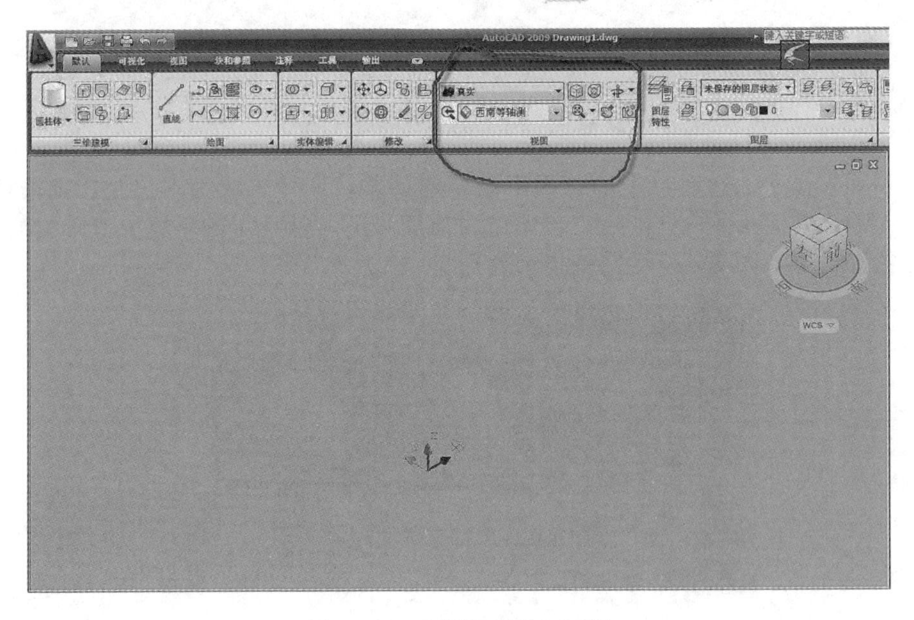

图 7-29　设置三维绘图环境

2. 绘制单个监视器

如图 7－30 所示，通过对监视器进行形体分析，可以认为其由以下几个基本体组成：

- 整个金属体：长为 465，宽为 400，高为 440 的大长方体。
- 监视器屏幕：长为 425，宽为 20，高为 360 的小长方体。屏幕比监视器的正面凹进去 20。
- 5 个按钮。4 个半径为 12，高为 5 的圆柱体和 1 个半径为 18，高为 5 的圆柱体。

图 7－30　监视器三维模型

整个建模的思路为：先绘制长为 465、宽为 400、高为 440 的大长方体屏幕，再绘制一个长为 425、宽为 40、高为 360 的长方体 B，采用“差集”命令将 B 从 A 中减掉，如图 7－34 所示。再绘制监视器屏幕（比监视器的正面凹进去 20），这样才能达到屏幕比监视器的正面凹进去的效果。最后绘制按钮。

详细建模步骤为：

步骤 1：制作长方体 A。单击“实体”工具栏中的按钮或在命令行中输入“Box”并按 Enter 键，以（0，0，0）为长方体的一个角点，制作长为 465，宽为 400，高为 440 的长方体 A。

步骤 2：重复第（1）步操作，再以（20，0，60）为长方体角点，制作长为 425，宽为 40，高为 360 的长方体 B。

步骤 3：单击“视图”工具栏中的按钮进入西南等轴测视图，如图 7－31 所示。

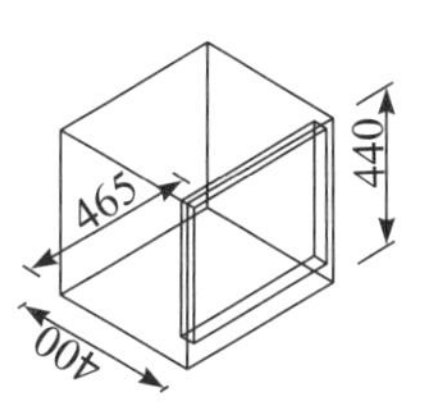

图 7－31　长方体

步骤 4：差集。选择“修改”｜“实体编辑”｜“差集”命令，或在命令行中输入“Su”并按 Enter 键，选择长方体 A 并按 Enter 键，再选择长方体 B 并按 Enter 键。将小长方体 B 从大长方体 A 中减掉。

步骤 5：单击按钮或在命令行中输入“Box”并按 Enter 键，再以（20，20，60）为长方体角点，制作长为 425，宽为 20，高为 360 的长方体作为监视器屏幕。

步骤 6：将默认选项卡换成“视图”选项卡，单击 UCS 面板中的按钮，或执行“工具”｜“新建 UCS”｜X 命令，命令行提示：“指定绕 X 轴旋转角度〈90〉:”，按 Enter 键，坐标系变为 Y X Z。

步骤 7：单击“实体”工具栏中的按钮或在命令行中输入“Cylinder”并按 Enter 键，在空白区域分别制作一个半径为 12，高为 5 的圆柱体和一个半径为 18，高为 5 的圆柱体。如图 7-32（a）所示。

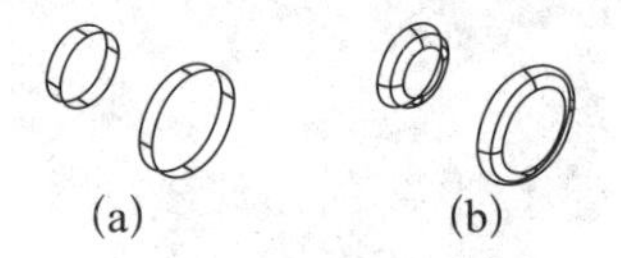

图 7-32　监视器按钮初步制作

步骤 8：圆角。单击按钮或在命令行中输入“F”并按 Enter 键，输入“R”并按 Enter 键。在“指定圆角半径:”提示下输入“10”并按 Enter 键。单击圆柱体底面棱边，然后按 Enter 键。按 Enter 键。如图 7-32（b）所示。

步骤 9：单击按钮或在命令行中输入“M”并按 Enter 键，把图 7-32（b）所示的两个开关按钮移到监视器上，小按钮复制 3 个，如图 7-33 所示。

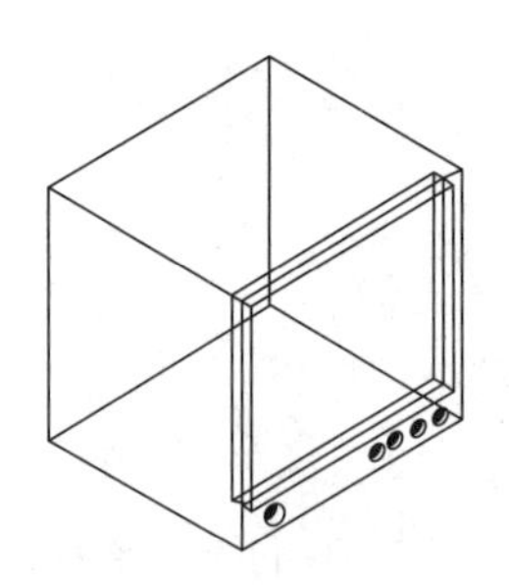

图 7-33　监视器初步建模

步骤 10：圆角。采用圆角命令将监视器轮廓的所有棱边进行倒圆角。

步骤 11：单击“渲染”工具栏中的按钮或执行“视图”｜“渲染”｜“材质”命令，弹出对话框，把“黑色塑料”附给电视机外壳；把“蓝色玻璃”附给监视器屏幕，并把某监控照片附给电视机屏幕（参考 7.1.1 节中“6. 材质和渲染”知识）。最后结果如图 7－34 所示。

图 7－34　监视器效果图

3. 绘制等离子电视机

步骤 1：制作等离子电视机。按照制作监视器的方式绘制电视机。

步骤 2：长方体。以（0，0，0）为长方体的一个角点，制作长为 1000，宽为 40，高为 585 的长方体。

步骤 3：单击“视图”工具栏中的按钮进入西南等轴测视图，以（50，0，80）为长方体角点，制作长为 900，宽为 40，高为 455 的长方体。

步骤 4：差集。小长方体从大长方体中减掉。

步骤 5：再以（50，20，80）为长方体角点，制作长为 900，宽为 20，高为 455 的长方体作为电视机屏幕。如图 7－35 所示。

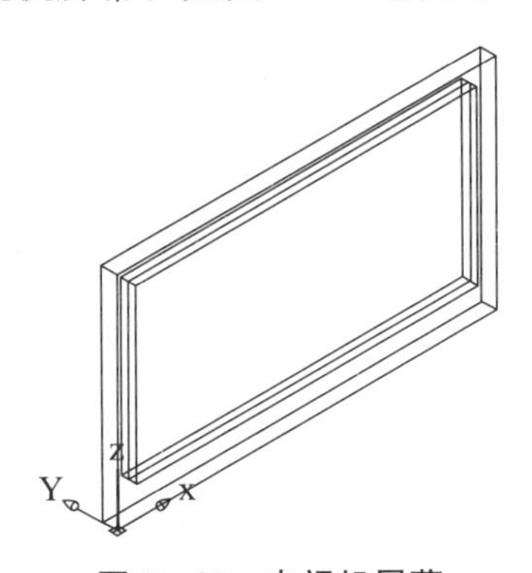

图 7－35　电视机屏幕

步骤 6：把图 7－32（b）所示的开关按钮移到电视机上。

步骤 7：圆角。采用圆角命令将监视器轮廓的所有棱边进行倒圆角。

步骤 8：渲染。把“黑色塑料”材质附给电视机外壳；把“蓝色玻璃”材质附给监视器屏幕，并把某监控照片附给电视机屏幕。最后结果如图 7－36 所示。

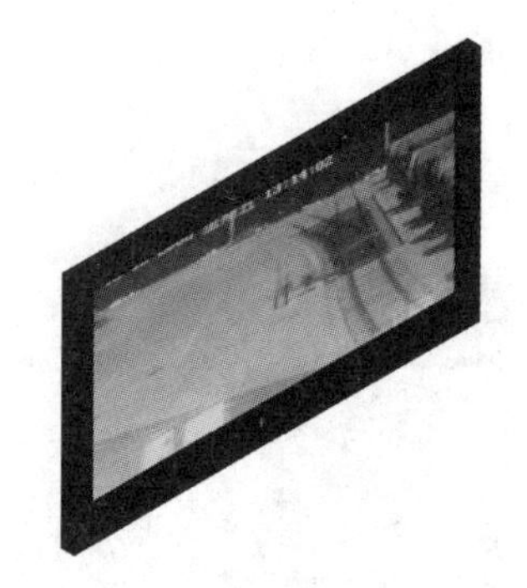

图 7-36　等离子电视机效果图

4. 绘制柜子

步骤 1：柜体。以（0，0，0）为长方体的一个角点，制作长为 1230，宽为 650，高为 1180 的长方体。

步骤 2：柜门。以（0，－5，100）为长方体的一个角点，制作长为 615，宽为 5，高为 1000 的长方体。对所绘制的柜门进行“镜像”操作。

步骤 3：把图 7-32（b）所示的开关按钮移到柜门上。如图 7-37 所示。

步骤 4：圆角。采用圆角命令将监视器轮廓的所有棱边进行倒圆角。

步骤 5：渲染。把“涂漆木材”材质附给柜子。最后结果如图 7-38 所示。

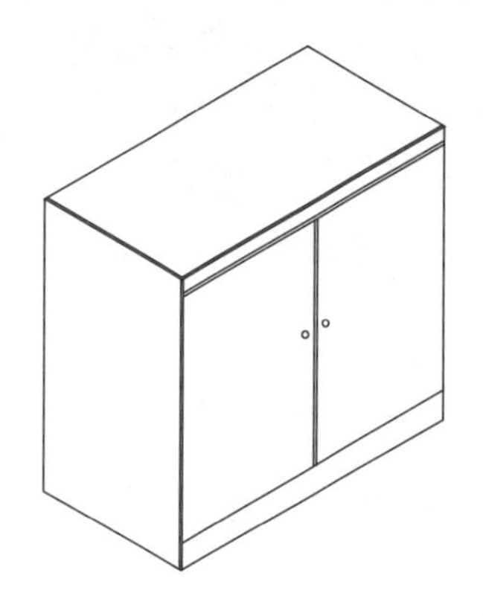

图 7-37　单个柜子

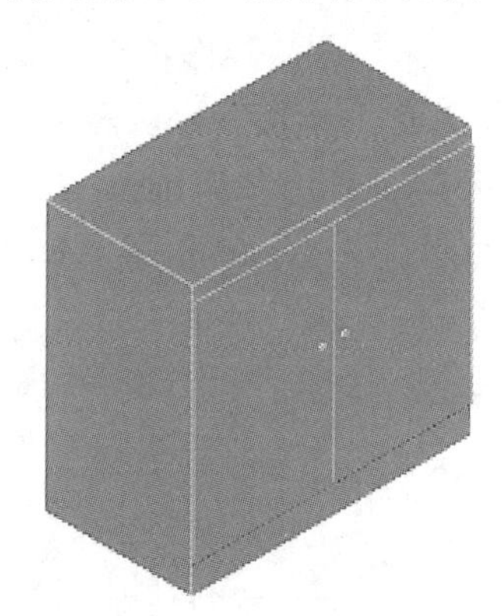

图 7-38　渲染后的柜子

5. 绘制电视墙示意图

步骤 1：长方体。以（0，0，0）为长方体的一个角点，制作长为 3660，宽为 650，高为 1620 的长方体。

步骤 2：长方体（监视器空位）。以（75，－20，75）为长方体的一个角点，制作长为 465，宽为 400，高为 440 的长方体。如图 7-39 所示。

步骤 3：选择“修改”｜“三维操作”｜“三维阵列”命令，或在命令行中输入“3darray”并按 Enter 键。将图 7-40 中的小长方体进行阵列，操作步

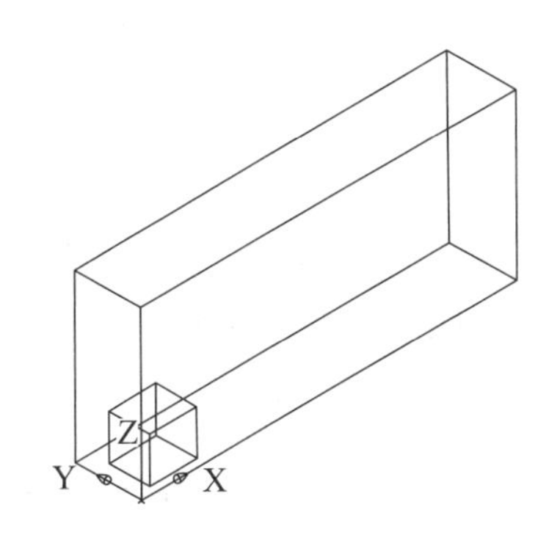

图 7-39　电视墙上半部分初步建模

骤为：输入“3darray”命令，并按 Enter 键，选择“矩形”选项并按 Enter 键，在“行数”中输入“1”，在“列数”中输入“2”，在“层数”中输入“3”，在“列偏移”中输入“615”，在“层偏移”中输入“515”。

步骤 4：镜像。将阵列后的 6 个小长方体镜像，得到图 7-40 所示图形。

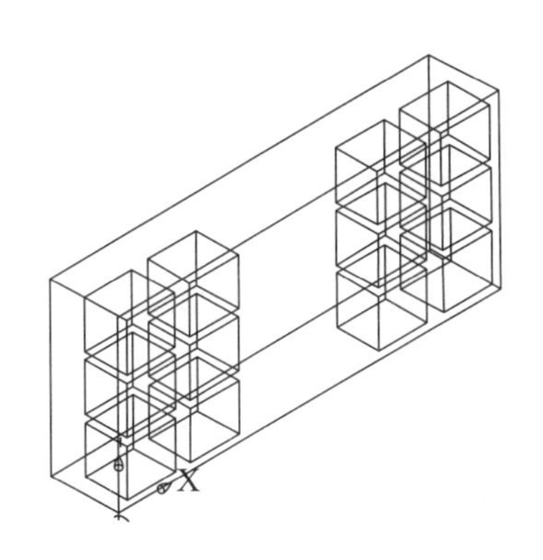

图 7-40　12 个监视器空位

步骤 5：差集。小长方体从大长方体中减掉。

步骤 6：圆角。采用圆角命令将电视墙轮廓的所有棱边进行倒圆角。

步骤 7：将已绘制好的监视器移动到监视器空位中，然后对监视器进行阵列、镜像。将不同的监控图片附着在不同的监视器屏幕上。

步骤 8：将已绘制好的数字电视机移动到电视墙上半部分，经过复制和渲染后的效果如图 7-41 所示。

步骤 9：将图 7-38 绘制的柜子通过复制、拉伸命令得到电视墙下半部分，如图 7-42 所示。

步骤 10：采用“对齐”或“移动”命令将电视墙上、下半部分结合起来，如图 7-43 所示。

图 7－41　将监视器和电视机放入电视墙

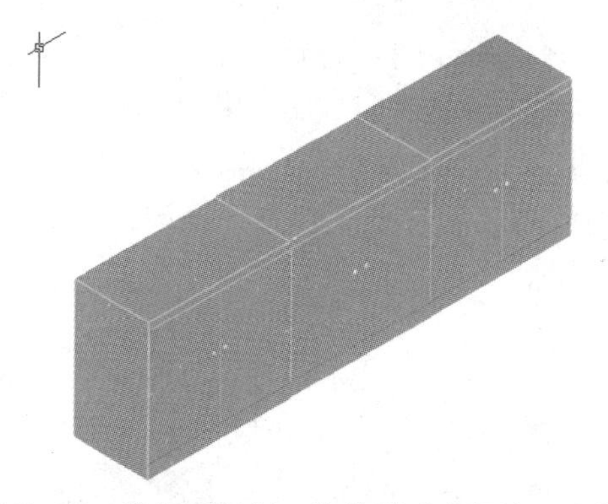

图 7－42　将柜子复制、拉伸形成电视墙下半部分

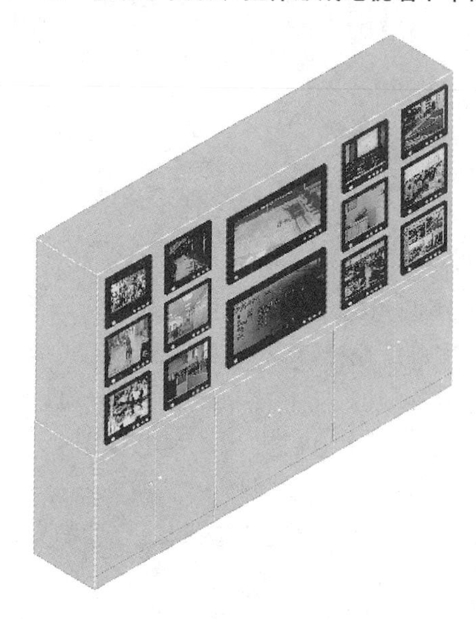

图 7－43　将电视墙上、下半部分结合起来

任务 2　绘制操作台示意图

本任务的绘制图形对象如图 7－44 所示。

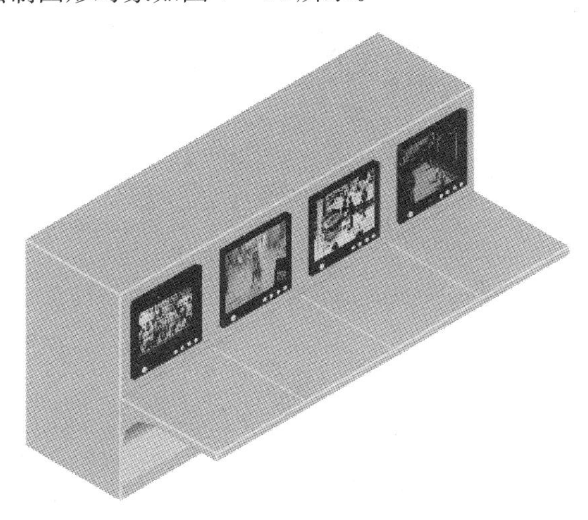

图 7－44　操作台效果图

7.2.1　相关知识点

1. 三维图形的标注

在 AutoCAD 中没有三维标注的功能，尺寸标注都是基于二维的图形平面标注的。因此，要为三维图形标注，就要想办法把需要标注的尺寸转换到平面上处理，也就是把三维的标注问题转换到二维平面上，简化标注。这样就要用到用户坐标系，只要把坐标系转换到需要标注的平面就可以了。

7.2.2　绘制操作台

步骤 1：打开新文件，设置三维初始环境。参照 7.1.2 节设置初始环境。

步骤 2：操作台上半长方体。单击“实体”工具栏中的按钮或在命令行中输入“Box”并按 Enter 键，以（0，0，0）为长方体的一个角点，制作长为 2400，宽为 650，高为 600 的长方体。

步骤 3：长方体（显示器空位）。以（75，－20，75）为长方体的一个角点，制作长为 450，宽为 400，高为 450 的长方体。如图 7－45 所示。

步骤 4：采用“三维阵列”工具将图 7－45 中的小长方体进行阵列，列偏移为 600，如图 7－46 所示。

步骤 5：差集。将图 7－46 中小长方体从大长方体中减掉。

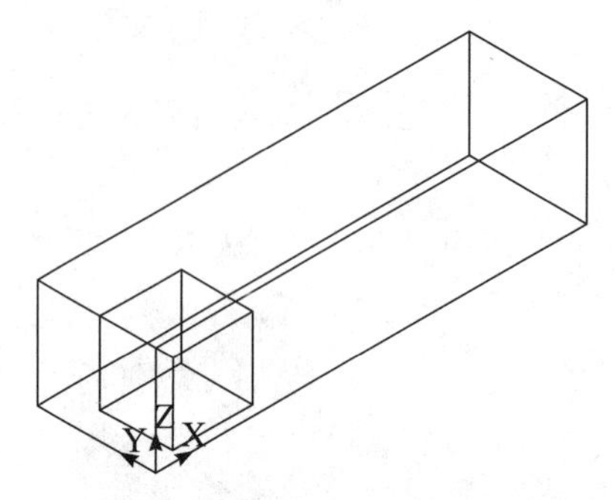

图 7-45　操作台上半部分初步建模

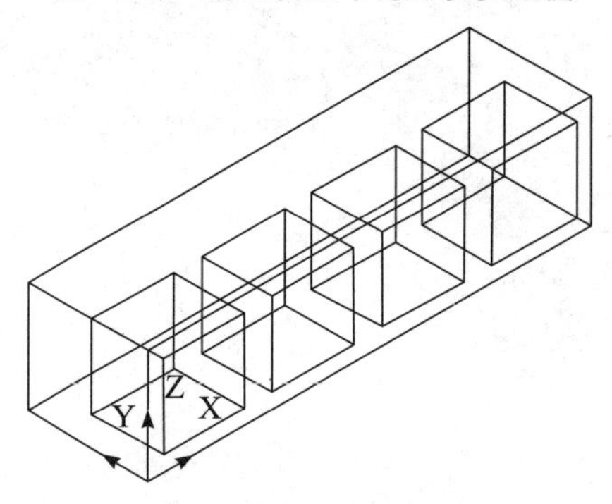

图 7-46　4 个显示器空位

步骤 6：参照 7.1.2 节中“绘制单个监视器”的方法绘制长为 450，宽为 400，高为 450 的显示器。

步骤 7：将已绘制好的显示器移到显示器空位中，然后对监视器进行阵列，得到图 7-47 所示图形。

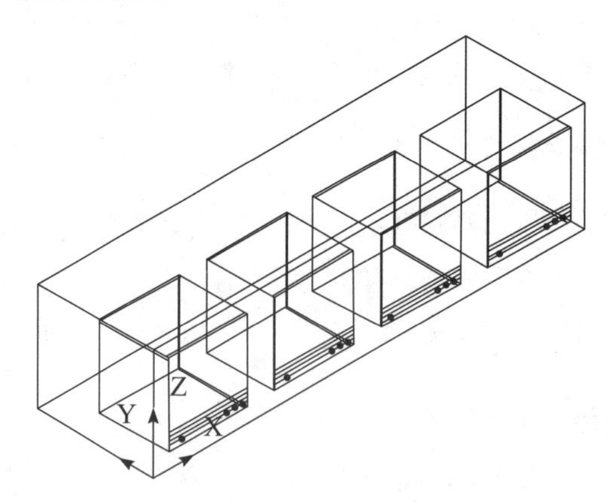

图 7-47　将显示器移到空位中

步骤 8：参考图 7-37 所示的单柜，绘制长为 1200，高为 600 的单柜，细部尺寸可自定义。

①柜体。以（0，0，0）为长方体的一个角点，制作长为 1200，宽为 650，高为 600 的长方体。

②柜门。以（0，－5，80）为长方体的一个角点，制作长为 600，宽为 5，高为 500 的长方体。对所绘制的柜门进行“镜像”操作。

③把图 7－32（b）所示的开关按钮移到柜门上。复制单柜，得到图 7－48 所示的柜子。

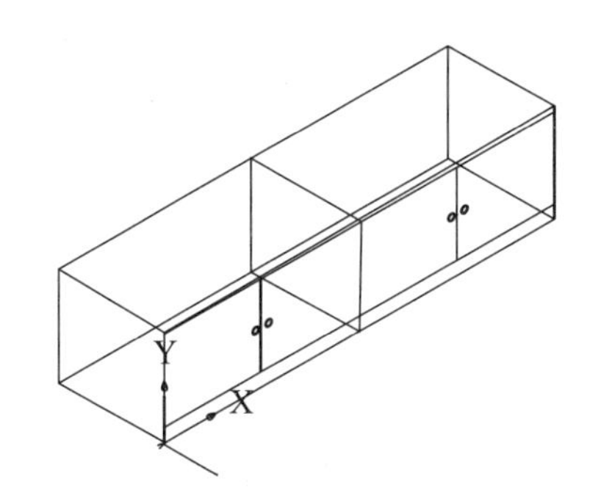

图 7－48　将柜子复制形成操作台下半部分

步骤 9：制作操作台的工作台。

①绘制图 7－49 所示图形。

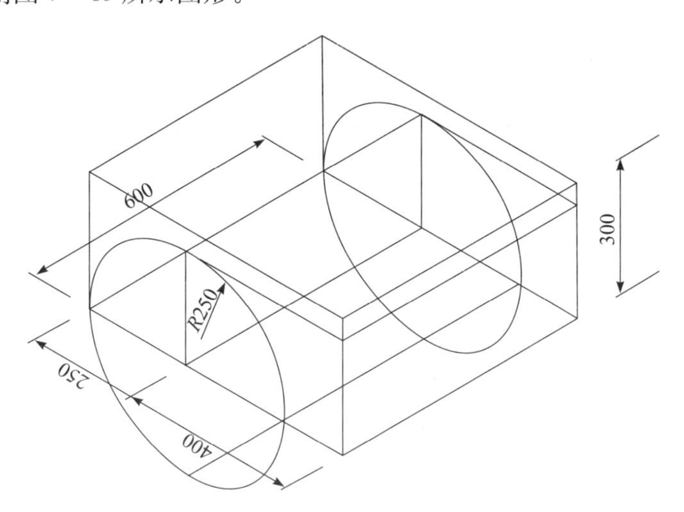

图 7－49　绘制两个长方体和一个圆柱体

②采用“差集”命令，将圆柱体和小长方体从大长方体中减掉后得到图 7－50所示实体。

③沿台面方向复制三个工作台，得到图 7－51 所示实体。

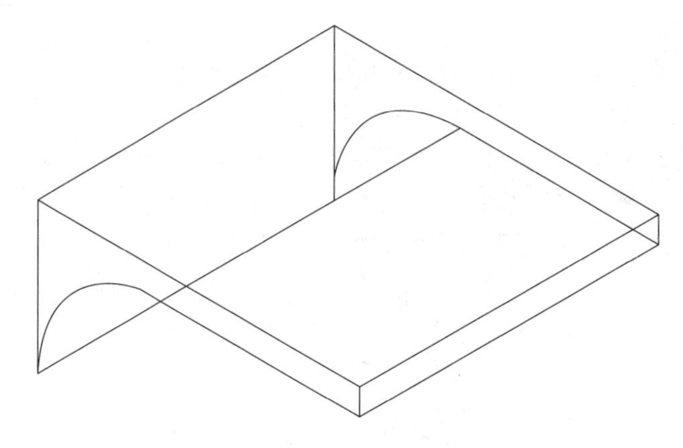

图 7-50　操作台的工作台

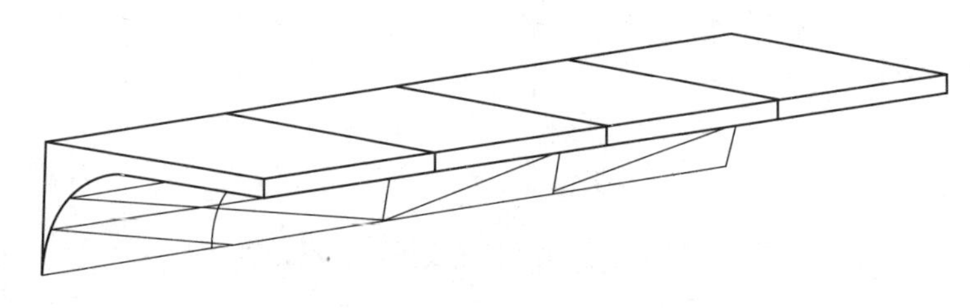

图 7-51　工作台建模

步骤 10：采用“对齐”或“移动”命令将操作台各个部分结合起来。

步骤 11：圆角。采用圆角命令将操作台轮廓的所有棱边进行倒圆角。

步骤 12：渲染。把“涂漆木材”材质附给大长方体、柜子和工作台，把“黑色塑料”材质附给显示器外壳，把“蓝色玻璃”材质附给显示器屏幕，并把某监控照片附给显示器屏幕（参考 7.1.1 节中的渲染知识）。最后结果如图 7-52 所示实体。

图 7-52　操作台效果图

情境 8　某银行安防工程实例

学习重点：

1. 绘制报警系统分布图。
2. 绘制监控系统分布图。
3. 绘制系统布线走向图。
4. 绘制监控室布置图。
5. 绘制系统原理图。
6. 编制图纸目录。

任务 1　绘制报警系统分布图

8.1.1　设置绘图初始环境

1. 设置图层和线型

步骤 1：打开图层特性管理器。单击“图层特性管理器”按钮，打开“图层特性管理器”对话框，初始只有一个系统默认的图层——0 图层。

步骤 2：新建图层。单击“新建图层”按钮，或在图层列表区域单击右键，从弹出的快捷菜单中选择“新建图层”命令，创建一个新的图层，在名称栏里将“图层 1”改为所需要的图层名。再将图层颜色与线型修改为所需的颜色和线型。

步骤 3：完成图层规划。根据实际工程图纸的需要，按照相同方法依次创建其他图层，完成图层的规划。如图 8－1 所示。

2. 设置文字样式

步骤 1：打开“文字样式”对话框。单击“文字”工具栏上的“文字样式”按钮，或者执行“格式”｜“文字样式”命令，都可打开“文字样式”对话框。

步骤 2：新建文字样式。单击“新建”按钮，弹出“新建文字样式”对话框，在“样式名”文本框中输入新建文字样式的名称，然后单击“确定”按钮，AutoCAD 将以新建样式名称使用当前样式设置。设置“字体”、“高度”等选项，完成文字样式的新建。

步骤 3：完成文字样式的规划。根据实际工程图纸的需要，按照相同方法

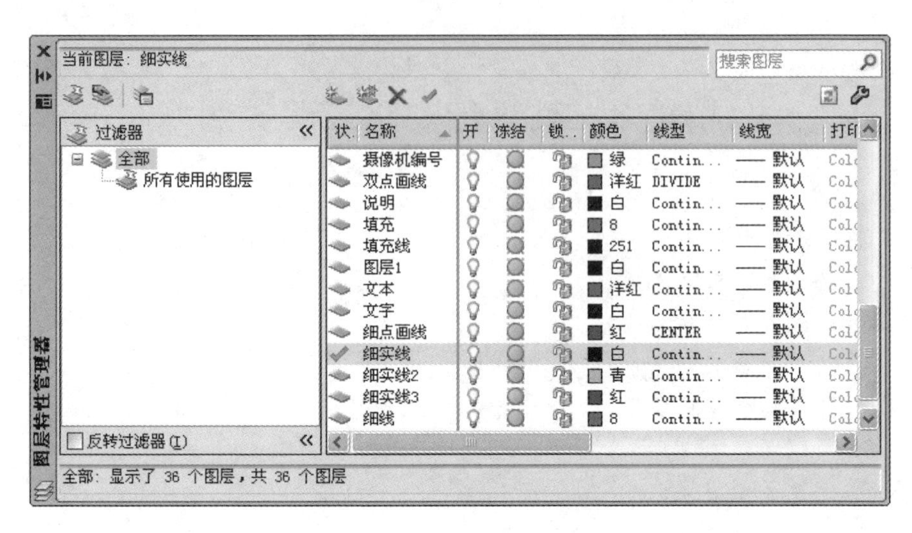

图 8-1　设置图层和线型

依次创建其他文字样式，完成文字样式的规划。如图 8-2 所示。

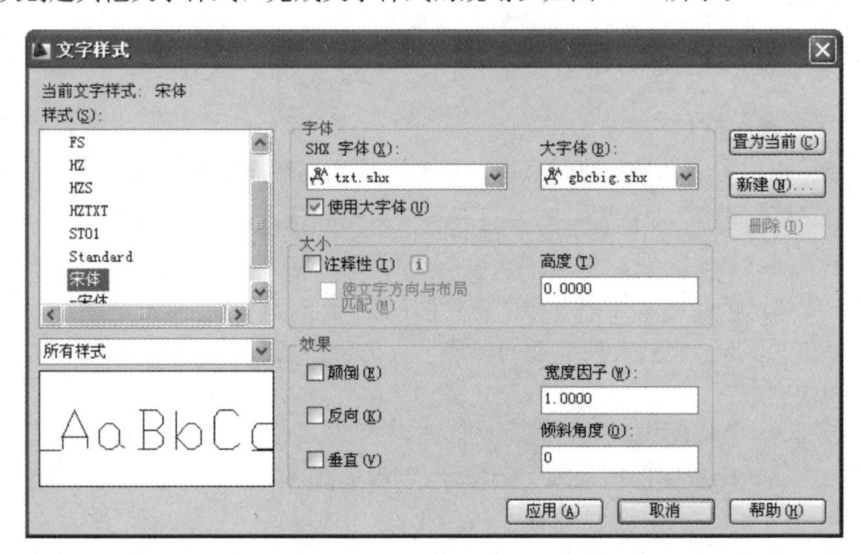

图 8-2　设置文字样式

3. 设置标注样式

步骤 1：打开“标注样式”对话框。单击“标注”工具栏上的“标注样式”按钮，或执行“标注”|“样式”命令，或在命令行输入“DIMSTYLE”后按 Enter 键，都可打开“标注样式管理器”对话框。

步骤 2：新建标注样式。单击“新建”按钮，即可打开“创建新标注样式”对话框。在“样式名”文本框中输入新建标注样式的名称，在“基础样式”下拉列表中选择一种样式用作基础样式，在“用于”下拉列表中选择新建样式的适用范围，其范围选项包括“所有标注”、“线性标注”、“角度标注”、“半径标注”、“直径标注”、“坐标标注”和“引线与公差”。单击“继续”按钮，即可打开“新标注样式”对话框。

步骤 3：设置新标注样式。在“新标注样式”对话框中共包括“线”、“符号和箭头”、“文字”、“调整”、“主单位”、“换算单位”和“公差”7 个选项卡。根据实际工程图纸的需要，依次设置各选项，完成标注样式的设置。如图 8-3 所示。

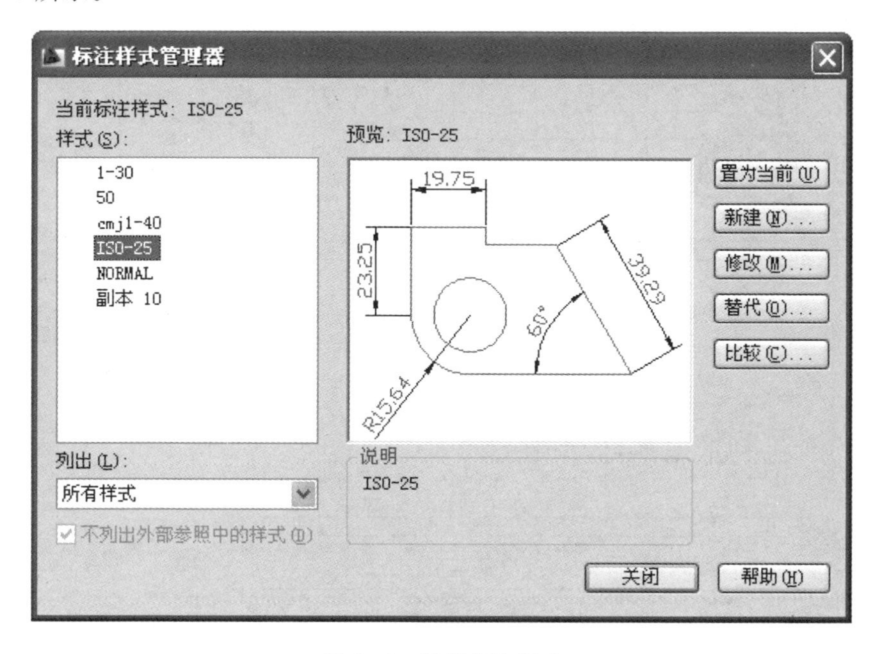

图 8-3　设置标注样式

4. 保存样板文件

步骤 1：绘制图框和标题栏。根据设置的图层，选择所需图层并使用“直线”和“矩形”等命令绘制图框与标题栏。

步骤 2：保存图形样板。选择“文件”|“另存为”命令，弹出“图形另存为”对话框，在“文件类型”下拉列表中选择“AutoCAD 图形样板(*.dwt)”选项，然后在“文件名”文本框中输入相应的文件名，单击“保存”按钮，弹出“样板选项”对话框，选择“公制”测量单位，单击“确定”按钮结束操作。

8.1.2 绘制平面布置图

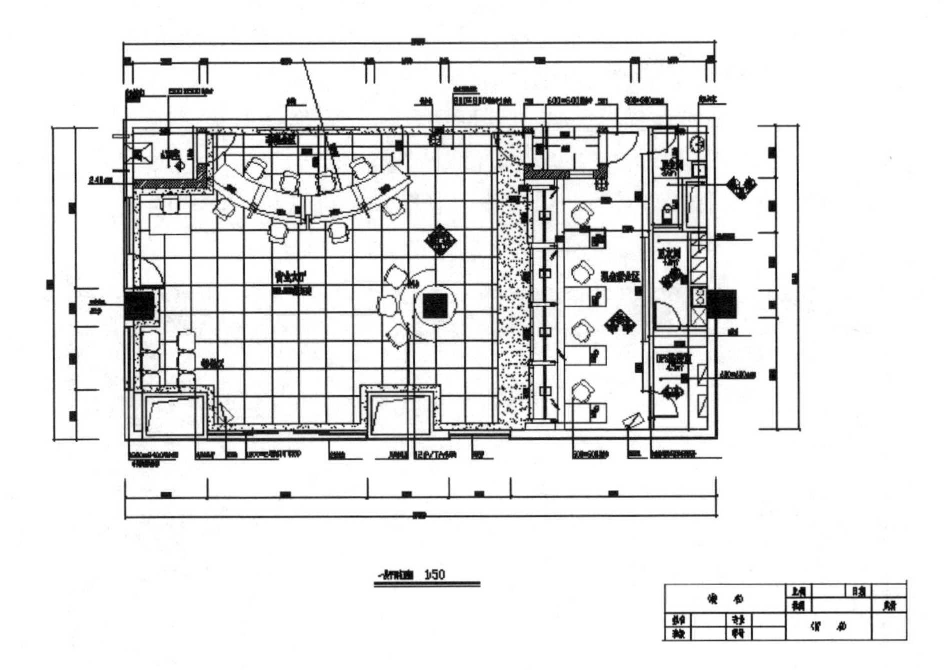

8.1.3 绘制报警系统分布图

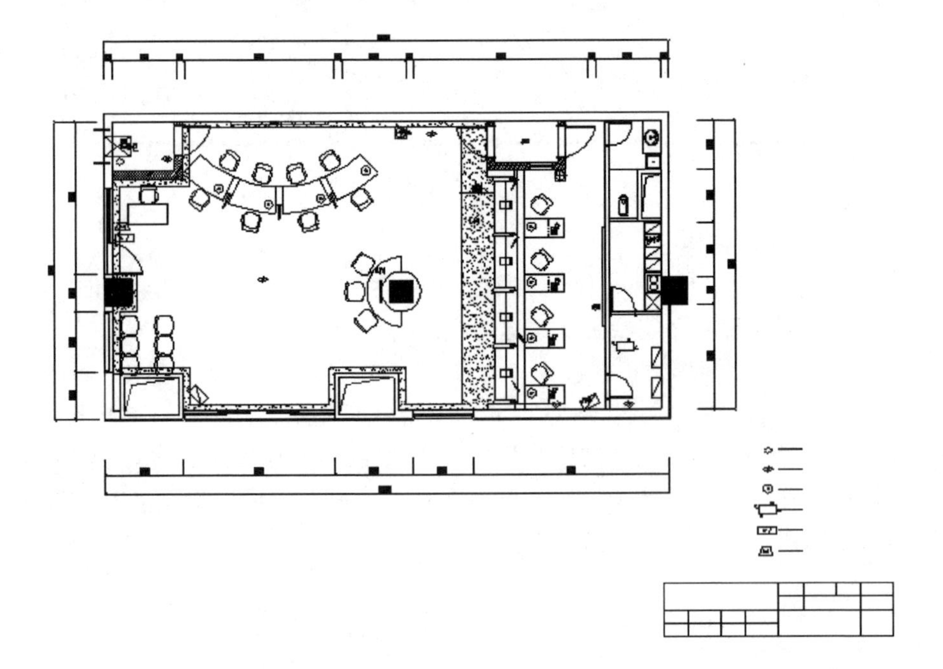

任务 2　绘制监控系统分布图

8.2.1　插入平面布置图

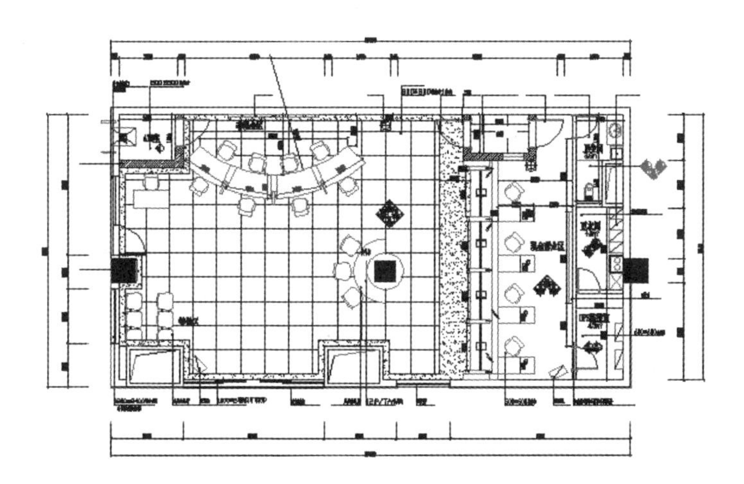

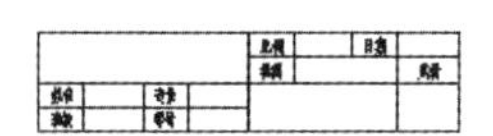

8.2.2　插入监控系统图形符号

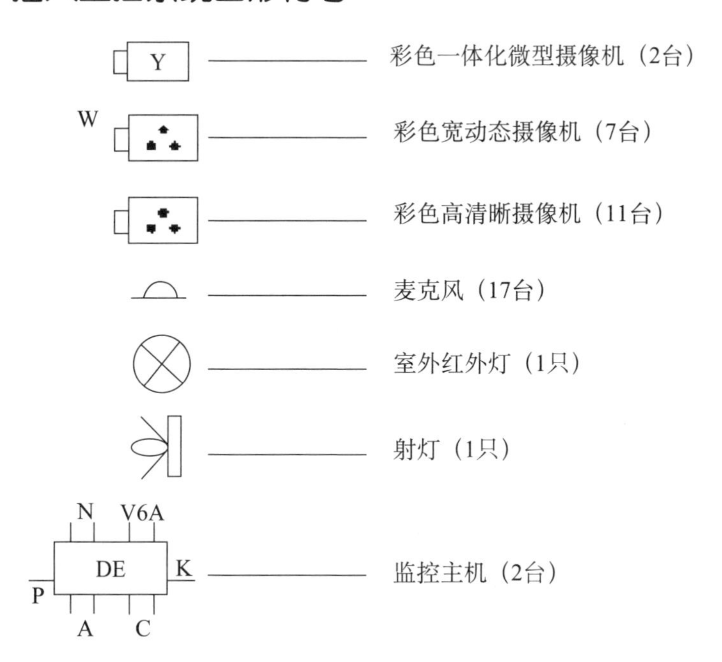

8.2.3 绘制监控系统分布图

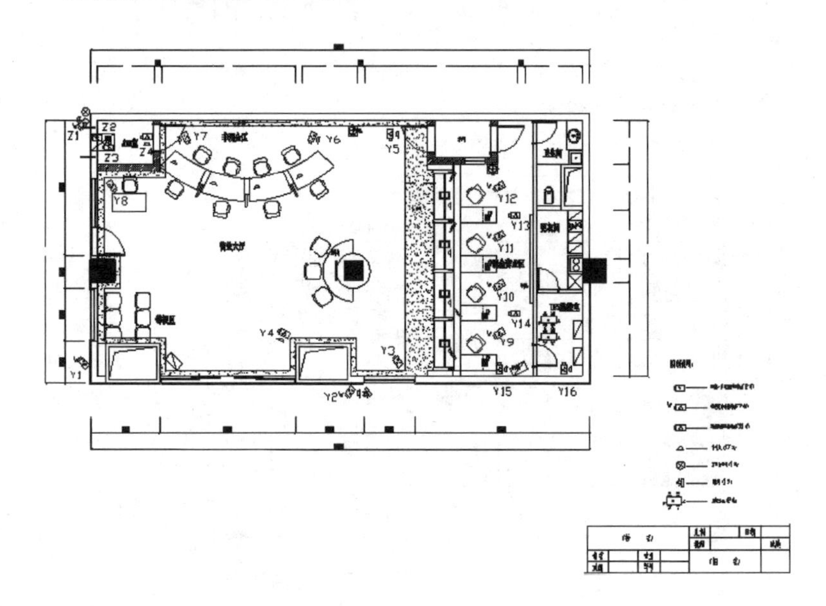

任务 3 绘制系统布线走向图

8.3.1 插入平面布置图

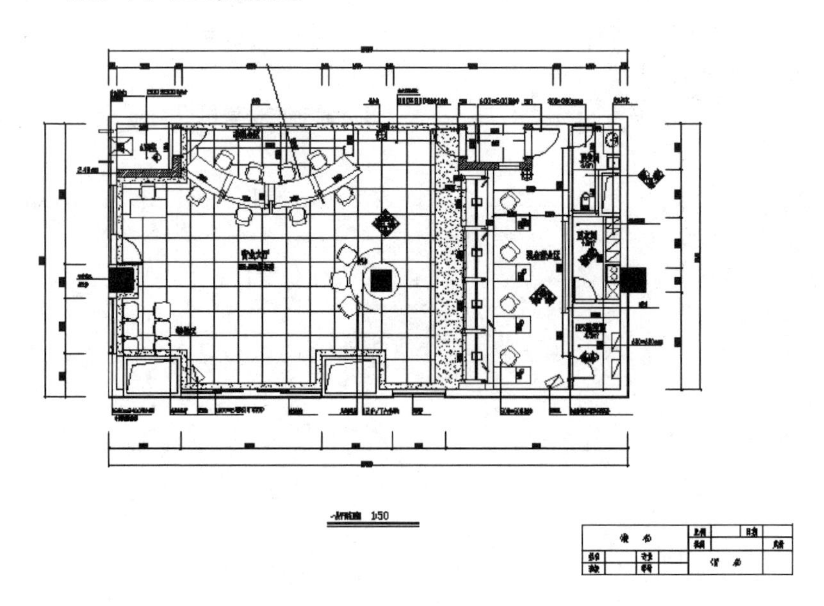

8.3.2　插入相关图形符号

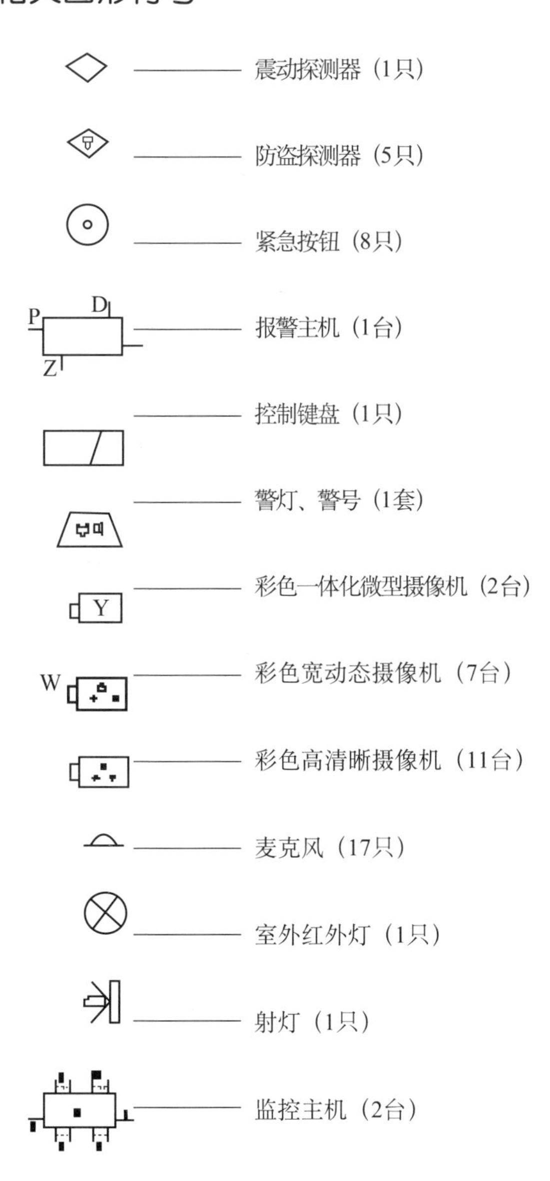
震动探测器（1只）
防盗探测器（5只）
紧急按钮（8只）
P
D
Z
报警主机（1台）
控制键盘（1只）
警灯、警号（1套）
Y
彩色一体化微型摄像机（2台）
W
彩色宽动态摄像机（7台）
彩色高清晰摄像机（11台）
麦克风（17只）
室外红外灯（1只）
射灯（1只）
监控主机（2台）

8.3.3 绘制系统布线走向图

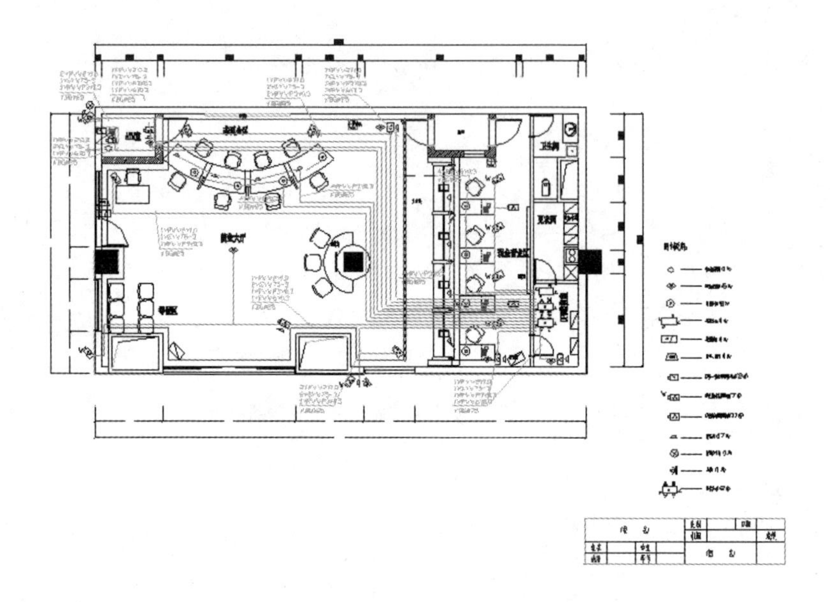

任务 4　绘制监控室布置图

8.4.1 插入相关图形符号

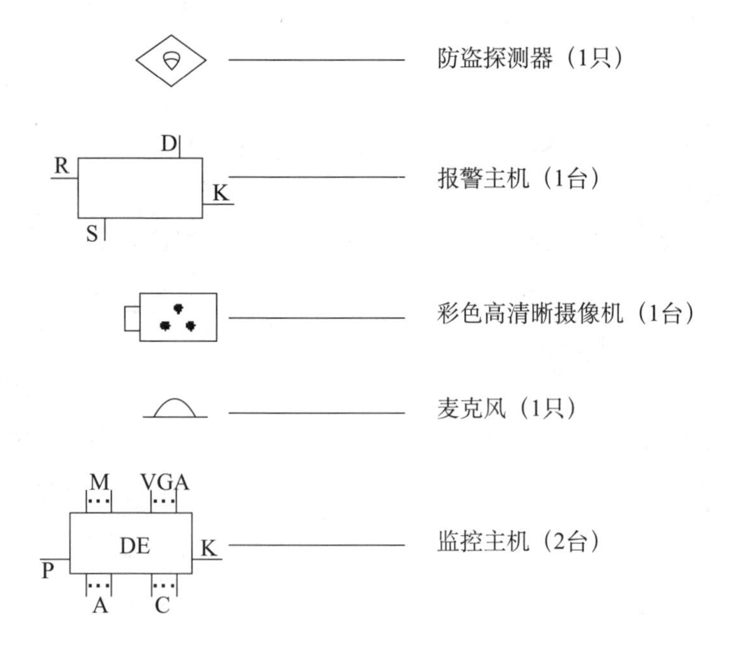

8.4.2　绘制监控室布置图

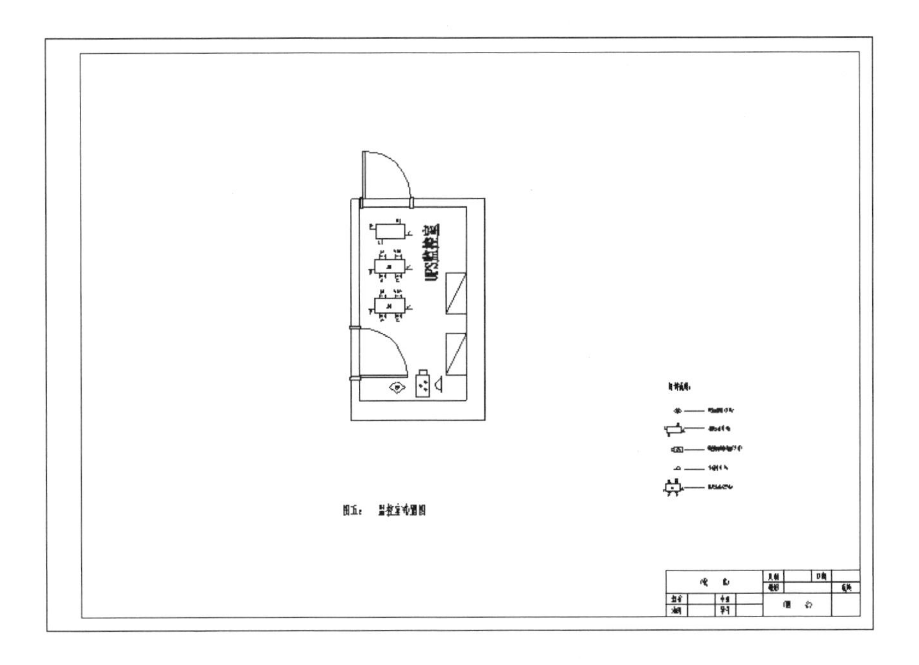

任务 5　绘制系统原理图

8.5.1　插入相关图形符号

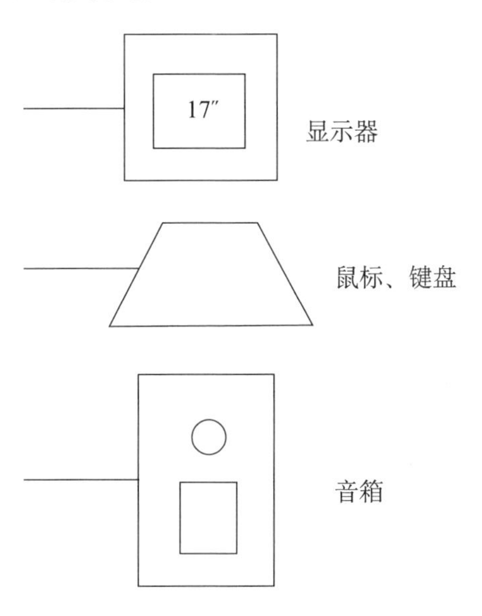

8.5.2 绘制系统原理图

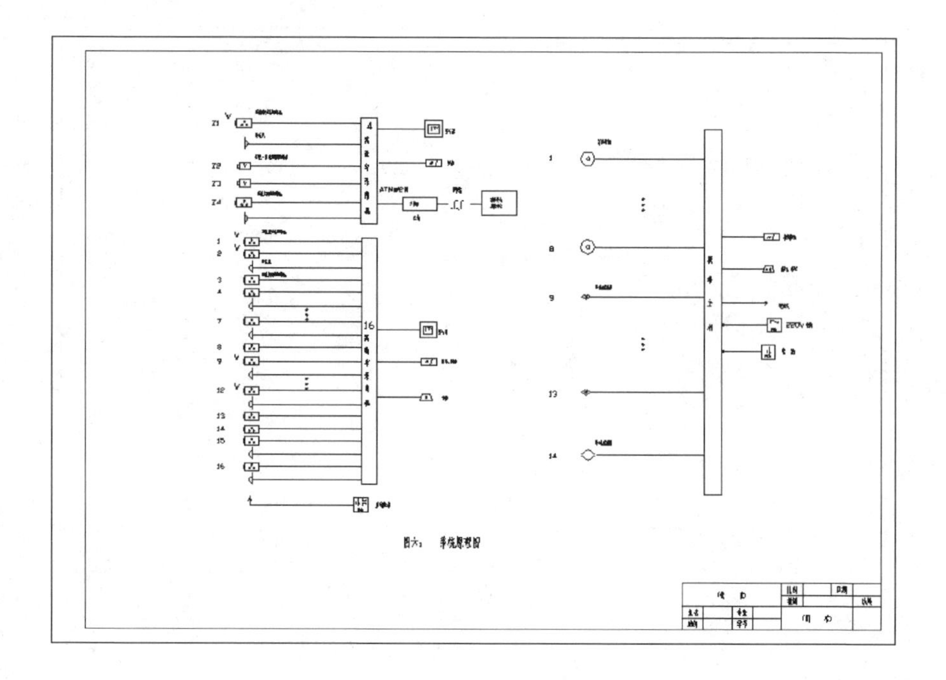

任务 6 编制图纸目录

8.6.1 绘制表格

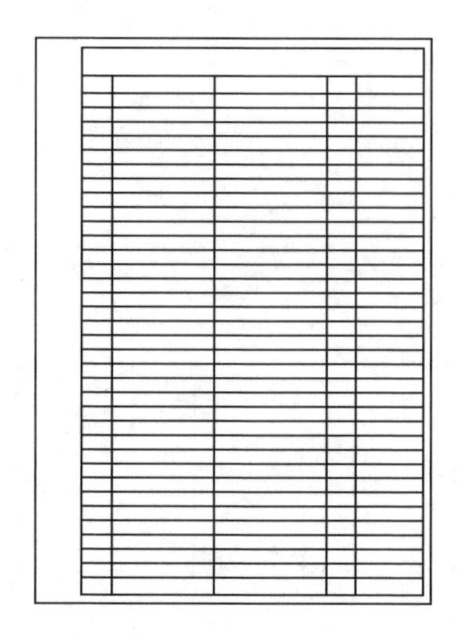

8.6.2　编辑文本

图纸目录

序号	图　号	图　名	图幅	备　注
1	BANK−2010−1	一层平面布置图	A2	
2	BANK−2010−2	报警系统分布图	A2	
3	BANK−2010−3	监控系统分布图	A2	
4	BANK−2010−4	系统布线走向图	A2	
5	BANK−2010−5	监控室布置图	A2	
6	BANK−2010−6	系统原理图	A2	

附录　安全防范系统通用图形符号

中华人民共和国公共安全行业标准
安全防范系统通用图形符号　　GA/T 74—2000

1　范围

本标准规定了安全防范系统技术文件中使用的图形符号。

本标准适用于安全防范工程设计、施工文件中的图形符号的绘制和标注。

2　引用标准

下列标准所包含的条文，通过在本标准中引用而构成为本标准的条文。本标准出版时，所示版本均为有效。所有标准都会被修订，使用本标准的各方应探讨使用下列标准最新版本的可能性。

GB/T 4728.10—1999　电气简图用图形符号　第10部分：电信：传输

BS 4737—5.2：1998　入侵报警系统　第5部分：术语和符号　5.2章绘图推荐符号

3　图形符号

编号	图形符号	名　称	英　文	说　明
3.1		周界防护装置及防区等级符号		
3.1.1		栅栏	fence	单位地域界标
3.1.2		监视区边界	monitored zone	区内有监控，人员出入受控制
3.1.3		保护区边界（防护区）	protective zone	全部在严密监控防护之下，人员出入受限制
3.1.4		加强保护区边界（禁区）	forbidden zone	位于保护区内，人员出入禁区受严格限制

（续表）

编号	图形符号	名　称	英　文	说　明
3.1.5		保安巡逻打卡器	security cruise station	
3.1.6		警戒电缆传感器	guardwire cablesensor	
3.1.7		警戒感应处理器	guardwire sensor processor	长方形： 长：宽＝1：0.6
3.1.8		周界报警控制器	console	
3.1.9		接口盒	interface box	
3.1.10	Tx IR Rx	主动红外探测器	active infrared intrusion detector	发射、接收分别为Tx、Rx引用 BS 4737—5.2：1998
3.1.11	W	引力导线探测器	tensioned wire detector	引用 BS 4737-5.2：1998
3.1.12	E	静电场或电磁场探测器	electrostatic or electromagnetic fence detector	引用 BS 4737-5.2：1998
3.1.13	Tx M Rx	遮挡式微波探测器	microwave fence detector	引用 BS 4737-5.2：1998
3.1.14	L	埋入线电场扰动探测器	buried line field disturbance detector	引用 BS 4737-5.2：1998
3.1.15	C	弯曲或震动电缆探测器	flex or shock sensitive cable detector	引用 BS 4737-5.2：1998
3.1.16		拾音器电缆探测器	microphone cable detector	引用 BS 4737-5.2：1998
3.1.17	F	光缆探测器	fibre optic cable detector	引用 BS 4737-5.2：1998

（续表）

编号	图形符号	名　称	英　文	说　明
3.1.18	✓	压力差探测器	pressure differential detector	引用 BS 4737-5.2：1998
3.1.19	II	高压脉冲探测器	high-voltage pulse detector	
3.1.20	LD	激光探测器	laser detector	
3.2		出入口控制设备	access control equipment	
3.2.1		楼宇对讲系统主机	main control module for flat intercom electrical control system	
3.2.2		对讲电话分机	interphone handset	
3.2.3		可视对讲摄像机	video entry security intercom camera	
3.2.4		可视对讲机	video entry security intercom	
3.2.5	EL	电控锁	electromechanical lock	
3.2.6		卡控旋转栅门		
3.2.7		卡控旋转门		

（续表）

编号	图形符号	名　称	英　文	说　明
3.2.8		卡控叉形转栏		
3.2.9		出入口数据处理设备		
3.2.10		读卡器	card reader	
3.2.11	KP	键盘读卡器	card reader with keypad	
3.2.12		指纹识别器	finger print verifier	
3.2.13		掌纹识别器	plam print verifier	
3.2.14		人像识别器	portrait verifier	
3.2.15		眼纹识别器	eye print verifier	
3.2.16		声控锁	acoustic control lock	

（续表）

编号	图形符号	名　称	英　文	说　明
3.3	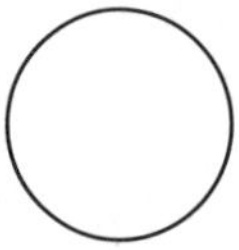	报警开关	protective switch	引用 BS 4737-5.2：1998
3.3.1		紧急脚跳开关	deliberately-operated device（foot）	引用 BS 4737-5.2：1998
3.3.2	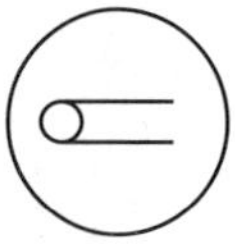	钞票夹开关	money clip（spring or gravity clip）	引用 BS 4737-5.2：1998
3.3.3	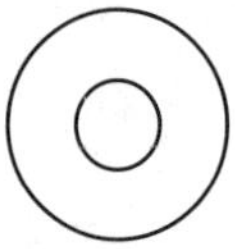	紧急按钮开关	deliberately-operated device （manual）	引用 BS 4737-5.2：1998
3.3.4	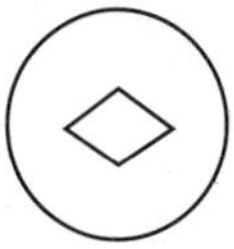	压力垫开关	pressure pad	引用 BS 4737-5.2：1998
3.3.5		门磁开关	magnetically-operated protective switch	引用 BS 4737-5.2：1998
3.3.6	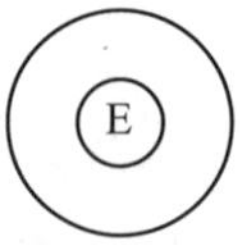 E	电锁按键	button for electro-mechanic lock	
3.3.7		锁匙开关	key controlled switch	
3.3.8	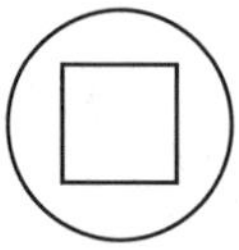	密码开关	code switch	

（续表）

编号	图形符号	名　称	英　文	说　明
3.4		安防专用视、听器材	video/audio device for security	引用 BS 4737-5.2：1998
3.4.1		声音复核装置	audio surveillance device(microphone)	引用 BS 4737-5.2：1998
3.4.2		安防专用照相机	security camera, still-frame	引用 BS 4737-5.2：1998
3.4.3	V	安防专用视频摄像机	video camera for security	引用 BS 4737-5.2：1998
3.5		振动、接近式探测器	vibration, proximity or environment detector	引用 BS 4737-5.2：1998
3.5.1		声波探测器	acoustic detector (airborne vibration)	引用 BS 4737-5.2：1998
3.5.2		分布电容探测器	capacitive proximity detector	引用 BS 4737-5.2：1998
3.5.3	P	压敏探测器	pressure-sensitive detector	
3.5.4	B	玻璃破碎探测器	glass-break detector (surface contact)	引用 BS 4737-5.2：1998

（续表）

编号	图形符号	名 称	英 文	说 明
3.5.5	A	振动探测器	vibration detector (structural or inertia)	结构的或惯性的含振动分析器 引用 BS 4737-5.2：1998
3.5.6	A/D	振动声波复合探测器	structural and airborne vibration detector	引用 BS 4737-5.2：1998
3.5.7		商品防盗探测器		
3.5.8		易燃气体探测器		如：煤气、天然气、液化石油气等
3.5.9		感应线圈探测器		
3.6		空间移动探测器	movement detector	引用 BS 4737-5.2：1998
3.6.1	IR	被动红外入侵探测器	passive infrared intrusion detector	引用 BS 4737-5.2：1998
3.6.2	M	微波入侵探测器	microwave intrusion detector	引用 BS 4737-5.2：1998
3.6.3	U	超声波入侵探测器	ultrasonic intrusion detector	引用 BS 4737-5.2：1998
3.6.4	IR/U	被动红外/超声波双技术探测器	IR/U dual-tech motion detector	引用 BS 4737-5.2：1998

（续表）

编号	图形符号	名　称	英　文	说　明
3.6.5	IR/M	被动红外/微波双技术探测器	IR/M dual-technology detector	引用 BS 4737-5.2：1998
3.6.6	X/Y/Z	三复合探测器		X、Y、Z也可是相同的，如X＝Y＝Z＝IR
3.7		声、光报警器	warning or signaling device (with integral power supply)	具有内部电源 引用 BS 4737-5.2：1998
3.7.1		声、光报警箱	alarm box	引用 BS 4737-5.2：1998
3.7.2		报警灯箱	beacon	引用 BS 4737-5.2：1998
3.7.3		警铃箱	bell	引用 BS 4737-5.2：1998
3.7.4		警号箱	siren	语言报警同一符号 引用 BS 4737-5.2：1998
3.8		报警控制设备	alarm control equipment (with integral power supply)	具有内部电源
3.8.1		密码操作报警控制箱	keypad operated control equipment	引用 BS 4737-5.2：1998

（续表）

编号	图形符号	名　称	英　文	说　明
3.8.2		开关操作控制箱	key operated control equipment	引用 BS 4737-5.2：1998
3.8.3		时钟或程序操作控制箱	timer or programmer operated control equipment	引用 BS 4737-5.2：1998
3.8.4		灯光示警控制器	visible indication equipment	引用 BS 4737-5.2：1998
3.8.5		声响告警控制箱	audio indication equipment	引用 BS 4737-5.2：1998
3.8.6		开关操作声、光报警控制箱	key operated visible & audible indication equipment	引用 BS 4737-5.2：1998
3.8.7		打印输出控制箱	print-out facility equipment	引用 BS 4737-5.2：1998
3.8.8		电话报警联网适配器		
3.8.9	S	保安电话	alarm subsidiary interphone	
3.8.10		密码操作电话自动报警控制箱	keypad control equipment with phone line transceiver	

（续表）

编号	图形符号	名　称	英　文	说　明
3.8.11	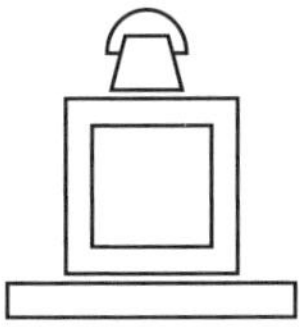	电话联网、电脑处理报警接收机	phone line alarm receiver with computer	
3.8.12	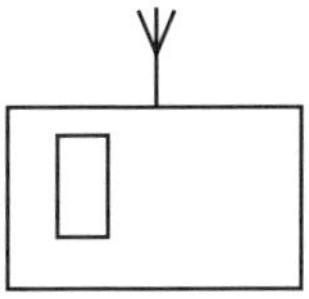	无线报警发送装置	radio alarm transmitter	
3.8.13	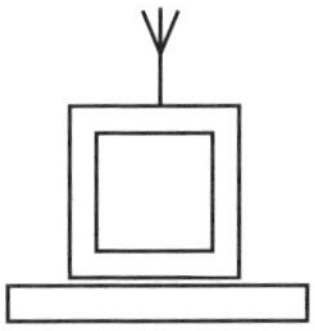	无线联网电脑处理报警接收机	radio alarm receive with computer	
3.8.14	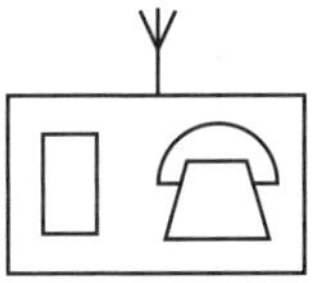	有线和无线报警发送装置	phone and radio alarm transmitter	
3.8.15	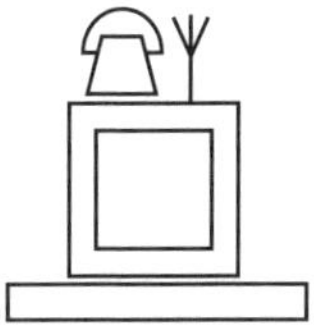	有线和无线联网电脑处理接收机	phone and radio alarm receiver with computer	
3.8.16	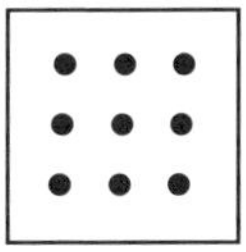	模拟显示屏	emulation display panel	
3.8.17	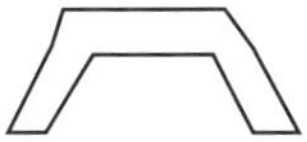	安防系统控制台	control table for security system	
3.8.18	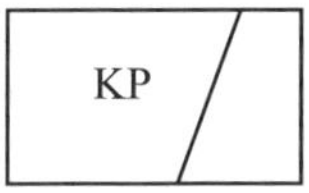 KP	键盘	keypad	

（续表）

编号	图形符号	名　称	英　文	说　明
3.8.19	D / P / A	防区扩展模块		A—报警主机 P—巡更点 D—探测器
3.8.20	D / R / K / S	报警控制主机	alarm control un	D—报警信号输入 K—控制键盘 S—串行接口 R—继电器触点（报警输出）
3.9		报警传输设备	alarm transmission equipment	
3.9.1	P	报警中继数据处理机	processor	
3.9.2	Tx	传输发送器	transmitter	引用 BS 4737-5.2：1998
3.9.3	Rx	传输接收器	receiver	引用 BS 4737-5.2：1998
3.9.4	Tx/Rx	传输发送、接收器	transceiver	引用 BS 4737-5.2：1998
3.10		电视监控设备	TV-surveillance/control equipment	
3.10.1		标准镜头	standard lens	虚线代表摄像机体

（续表）

编号	图形符号	名　称	英　文	说　明
3.10.2		广角镜头	pantoscope lens	
3.10.3		自动光圈镜头	anto iris lens	
3.10.4		自动光圈电动聚焦镜头	auto iris lens, motorized focus	
3.10.5		三可变镜头	motorized zoom lens motorized iris	
3.10.6		黑白摄像机	B/W camera	带标准镜头的黑白摄像机
3.10.7		彩色摄像机	color camera	带自动光圈镜头的彩色摄像机
3.10.8		微光摄像机	star light level camera	自动光圈，微光摄像机
3.10.9		室外防护罩	outdoor housing	
3.10.10		室内防护罩	indoor housing	

（续表）

编号	图形符号	名　称	英　文	说　明
3.10.11	T	时间录像机	time lapse video tape recorder	
3.10.12		录像机	video tape recorder	普通录像机，彩色录像机通用符号
3.10.13		监视器（黑白）	B/W display monitor	
3.10.14		彩色监视器	color monitor	
3.10.15	VM	视频移动报警器	video motion detector	
3.10.16	Y VS X	视频顺序切换器	sequential video switch	X代表几路输入 Y代表几路输出
3.10.17	VA	视频补偿器	video compensator	
3.10.18	TG	时间信号发生器	time & date generator	

（续表）

编号	图形符号	名　称	英　文	说　明
3.10.19	Y X VD	视频分配器	video amplifier distributor	X代表几路输入 Y代表几路输出
3.10.20		云台	pan/tilt unit	
3.10.21		云台、镜头控制器	pan and lens control unit	
3.10.22	(x)	图像分割器	video splitter	X代表画面数
3.10.23	E	光、电信号转换器		引用 GB/T 4728.10—1999
3.10.24	E	电、光信号转换器		引用 GB/T 4728.10—1999
3.10.25	P L	云台、镜头解码器	decoder	
3.10.26	A_o M P K A_i C	矩阵控制器	matrix	A_i—报警输入 A_o—报警输出 C—视频输入 P—云台镜头控制 K—键盘控制 M—视频输出
3.10.27	M VGA DE P K A C	数字监控主机		VGA—电脑显示器（主输出） M—分控输出、监视器 K—鼠标、键盘，其余同上含

（续表）

编号	图形符号	名　称	英　文	说　明
3.11		电源	power supply unit	
3.11.1	 PSG	直流供电器	comb ination of rechargeable -battery and transformed charger	引用 BS 4737-5.2：1998
3.11.2	 PSU	交流供电器	mains supply power source	引用 BS 4737-5.2：1998
3.11.3	 PSU	一次性电池	battery supply power source	引用 BS 4737-5.2：1998
3.11.4	 PSU	可充电的电池	battery or standby battery，rechargeable	引用 BS 4737-5.2：1998
3.11.5	 PSU	变压器或充电器	transformer or charge unit	引用 BS 4737-5.2：1998
3.11.6	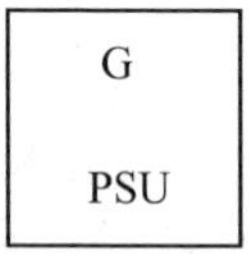 G PSU	备用发电机	standby generator	引用 BS 4737-5.2：1998
3.11.7	 UPS	不间断电源	uninterrupted powersupply	
3.12		车辆防盗报警设备	vehicle security alarm equipment	
3.12.1	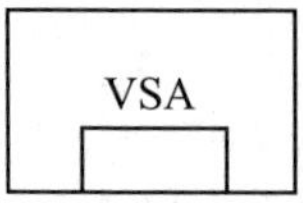 VSA	汽车防盗报警主机	vehicle security alarm unit	
3.12.2	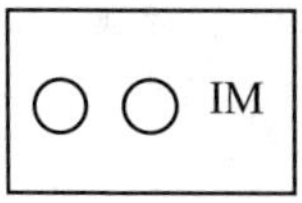 IM	状态指示器	state indicator	

(续表)

编号	图形符号	名　称	英　文	说　明
3.12.3	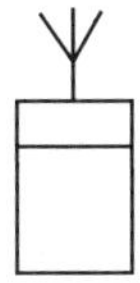	寻呼接收机	pager	
3.12.4	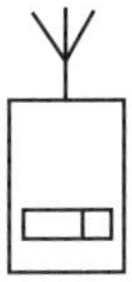	遥控器	remote controller	
3.12.5	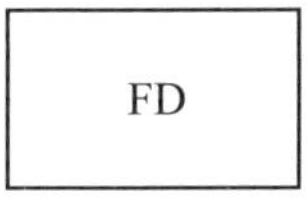 FD	点火切断器	firers off module	
3.12.6	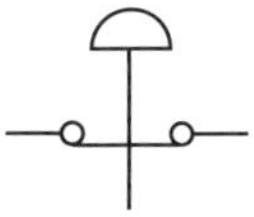	针状开头	pin switch	
3.12.7	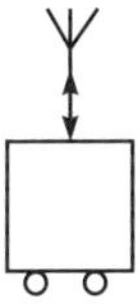	汽车报警无线电台		引用 GB/T 4728.10-1999
3.12.8	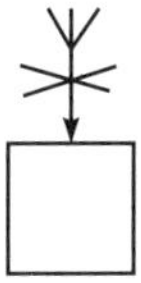	测向无线电接收台		引用 GB/T 4728.10-1999
3.12.9	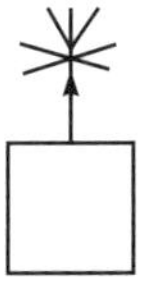	无线电地标发射电台		引用 GB/T 4728.10-1999
3.13		防爆和安全检查设备		
3.13.1	 X	X射线安全检查设备	X-ray security inspection equipment	

（续表）

编号	图形符号	名　称	英　文	说　明
3.13.2		中子射线安全检查设备	neutron ray security inspection equipment	
3.13.3		通过式金属探测门	articulated metal-work detection door	
3.13.4		手持式金属探测器	handle metalwork detector	
3.13.5		排爆机器人	flame-exclusive robot	
3.13.6		防爆车	explosive proof	
3.13.7		爆炸物销毁器		
3.13.8		导线切割器	lead cutter	
3.13.9	LBC	信件炸弹检测器	letter check instrument for bomb	
3.13.10	PB	防弹玻璃	bullet proof glass	

附　录　A
（标准的附录）
系统管线图的图形符号

表 A1　电线图形符号

名称	符号	名称	符号
直流配电线		单根导线	
控制及信号线		2 根导线	
交流配电线		3 根导线	
同轴电缆		4 根导线	
线路交叉连接		*n* 根导线	n
线路交叉不连接		视频线	V
光导纤维		电报和数据传输线	T
声道	s	电话线	F
		屏蔽导线	

表 A2　配线的文字符号

明配线	M	暗配线	A
瓷瓶配线	CP	木槽板或铝槽板配线	CB
水煤气管配线	G	塑料线槽配线	XC
电线管（薄管）配线	DG	塑料管配线	VG
铁皮蛇管配线	SPG	用铁索配线	B
用卡钉配线	QD	用瓷夹或瓷卡配线	CJ

表 A3　线管配线部位的符号

沿铁索配线	S	沿梁架下弦配线	L
沿柱配线	Z	沿墙配线	Q
沿天棚配线	P	沿竖井配线	SQ
在能进入的吊顶内配线	PN	沿地板配线	D

参考文献

1. 黎连业．智能大厦和智能小区安全防范系统的设计与实施．北京：清华大学出版社，2005.

2. 程大章．智能建筑工程设计与实施．上海：同济大学出版社，2001.

3. 陈龙．智能小区与智能大楼的系统设计．北京：中国建筑工业出版社，2001.

4. 温伯银．智能建筑设计标准（GB/T 50314－2000）．北京：中国计划出版社，2000.

5. 沈晔．楼宇自动化技术与工程．北京：机械工业出版社，2005.

6. 文佩芳，施林祥等．土建图学教程．北京：高等教育出版社，2004.

7. 汪恺．技术制图国家标准宣贯教材．北京：中国计量出版社，1997.

8. 文佩芳，雷光明等．土木工程制图．西安：陕西人民出版社，2001.

9. 朱万育．画法几何及土木工程制图．北京：高等教育出版社，2001.

10. 乐荷卿．建筑透视阴影．长沙：湖南大学出版社，2002.

11. 何培斌，李健．建筑制图与房屋建筑学．重庆：重庆大学出版社，2003.

12. 许社教，璩柏青．计算机绘图．北京：电子工业出版社，2003.

13. 王渊峰，缪荣德，康士廷等．AutoCAD 2009 中文版电气设计实例教程．北京：机械工业出版社，2009.

14. 二代龙震工作室．AutoCAD 2009 机械图学基础．北京：清华大学出版社，2009.

15. 李乃文，夏素民，孙江宏等．AutoCAD 2008 机械制图案例教程．北京：清华大学出版社，2008.

16. 孙景芝．电气消防技术．北京：中国建筑工业出版社，2007.

17. 李国生，黄水生．土建工程制图．广州：华南理工大学出版社，2002.

18. 孙沛平．怎样看建筑施工图．北京：中国建筑工业出版社，2002.

19. 朱福熙，何斌．建筑制图．北京：高等教育出版社，2000.

20. 刘振印．建筑给排水设计实例．北京：中国建筑工业出版社，2002.

21. 何铭新．画法几何级土木工程制图．武汉：武汉工业大学出版社，2000.

22. 建筑部建筑设计院水专业组．给水排水系统图绘制规则：给水排水．2000（1）．

23. 郑国权．道路工程制图．北京：人民交通出版社，2000.

24. 朱泗芳．工程制图．北京：高等教育出版社，1999.

25. 中华人民共和国劳动和社会保障部．国家职业标准—安全防范设计评估师．北京：中国劳动社会保障出版社，2007.

26. 中国就业培训技术指导中心．制图员国家职业资格培训教程．北京：中央广播电视大学出版社，2000.